普通高等教育"十二五"规划教材

精细化工实验

JINGXI HUAGONG SHIYAN

何自强　刘桂艳　张惠玲　主编

U0231645

化学工业出版社

·北京·

本书以精细化工中常用的领域为内容，精选了难易程度不同的实验，较为详细地介绍了精细化学品的性质、用途、制备及表征。

全书共分 14 章：第 1 章精细化工实验基本知识、第 2 章精细化工实验技术、第 3 章表面活性剂、第 4 章助剂、第 5 章精细有机合成中间体、第 6 章日用化学品、第 7 章食品添加剂、第 8 章香料与香精、第 9 章医药中间体、第 10 章胶黏剂、第 11 章涂料、第 12 章染料与颜料、第 13 章综合性实验、第 14 章设计性实验。

本书可作为高等院校应用化学、化学工程与工艺、精细化工等专业的实验教材，也可作为广大精细化学品研究、开发、生产人员的参考书。

图书在版编目（CIP）数据

精细化工实验/何自强，刘桂艳，张惠玲主编. —北京：
化学工业出版社，2015.9（2024.8重印）
普通高等教育"十二五"规划教材
ISBN 978-7-122-24762-9

Ⅰ.①精⋯　Ⅱ.①何⋯②刘⋯③张⋯　Ⅲ.①精细化
工-化学实验-高等学校-教材　Ⅳ.①TQ062-33

中国版本图书馆 CIP 数据核字（2015）第 171893 号

责任编辑：满悦芝　甘九林　　　　　　　文字编辑：颜克俭
责任校对：吴　静　　　　　　　　　　　装帧设计：刘亚婷

出版发行：化学工业出版社（北京市东城区青年湖南街 13 号　邮政编码 100011）
印　　装：北京天宇星印刷厂
787mm×1092mm　1/16　印张 12¾　字数 310 千字　2024 年 8 月北京第 1 版第 6 次印刷

购书咨询：010-64518888（传真：010-64519686）　售后服务：010-64518899
网　　址：http://www.cip.com.cn
凡购买本书，如有缺损质量问题，本社销售中心负责调换。

定　　价：28.00 元

前　　言

精细化工实验是应用化学、化学工程与工艺、精细化工等专业的必修课，是学生在完成了基础化学课程学习，有机合成、精细化学品化学、精细化工工艺学等专业课程的学习，以及熟悉实验室基本操作的基础上，开展的一门以精细化工产品研究、开发为主要内容的专业实验课程，具有综合性和应用性强的特点。该课程旨在使学生掌握精细化工的实验操作技能，加深对所学理论知识的理解和掌握，提高和增强学生解决问题的能力，培养学生的创新能力，为将来从事精细化工产品的研究、开发和生产奠定坚实的实验基础。

《精细化工实验》是与《精细化学品化学》和《精细化工工艺学》相配套的实验教材，精细化工涉及表面活性剂、助剂、涂料、染料与颜料、食品添加剂、日用化学品、香料与香精、医药中间体、功能高分子材料等化工产品的制备与分析测试，范围较广。

目前已出版的类似教材，多数实验往往操作较复杂，时间较长，设备条件难以达到，难度较大，且重现性较差。因此，编者在编写本教材时，尽量避免以上情况，加强了实验的可操作性。本书大多数实验综合性较强，力求体现精细化工产品的"合成制备—分析表征—实际应用"的特点，使学生把以前所学相关知识综合起来，注重不同学科相关知识之间的内在联系，有利于培养学生的主动思维、创新思维，掌握科学研究的基本思路和方法，同时拓宽学生的知识面。同时，书中增加了设计性实验，在设计实验中，除考虑产品收率外，还需考虑利润、原料、产品性能，应设计出工艺合理、原料易得、产品性能优良的合成路线，同时也有助于培养学生设计思路、创新思维，使实验的方法多样化、合理化。另外，根据绿色化学的特点和原则，本书尽量选择低毒、污染较小且后处理容易的实验项目，减少原料和产物毒性大、对环境污染大、"三废"处理困难的实验项目。

本书编写人员均具有丰富的精细化工实验教学经验，书中大部分实验源于教学实践，因此内容可靠，指导性较强，符合教学规律，重现性好。

全书共分14章，由武汉生物工程学院何自强、刘桂艳、张惠玲任主编。其中，第1章精细化工实验基本知识、第2章精细化工实验技术、第3章表面活性剂、第4章助剂、第5章精细有机合成中间体、第6章日用化学品由何自强编写；第7章食品添加剂、第8章香料与香精、第9章医药中间体、第10章胶黏剂由张惠玲编写；第11章涂料、第12章染料与颜料、第13章综合性实验、第14章设计性实验、附录由刘桂艳编写。全书由何自强统稿。

武汉生物工程学院的黄中梅、马红霞、王巧玲、成红丽、熊海燕等老师为本书收集了资料，整理了图表，对总体书稿进行了校核。武汉理工大学华夏学院参与了本书的审稿，并给出修改意见。另外，本书在编写过程中得到了武汉生物工程学院化学与环境工程系王香兰副主任的大力支持和帮助，编者在此表示衷心感谢！

由于编者水平有限，编写时间仓促，书中不足之处难免，敬请读者批评指正，以使本教材得以完善。

编者

于武汉生物工程学院

2015 年 7 月

目　　录

第1章　精细化工实验基本知识

1.1　精细化工实验课程目标

精细化工实验是应用化学、化学工程与工艺、精细化工等专业学生必修的专业实验课。专业实验教学是高等教育中的重要环节，它是课堂教学的延伸，是学生获取专业知识的重要手段，可以使学生亲身接触该专业所涉及的具体工作的过程。因此，本课程的培养目标是：通过实验的训练，提高学生的操作技能，加深对所学理论知识的理解和掌握，使学生养成理论联系实际的作风，实事求是、严格认真的科学态度，以及培养学生解决实际问题的能力和创新能力，为今后从事精细化工产品的研究、开发和生产打下良好的基础。

1.2　精细化工实验基本要求

为了保证精细化工实验课正常、有效、安全地进行，培养学生良好的实验习惯，并保证实验课的教学质量，要求学生必须做好如下几点。

（1）充分预习

实验前要充分预习教材，同时查阅有关手册和参考资料，掌握各种原料和产品的物化数据，熟悉实验原理和实验步骤，并写出预习报告。

（2）认真操作

实验时要集中注意力，认真操作，仔细观察各种实验现象，积极思考，注意安全，保持实验室整洁，不得无故擅自离开实验室。实验中须严格按操作规程和实验步骤进行实验，如要改变，必须经指导教师同意。

（3）做好记录

在实验过程中，必须对实验的全过程进行仔细观察并认真记录实验现象，如反应液颜色的变化、有无沉淀及气体出现、固体的溶解情况以及加热温度和加热后反应的变化等。同时还应记录加入原料的颜色和加入的量、产品的颜色和产品的量、产品的熔点或沸点等物化数据。实验完成后，须将原始记录交指导教师审阅、签字。产品需交指导教师验收。

（4）撰写实验报告

实验结束后应撰写实验报告。实验报告一般应包括：实验日期、实验名称、实验目的、仪器药品、实验原理、操作步骤、结果与讨论、意见和建议及思考题解答等。

1.3　精细化工实验室规则

（1）必须遵守实验室的各项规章制度。进入实验室应穿实验服装，不得穿拖鞋、短裤等暴露皮肤的服装。不能将食物、饮料带入实验室。

（2）进入实验室时，应熟悉实验室环境，清楚水、电、气总阀所处位置，灭火器材、急救药箱的放置地点和使用方法。

（3）实验开始前，首先检查仪器种类与数量是否与需要相符，仪器是否有缺口、裂缝或破损等，再检查仪器是否干净（或干燥），确保仪器完好、干净再使用，仪器装置安装完毕，要请教师检查合格后，方能开始实验。

（4）实验时应保持安静，不得嬉笑打闹，不得擅自离岗，不得擅自离开实验室。严禁在实验室吸烟、饮食，不允许做与实验无关的事情。

（5）要爱护公物。公用仪器和药品应在指定地点使用，用完后及时放回原处，并保持其整洁。节约使用药品，药品取完后，及时将盖子盖好，防止药品相互污染。实验室的任何仪器、药品非经教师许可严禁带出实验室。使用精密贵重仪器，应先了解其性能和操作方法，经指导教师认可后才能使用。出现问题，及时报告指导教师，不得随意处理。如损坏仪器，要登记申请补发，并按制度赔偿。

（6）实验结束后，将个人实验台面打扫干净，清洗、整理仪器。学生轮流值日，值日生应负责整理公用仪器、药品和器材，打扫实验室卫生，离开实验室前应检查水、电、气是否关闭。

1.4　精细化工实验室的安全知识

1.4.1　精细化工实验室安全规则

（1）实验室所有药品以及中间产品，必须贴上标签，注明名称，防止误用和因情况不明而处理不当造成事故。

（2）当进行可能发生危险的实验时，要根据实验情况采取必要的安全措施，如戴防护眼镜、面罩或橡皮手套等；处理有毒或带刺激性物质时必须在通风橱内进行，防止散逸到室内。

（3）实验中所用药品，不得随意散失或丢弃；使用易燃、易爆药品时，应远离火源。

（4）正确使用温度计、玻璃棒和玻璃管，以免玻璃折断或破裂而划伤皮肤。

（5）熟悉安全用具（如灭火器、沙箱和急救箱）的放置地点和使用方法，并妥加保管。安全用具及急救药品不准移作他用。

（6）不能用湿手触摸电器，所用电器设备的金属外壳应接地线。实验完毕应切断电源。

1.4.2　实验室事故的预防与处理

（1）火灾的预防与处理

实验室中使用的有机溶剂大多数是易燃的，着火是精细化工实验室常见的事故之一，为避免火灾，必须注意下列事项。

① 实验室不得贮放大量易燃物。

② 不能用烧杯或敞口容器加热和盛放易燃、易挥发试剂，加热时应根据实验要求及易燃物的特点，选择正确的加热方法。当附近有露置的易燃溶剂时，切勿点火。

③ 用油浴加热回流或蒸馏时，必须注意避免由于冷凝用水溅入热油浴中致使油溅到热源上而引起火灾的危险。

④ 当处理大量的可燃性液体时，应在通风橱或在指定地方进行，室内应无火源。

⑤ 易燃、易挥发物，不得倒入废液缸内，应按化合物的性质分别专门回收处理（与水

有猛烈反应者除外，金属钠残渣要用乙醇销毁）。

实验室如果发生了着火事故，应沉着镇静并及时处理，一般采取如下措施。

① 防止火势扩展。立即熄灭附近所有火源，切断电源，移开未着火的易燃物。

② 根据火势立即灭火。若火势较小，可用湿布或棉布盖灭，绝不能用口吹；若火势较大应根据具体情况选用相应的灭火器材。

（2）爆炸的预防

实验中，由于违章使用易燃易爆物，或仪器堵塞、安装不当及化学反应剧烈等均能引发爆炸。为了防止爆炸事故的发生，应严格注意以下几点。

① 实验装置、操作要求正确，不能造成密闭体系，应使装置与大气相连通。常压操作时，切勿在封闭系统内进行加热或反应，在反应进行时，必须经常检查仪器装置的各部分有无堵塞现象。对反应过于剧烈的实验，应严格控制加料速度和反应温度，使反应缓慢进行。

② 减压蒸馏时若使用锥形瓶或平底烧瓶作接收瓶或蒸馏瓶，因其平底处不能承受较大的负压而发生爆炸。故减压蒸馏时只允许用圆底瓶、尖底瓶或梨形瓶作接收瓶和蒸馏瓶。

③ 乙醚、四氢呋喃、二氧六环、共轭多烯等化合物，久置后会产生一定量的过氧化物。在对这些物质进行蒸馏时，过氧化物被浓缩，达到一定浓度时发生爆炸。故在对这些物质蒸馏之前一定要检验并除去其中的过氧化物，而且一般不允许蒸干。

④ 多硝基化合物、叠氮化合物在较高温度或受到撞击时会自行爆炸，需小心取用，妥善存放；重氮盐在干燥时会爆炸，需随制随用，如确需作短期存放，应保存在水溶液中；氯酸钾、过氧化物等在遇到较强还原剂时会因剧烈反应而爆炸，故应避免与还原剂混放。

（3）中毒的预防与处理

大多数化学药品具有一定的毒性。中毒主要是通过呼吸道和皮肤接触有毒物品而对人体造成危害。因此预防中毒应做到以下几点。

① 预先查阅有关资料，对所使用的试剂的毒性有详细的了解。

② 称量药品时应使用工具，不得直接用手接触药品，尤其是毒品。做完实验后，应先洗手再吃东西。任何药品都不得品尝。

③ 在反应过程中可能生成有毒或有腐蚀性气体的实验应在通风橱内进行，使用后的器皿应及时清洗。在使用通风橱时，实验开始后不要把头部伸入橱内。

④ 金属汞易挥发（通常加一层水保护），可通过呼吸道进入人体内，逐渐积累引起慢性中毒。取用汞时，应该在盛水的搪瓷盘上小心操作。一旦汞洒落在桌面或地上，必须尽可能收集起来，并用硫黄粉盖在洒落的地方，使汞变成不挥发的硫化汞。

如毒物已溅入口中，尚未咽下的应立即吐出，用大量水冲洗口腔。如已吞下，应根据毒物的性质先作如下处理。

① 吞下酸：先饮大量水，然后服用氢氧化铝膏、鸡蛋白、牛奶，不要吃呕吐剂。

② 吞下碱：先饮大量水，然后服用醋、酸果汁、鸡蛋白、牛奶，不要吃呕吐剂。

③ 吸入气体中毒：将中毒者迅速搬到室外，解开衣领及纽扣，若是吸入氯气或溴气可用稀碳酸氢钠溶液漱口。

在上述处理后，应立即送医院诊治。

（4）灼伤的预防与处理

① 眼睛灼伤　眼睛里一旦溅入化学药品，应立即用大量水缓缓彻底冲洗。洗眼时要保持眼皮张开，可由他人帮助翻开眼睑，持续冲洗15min。忌用稀酸中和溅入眼内的碱性物

质，反之亦然。对因溅入碱金属、溴、磷、浓酸、浓碱或其他刺激性物质的眼睛灼伤者，急救后必须迅速送往医院检查治疗。

② 皮肤灼伤 人体暴露在外的部分（如皮肤）接触了高温、强酸、强碱、溴等都会造成灼伤。因此实验时要避免皮肤与上述能引起灼伤的物质接触，取用有腐蚀性的化学药品时，应戴上橡皮手套和防护眼镜。如果发生灼伤应视情况分别处理。

高温灼伤：用大量水冲洗，再用冰块降温，在伤口上涂以烫伤油膏。

药品灼伤：皮肤上遭到药品灼伤应先用大量水冲洗。对于酸灼伤，可用5％碳酸氢钠溶液洗净，再涂上烫伤油膏；若是碱灼伤，可用饱和硼酸溶液或1％醋酸溶液洗涤，再涂上油膏；在使用苯酚时，也应注意安全，若发生苯酚灼伤皮肤时，先用大量水冲洗，并急送医院就医治疗。

（5）玻璃割伤的预防与处理

为避免手部割伤，玻璃管（棒）的锋利边口必须用火烧熔，使之光滑后方可使用。将玻璃管（棒）或温度计插入塞子或橡皮管时，应在玻璃管（棒）或温度计上涂少量水、甘油或其他润滑剂，握玻璃棒的手尽可能离塞子近些，要渐渐旋转插入，不可强行插入或拔出。

在割伤发生后应先取出伤口中的碎玻璃，若伤口不大，可用蒸馏水洗净伤口，涂上红药水，撒上止血粉，再用创可贴或纱布包扎好；若伤口较大或割破了动脉血管，应用手按住或用布带扎住血管靠近心脏的一端，以防大量出血，并迅速送往医院救治。

第2章 精细化工实验技术

精细化工实验类型很多，常用的操作技术主要包括加热与冷却、搅拌、干燥、回流与分水、过滤与离心、蒸馏、重结晶与升华、萃取与盐析、离子交换、色谱、乳化等，实验者必须掌握这些基本操作技术。下面介绍其中一些实验操作技术和常用的仪器。

2.1 搅　　拌

搅拌是指通过外部动力使物料混合均匀的操作。在非均相反应中，为使反应混合物能充分接触，搅拌可以增大反应的接触面、缩短反应时间；在反应过程中，把一种反应物滴加或分批小量地加入另一种物料中时，也应使两者尽快均匀接触，也需要进行强烈搅拌或振荡，可以避免局部过热，改善反应状况，提高反应速率，减少副反应。因此，搅拌是精细化工实验中常用的方法。

实验室中，搅拌可以采用手动和电动的方式。

（1）手动搅拌或振荡

手动搅拌是指用玻璃棒搅拌或手摇操作。在反应物量少、反应时间短，而且不需要加热或者温度不太高的操作中，用手摇动反应烧瓶或玻璃棒搅拌就可以达到充分混合的目的。

（2）电动搅拌

电动搅拌是指通过电动搅拌器实现搅拌操作。对于反应时间较长或非均相反应，或需要按一定速率较长时间持续滴加反应料液时，可以用电动搅拌。电动搅拌常用电动搅拌器，其装置由电动机、搅拌棒和搅拌密封装置三部分组成（图2.1）。电动机是动力部分，固定在支架上，由调速器调节其转动快慢。搅拌棒与电动机相连，当接通电源后，电动机就带动搅拌棒转动而进行搅拌。在精细化工实验中，常用聚四氟乙烯材料的搅拌棒，这种搅拌棒具有强度高、耐腐蚀等优点。搅拌密封装置是搅拌棒与反应器连接的装置，它可以使反应在密闭体系中进行。

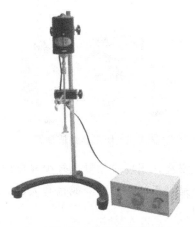

图2.1　电动搅拌器

电动搅拌装置的装配方法如下：首先选定三口烧瓶和电动搅拌器的位置。选择适合的搅拌棒，使搅拌棒能在搅拌套管内自由转动；调整三口烧瓶的位置（最好不要调整搅拌器的位置，若必须调整搅拌器的位置，应先拆除三口烧瓶，以免搅拌棒戳破瓶底），使搅拌棒的下端距瓶底约 5mm，中间瓶颈用铁夹夹紧。从仪器装置的下面和侧面仔细检查，进行调整，使整套仪器正直。搅拌装置装好以后，应先用手指搓动搅拌棒试转，确信搅拌棒在转动时不触及烧瓶底和温度计以后，才可旋动调速旋钮，缓慢地由低转速向高转速旋转，直至所需转速（图 2.2）。

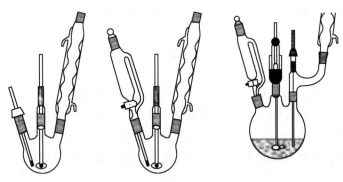

图 2.2　电动搅拌装置

电动搅拌器一般用于固液反应中，但不适用过黏的胶状液体，若超负荷使用，电动机容易发热而烧毁。

（3）磁力搅拌

磁力搅拌对于低黏度的反应体系是一种常用的搅拌方法。磁力搅拌器是由磁子和一个可以旋转的磁铁组成。将磁子投入盛有欲搅拌的反应容器中，将容器置于内有旋转磁场的搅拌器托盘上，接通电源，由于内部磁场不断旋转变化。一般的磁力搅拌器都有控制磁铁转速的旋钮及可控制的加热装置，如图 2.3。

图 2.3　磁力加热搅拌器

磁力搅拌器的特点是容易安装，当反应物量比较少或反应在密闭条件下进行时，磁力搅拌器的使用更为方便。但缺点是对于一些黏稠液或是有大量固体参加或生成的反应，磁力搅拌因动力较小而无法顺利使用。

带有磁力搅拌的各种回流装置如图 2.4。在使用磁力搅拌时应注意：①加热温度不能超过磁力搅拌器的最高使用温度；②若反应物料过于黏稠，或调速较急，会使磁子跳动而撞破烧瓶；③圆底烧瓶在磁力搅拌器上直接加热时，受热不够均匀。根据不同的温度要求，可以将圆底烧瓶置于水浴或油浴中，这样可以保证在反应过程中，圆底烧瓶受热均匀。也可以用磨口锥形瓶代替圆底烧瓶直接在磁力搅拌器上加热并搅拌。既能保证受热均匀，还能使搅拌均匀。

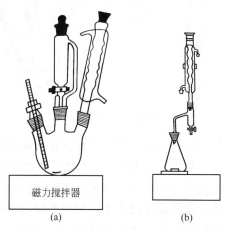

图 2.4　常用磁力搅拌回流装置

2.2　回流-分水

2.2.1　回流

许多有机化学反应，往往需要在溶剂中进行较长时间的加热。为防止加热时反应物、产物或溶剂的蒸气逸出，避免易燃、易爆或有毒物质造成事故或污染，并确保产物收率，常在反应容器上安装一支冷凝管。反应过程中产生的蒸气经过冷凝管时被冷凝，又流回到反应容器中。因此，溶剂或反应液经加热汽化，冷凝后又变成液体，反复汽化-冷凝的过程称为回流。这种装置就是回流装置。

回流装置主要由反应容器和冷凝管组成。反应容器可根据反应的具体需要，选用适当规格的锥形瓶、圆底烧瓶、三口烧瓶等。冷凝管的选择要依据反应混合物沸点的高低。一般多采用球形冷凝管，其冷却面积较大，冷凝效果较好。当被加热的液体沸点高于140℃时，因其蒸气温度较高，容易使冷凝管的内外管连接处因温差过大而发生炸裂，应改用空气冷凝管。若被加热的液体沸点很低或其中有毒性较大的物质，则可选用蛇形冷凝管，以提高冷却效率。

实验时，可根据反应的不同需要，在反应容器上装配其他仪器，构成不同类型的回流装置。

图 2.5(a) 是最简单的回流装置。如果反应中所用的反应物可以预先混合，或者对水或空气不敏感的反应可用此装置，也可用于重结晶操作。如果反应物易受潮，可在冷凝管上端口装配氯化钙干燥管来防止潮气侵入，干燥管内装好干燥剂后应检查其是否通畅，如图 2.5(b)。如果反应会放出有害的水溶性气体（如氯化氢、溴化氢、二氧化硫等），可连接气体吸收装置，如图 2.5(c)。

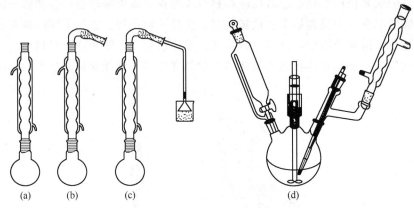

图 2.5　回流装置

有些反应剧烈放热，如将反应物一次加入，往往会使反应难以控制。在这种情况下，可用带恒压滴液漏斗的回流装置，如图 2.5（d）。将一种试剂通过恒压滴液漏斗逐渐滴入反应瓶，有时根据需要，可在三口烧瓶外面用冷水浴或冰水浴强行冷却。

操作时应注意：安装仪器按由下至上的顺序，烧瓶的盛液量以占总容积的 1/2 为宜，最多不得超过 2/3，加热前应向反应器中加入 1～2 粒沸石，以产生沸腾中心，防止瓶内液体受热暴沸。根据瓶内液体的沸腾温度不同，可选用水浴、油浴、电热套或酒精灯等不同的加热方式。回流速度控制在上升蒸气不超过冷凝管两个球为宜。

2.2.2　分水

分水是指在回流的基础上，利用密度差别实现水与其他液体分离的操作。在精细化工实验中，为了使反应向有利的方向进行，常利用加热回流的方法借助分水器分离出生成的水分。

带有分水器的回流装置常用于可逆反应体系。当反应开始后，反应物和产物的蒸气与水蒸气一起上升，经过冷凝管时被冷凝回流到分水器中，静置后分层，反应物和产物由侧管流回反应容器，而水则从反应体系中被分出。由于反应过程中不断除去了生成物之一——水，因此使平衡向增加反应产物方向移动。

当反应物及产物的密度比水小时（如苯、甲苯等），采用图 2.6（a）所示的装置。加热前先在分水器中装满水，并使水面略低于支管口，然后放出比反应中理论出水量略多些的水；当反应物及产物的密度比水大时（如氯仿、四氯化碳等），则应采用图 2.6（b）或图 2.6（c）所示的分水器。采用图 2.6（b）所示的分水器时，应在加热前用原料物通过抽吸的方法将刻度管充满；若需分出大量的水分，则可采用图 2.6（c）所示的分水器，该分水器不需事先用液体填充，水充满时可直接排出。

2.3　过滤与离心

过滤和离心分离是分离固液混合物的重要方法，既可从液体中除去固体杂质，也可从溶液中收集固体物质。在精细化工实验中，反应后处理、原料提纯以及产品精制均需采用过滤和离心分离技术。

2.3.1　过滤

过滤可分为常压（普通）、减压、热过滤三种，本节重点介绍减压过滤和热过滤。

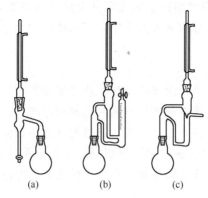

图 2.6　分水装置图

（1）减压过滤

① 装置　减压过滤也称为抽滤或真空过滤，具有过滤速率快、处理量大的特点。减压过滤的装置由真空泵、安全瓶、布氏漏斗和抽滤瓶组成（图 2.7）。

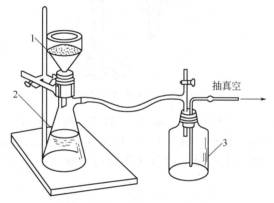

图 2.7　减压过滤装置

1—布氏漏斗；2—抽滤瓶；3—安全瓶

安全瓶可调节压力大小，使压力稳定，并可防止真空泵中的水倒吸进抽滤瓶或者滤液进入真空泵。若用水泵，抽滤瓶与水泵之间宜连接一个缓冲瓶（配有二通旋塞的抽滤瓶；调节旋塞，可防止水的倒吸）；若用油泵，抽滤瓶与油泵之间应连接吸收水汽的干燥装置和抽滤瓶。

② 注意事项

a. 减压过滤通常使用瓷质的布氏漏斗，在装配时注意使布氏漏斗的最下端斜口的尖端离抽滤瓶的支管部位最远（如果位置不当，易使滤液吸入支管而进入抽气系统）。

b. 布氏漏斗内的滤纸直径应比布氏漏斗的内径小一些，但能完全覆盖所有滤孔。不能用比布氏漏斗内径大的圆形滤纸，这样滤纸的周边会皱折，不可能全部紧贴器壁与滤板面，使待过滤的溶液会不经过滤纸而流入抽滤瓶内。

c. 在用橡皮管相互连接时，应选用厚壁橡皮管，防止抽气时管子被压扁。

d. 抽滤瓶与安全瓶都应固定在铁架台上，以防止操作时不慎碰翻，造成损失。在进行减压操作时，抽滤瓶与安全瓶均要承受压力，不能用薄壁器皿作为安全瓶，器皿的外观上不能有伤痕或裂缝。

③ 操作　过滤时，应先用溶剂将平铺在漏斗上的滤纸润湿，然后抽气，使滤纸紧贴在漏斗上。将要过滤的混合物小心地倒入漏斗中，使固体均匀地分布在整个滤纸面上，一直抽气到几乎没有液体滤出时为止。

（2）热过滤

热过滤是指在较高温度下进行的过滤操作。热过滤操作可以过滤除去不溶杂质。热过滤操作要求在过滤除去杂质时，能以最短的时间，迅速通过滤纸，而不使溶液温度下降，保持其温度变化不大。热过滤有两种方法，即常压热过滤（重力过滤）和减压热过滤（抽滤）。

① 常压热过滤　常压热过滤通常采用保温漏斗。保温漏斗的外壳是铜制的，里面插一个玻璃漏斗，在外壳与玻璃漏斗之间装水，在外壳的支管处加热，即可把夹层中的水烧热而使漏斗保温（图2.8）。

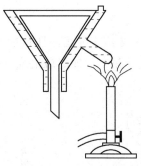

图 2.8　常压热过滤装置

② 减压热过滤　在常压下进行的热过滤操作的过滤速度通常较慢，容易在滤纸上析出晶体，妨碍过滤操作的进程。将布氏漏斗用热水浴或在烘箱中进行预热后，然后按图2.7进行减压过滤操作，将热溶液趁热过滤，这样可迅速进行热过滤，避免热溶液在滤纸上析出晶体。

2.3.2　离心

离心分离可用于液-液分离和液-固分离等，离心分离主要适用于分离少量物料，特别是沉淀微细难以过滤的物料。

离心分离的操作是将盛有悬浮物料的离心管放入离心机（图2.9）中高速旋转，受离心力作用，沉淀聚集在管底，清液留在上层，从而达到固液分离。

图 2.9　离心机

使用时将装有试样的离心管对称地放在离心机套管中，管底衬以棉花。操作时应缓慢加速，而且不能强制离心管停止旋转。离心分离后，用毛细吸管将清液小心吸出。必要时可加入洗涤液洗涤，继续进行离心分离，直至达到分离要求为止。分离后的沉淀可直接在离心管中抽真空或加热干燥。

一般固体有机物的密度较小，离心分离时要求转速较高。目前已采用各种超速离心机，用于密度相差极小的液-液、液-固分离，并可用于分离和提纯病毒、DNA、核糖核酸和脂蛋白等。此外，各种大容量离心机，如规格为 $4\times250mL$、$4\times400mL$ 的离心机，也已在实验室中得到广泛应用。

2.4　蒸　馏

蒸馏是分离和提纯液态有机化合物最常用的重要方法之一。蒸馏不仅可以把挥发性的物质分离开，也可以分离两种或两种以上沸点相差较大（至少30℃以上）的液体混合物。另外，通过蒸馏还可测出化合物的沸点。

实验室中常用的蒸馏操作有四种，包括简单蒸馏、分馏、水蒸气蒸馏和减压蒸馏。本节重点介绍减压蒸馏。

减压蒸馏，顾名思义就是减少蒸馏系统内的压力，以降低其沸点来达到蒸馏纯化目的的蒸馏操作，适用于在常压下沸点较高及常压蒸馏时易发生分解、氧化、聚合等反应的热敏性有机化合物的分离提纯。

（1）装置

减压蒸馏装置是由蒸馏烧瓶、克氏蒸馏头（或用 Y 形管与蒸馏头组成）、直形冷凝管、真空接引管（双股接引管或多股接引管）、接收瓶、安全瓶、压力计和循环水泵（或油泵）组成的（图 2.10）。

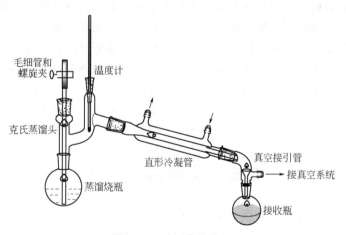

图 2.10　减压蒸馏装置

（2）操作要点

① 减压蒸馏时，蒸馏瓶和接收瓶均不能使用不耐压的平底仪器（如锥形瓶、平底烧瓶等）和薄壁或有破损的仪器，以防由于装置内处于真空状态，外部压力过大而引起爆炸。

② 减压蒸馏的关键是装置密闭性要好，因此在安装仪器时，应在磨口接头处涂抹少量凡士林，以保证装置密封和润滑。

③ 仪器装好后，应空试系统是否密封。

④ 停止蒸馏时，应先将加热器撤走，打开毛细管上的螺旋夹，待稍冷却后，慢慢地打开安全瓶上的放空阀，使压力计（表）恢复到零的位置，再关泵。否则由于系统中压力低，会发生水或油倒吸回安全瓶或冷阱的现象。

（3）旋转蒸发

旋转蒸发主要用于在减压条件下连续蒸馏大量易挥发性溶剂，尤其对萃取液的浓缩和色谱分离时接收液的蒸馏，可分离和纯化反应产物。

旋转蒸发仪的基本原理就是减压蒸馏，操作时烧瓶不断旋转，液体受热均匀，不会暴沸，而且蒸发速度快。使用时先将系统抽真空，然后调节烧瓶转速，加热蒸发溶剂。

旋转蒸发仪由一台电动机带动可旋转的圆底烧瓶、冷凝器和接收瓶等组成（图 2.11）。

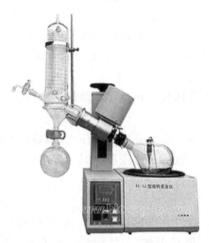

图 2.11　旋转蒸发仪

使用旋转蒸发仪时，首先将所有仪器连接固定好，容易脱滑的位置应当用特制的夹子夹住。在冷凝器中通入冷凝水或装入冷却剂，然后打开循环水真空泵，关闭连在系统与循环水真空泵间的安全瓶活塞，使系统抽紧。确认整个系统已抽紧后，打开电动机开关，使蒸馏瓶旋转。小心加热装有蒸馏液的圆底烧瓶，热源温度根据被蒸溶剂在系统的真空度下的沸点确定（从循环水真空泵上压力表可以看出真空度）。加热时，使圆底烧瓶缓慢受热，蒸馏速度不可太快，以免造成冲、冒等事故。蒸馏完毕，先撤除热源，关掉电动机开关，然后保护好圆底烧瓶，再解除真空。拆下圆底烧瓶，关闭冷凝水，回收接收瓶中的溶剂。

2.5　重结晶与升华

重结晶和升华是精细化工实验室常用的固体有机物的提纯方法。

2.5.1　重结晶

将固体有机物溶解在热的溶剂中，制成饱和溶液，再将溶液冷却、重新析出结晶的过程叫做重结晶。重结晶是利用混合物中各组分在某种溶剂中的溶解度不同，或在同一溶剂中不同温度时的溶解度不同，而使它们相互分离。重结晶一般只适用于杂质含量小于 5% 的固体物质的提纯。

重结晶的一般过程为：选择溶剂→固体物质的溶解→脱色→热过滤→冷却结晶→抽滤→

干燥。

（1）选择溶剂

在选择溶剂时，一般遵循相似相溶原则，即溶质一般易溶于结构与其相似的溶剂中，极性物质较易溶于极性溶剂中，非极性物质较易溶于非极性溶剂中。常用于重结晶的溶剂有水、乙醇、丙酮、乙醚、石油醚、四氯化碳、四氢呋喃、乙酸乙酯、乙酸和甲苯等。

① 单溶剂的选择方法　取 0.1g 待重结晶的固体样品置于一小试管中，用滴管逐滴加入溶剂，并不断振荡，待加入的溶剂约为 1mL 时，若固体全部溶解或大部分溶解，则说明此溶剂的溶解度太大，不适宜作此样品的重结晶溶剂，若固体不溶或大部分不溶，但加热至沸腾（溶剂的沸点低于 100℃ 的，则应用水浴加热）时完全溶解，冷却析出大量结晶，这种溶剂则适合作为样品的重结晶溶剂；若样品不全溶于 1mL 沸腾的溶剂中时，则可逐次添加溶剂，每次约加 0.5mL，并加热至沸腾，若加入的溶剂总量达到 3～4mL 时，样品在沸腾的溶剂中仍不溶解，则表示这种溶剂不适用。反之，若样品能溶解在 3～4mL 沸腾的溶剂中，则将试管冷却，观察有没有结晶析出，如没有结晶析出，可用玻璃棒摩擦试管壁或用冰水冷却，以促使结晶析出。若仍然未析出结晶，则表示这种溶剂也不适用；若有结晶析出，则以结晶析出的多少来选择溶剂。

按照上述方法逐一试验不同的溶剂，对试验结果加以比较，从中选择最佳的作为重结晶的溶剂。表 2.1 为常用的重结晶溶剂。

表 2.1　常用的重结晶溶剂

溶剂	沸点/℃	相对密度	溶剂	沸点/℃	相对密度
水	100.0	1.00	乙酸乙酯	77.1	0.90
甲醇	64.7	0.79	二氧六环	101.3	1.03
乙醇	78.4	0.79	二氯甲烷	40.8	1.34
丙酮	56.5	0.79	二氯乙烷	83.8	1.24
乙醚	34.6	0.71	三氯甲烷	61.2	1.49
石油醚	30～60,60～90	0.64～0.66	四氯化碳	76.7	1.59
环己烷	80.8	0.78	硝基甲烷	101.2	1.14
苯	80.1	0.88	甲乙酮	79.6	0.81
甲苯	110.6	0.87	乙腈	81.6	0.78

如果未能找到某一合适的溶剂，则可采用混合溶剂。

② 混合溶剂的选择方法　混合溶剂通常是由两种互溶的溶剂组成的，其中一种对被提纯物的溶解度很大（称为良溶剂），而另一种对被提纯物的溶解度很小（称不良溶剂）。常用的混合溶剂有甲醇-水、乙醇-水、苯-石油醚、丙酮-石油醚、冰醋酸-水、吡啶-水、乙醚-甲醇。

用混合溶剂重结晶时，先将物质溶于热的良溶剂中，若有不溶解物质则趁热滤去，若有色则加活性炭煮沸脱色后趁热过滤。在此热溶液（接近沸点温度下）中滴加热的不良溶剂，直至所呈现的混浊不再消失为止，此时该物质在混合溶剂中成过饱和状态。再加入少量（几滴）良溶剂或稍加热使恰好透明，然后将此混合物冷至室温，使晶体自溶液中析出。当重结晶量大时，可先按上述方法，找出良溶剂和不良溶剂的比例，然后将两种溶剂先混合好，再按一般方法进行重结晶。表 2.2 为常用的混合溶剂。

表 2.2　常用的混合溶剂

水-乙醇	甲醇-水	石油醚-苯	水-乙醇	甲醇-水	石油醚-苯
水-丙酮	甲醇-乙醚	石油醚-丙酮	乙醚-丙酮	氯仿-醇	苯-醇
水-乙酸	甲醇-二氯乙烷	氯仿-醚	乙醇-乙醚-乙酸乙酯	吡啶-水	石油醚-乙醚

（2）固体物质的溶解

先在烧瓶中加入待重结晶样品和少量溶剂，搅拌下加热至沸腾，然后在缓缓沸腾下逐渐加入溶剂，溶剂量刚好使样品全部溶解。一般应使溶剂过量 5％～20％，以免热过滤时因温度降低和溶剂挥发而使晶体过早析出。

（3）脱色

粗产品溶解后，若其中含有有色杂质或树脂状杂质，会影响产品的纯度甚至妨碍晶体的析出。此时常加入吸附剂以除去这些杂质，最常用的吸附剂有活性炭和三氧化二铝。吸附剂的选择和重结晶的溶剂有关，活性炭适用于极性溶剂（如水、乙醇等有机溶剂）；三氧化二铝适用于非极性溶剂（如苯、石油醚），否则脱色效果较差。

一般用活性炭脱色，如要在酸性溶液中使用，最好先用盐酸处理，即将活性炭用 1:1 的盐酸煮沸 2～3h，再用蒸馏水稀释后抽滤，用热蒸馏水洗至无酸性，抽滤后烘干。活性炭的用量，根据所含杂质的多少而定。一般为干燥粗产品质量的 1％～5％，有时还要多些。若一次脱色不彻底，则可将滤液用 1％～5％的活性炭进行再脱色。

（4）热过滤

热过滤的目的是除去不溶性杂质（包括用作脱色的吸附剂）。为了尽量减少过滤中晶体的损失，常使用热水漏斗和折叠滤纸进行常压保温快速过滤，这样的热过滤较快，并可防止在过滤过程中因溶剂的冷却或挥发使溶质析出而造成损失。

（5）冷却结晶

热溶液冷却，使溶解的物质自过饱和溶液中析出，而一部分杂质仍留在母液中。有的晶体不易从过饱和溶液析出，是因为溶液中尚未形成结晶中心，此时可用玻璃棒摩擦容器内壁，或投入"晶种"，都可以促使晶体析出。

（6）抽滤

把晶体从母液中分离出来，一般采用减压过滤。

（7）干燥

用重结晶法纯化后的晶体表面还吸附有少量溶剂，应根据所用溶剂及结晶的性质选合适的方法进行干燥。

2.5.2　升华

固态有机物的提纯通常采用重结晶法，但对于某些在不太高的温度下有足够高的蒸气压的固态物质（在熔点温度以下蒸气压高于 2.66kPa），也可采用另一种方法进行纯化，即升华法。

升华是指物质自固态不经过液态而直接转变成蒸气或从蒸气不经液态而直接转变成固态的过程。利用升华不仅可以分离具有不同挥发度的固体混合物，而且能除去难挥发的杂质。

升华常可得到较高纯度的产物，但操作时间长，损失也较大，在精细化工实验室一般只用于较少量（1～2g）物质的纯化。

（1）原理

用升华法提纯固体，必须满足以下两个必要条件。

① 被纯化的固体要有较高的蒸气压。

② 固体中杂质的蒸气压与被纯化固体的蒸气压有明显的差异。

一般来说，对称性较高的固态物质，具有较高的熔点，而且在熔点温度以下具有较高的蒸气压，易于用升华来提纯。例如，樟脑、蒽醌等。表2.3为某些易升华物质的蒸气压。

表 2.3　某些易升华物质的蒸气压

名称	熔点/℃	固体在熔点时的蒸气压/kPa	名称	熔点/℃	固体在熔点时的蒸气压/kPa
干冰(固体 CO_2)	−57	516.78	苯(固体)	5	4.80
六氯乙烷	189	104	邻苯二甲酸酐	131	1.20
樟脑	179	49.33	萘	80	0.93
碘	114	12	苯甲酸	122	0.80
蒽	218	5.47			

升华可在常压或减压条件下进行。

(2) 装置与操作

① 常压升华　常压升华装置主要由蒸发皿和普通漏斗组成，如图2.12。

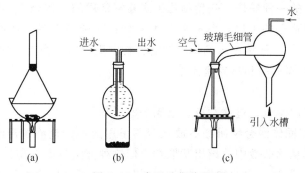

图 2.12　常压升华装置

将待升华物质研细后放置在蒸发皿中，然后用一张扎有许多小孔的滤纸覆盖在蒸发皿上（孔刺朝上），并用一玻璃漏斗倒置在滤纸上面，在漏斗的颈部塞上一团疏松的棉花，如图2.12(a)。用小火隔着石棉网慢慢加热，使蒸发皿中的物质慢慢升华，蒸气透过滤纸小孔上升，凝结在玻璃漏斗的壁上，滤纸面上也会结晶出一部分固体。升华完毕，可用不锈钢刮匙将凝结在漏斗壁上以及滤纸上的结晶小心刮落并收集起来。

当待升华的样品量较大时，可按图2.12(b)分批进行。把待升华的样品放入烧杯内，用通水冷却的圆底烧瓶作为冷凝面，使待升华的样品蒸气在烧瓶底部凝结成晶体并附在瓶底。

当需要通入空气或惰性气体进行升华时，可按图2.12(c)进行。

② 减压升华　为加快升华速度，可在减压下进行升华。减压升华主要用于少量物质的升华，主要由吸滤管、指形冷凝管和泵组成，如图2.13。

将欲升华物质放在吸滤管内，然后再在吸滤管上用橡皮塞固定一指形冷凝管，内通冷凝水，然后再使吸滤管置于油浴或油泵抽气减压，使物质升华。升华物质蒸气因受冷凝水冷

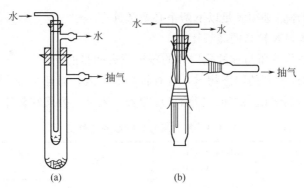

图 2.13　少量物质的减压升华装置

却，凝结在指形冷凝管底部，达到纯化目的。图 2.13（a）为非磨口仪器，图 2.13（b）接头部分为磨口的，实用更方便。

2.6　萃取与盐析

2.6.1　萃取

萃取是利用物质在两种不互溶（或微溶）的溶剂中的溶解度或分配系数的不同来达到分离、提取或纯化目的的一种操作，是精细化工实验室常用的一种分离、提纯方法。

根据被提取物质状态的不同，萃取可分为两种：一种是用溶剂从液体混合物中提取物质，称为液-液萃取；另一种是用溶剂从固体混合物中提取所需物质，称为液-固萃取。

本节重点介绍液-固萃取和临界流体萃取。

（1）液-固萃取

常用的方法有浸泡萃取、过滤萃取、索氏提取器萃取。

① 浸泡萃取　将固体混合物研细后放在容器里用溶剂长期静置浸泡萃取，或用外力振荡萃取，然后过滤，从萃取液中分离出萃取物，但这种方法效率不高。

② 过滤萃取　如果被提取的物质特别容易溶解，也可以把研细的固体混合物放在有滤纸的玻璃漏斗中，用溶剂洗涤。

如果萃取物质的溶解度很小，用洗涤方法则要消耗大量的溶剂和很长时间，可用索氏提取器萃取。

③ 索氏提取器萃取　索氏提取器又称脂肪提取器，如图 2.14，它是利用溶液的回流及虹吸原理，使固体物质每次都被纯的热溶剂所萃取，减少了溶剂用量，缩短了提取时间，因而效率较高。但对受热易分解或变色的物质不宜采用。

索氏提取器由三部分组成：上部是冷凝器；中部是带有虹吸管的提取器；下部是蒸馏瓶。为增加液体浸溶的面积，萃取前应先将固体物质研细后，将固体物质放入滤纸筒内，滤纸筒的高度不要超过虹吸管顶部。从提取器上口加入溶剂，装上冷凝器，通入冷却水，加入沸石后开始加热。当溶剂沸腾时，蒸气通过蒸气导管上升，被冷凝器冷凝成液体，滴入提取器中。当液面超过虹吸管的最高处时，产生虹吸，萃取液自动流入烧瓶中，因而萃取出溶于溶剂的部分物质。再蒸发溶剂，如此循环多次，直到被萃取物质大部分被萃取为止。一般需要数小时才能完成，提取液经浓缩后，将所得浓缩液经进一步处理，可得所需提取物。

如果样品量少，可用简易半微量提取器，如图 2.15。把被提取固体放于折叠滤纸中，

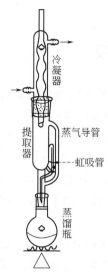

图 2.14　索氏提取器

图 2.15　简易半微量提取器

操作方便，效果也好。

测定粮油、油料、食品中脂肪含量时，常用此法，很多天然产物中有效成分的提取，也用到索氏提取器。

（2）超临界流体萃取技术

超临界流体（SCF）是指在操作压力和温度均高于临界点时，密度接近液体，而扩散系数和黏度均接近气体的物质（或混合物）。SCF 的性质介于气体和液体之间，具有优异的溶剂性质，可用于提取有用组分或脱去有害物质。最常用的 SCF 是二氧化碳、水、甲苯等。

SCF 萃取技术是将原料经过除杂质、粉碎或轧片等一系列预处理，然后装入萃取塔中。固体物料的可溶解组分进入 SCF 相，并随之流出萃取塔。经过减压和调温，SCF 相密度降低，并选择性地分离萃取物的各组分，SCF 再经降温和压缩回到萃取塔循环使用。SCF 萃取装置由萃取塔、分离器、热交换器、压缩机及其他辅助设备组成。

目前，SCF 技术已用于石蜡烃、芳香族化合物及环烷烃同系物的分离精制，如从己内酰胺、己二酸、二甲基色胺（DMT）等的水溶液中回收有机物。此外，SCF 技术在分离醇-水共沸混合物、回收烷基铝催化剂、再生润滑油及活性炭等方面取得很大发展。SCF 技术在精细化工，尤其是在食品工业中的作用将越来越重要。

2.6.2　盐析

向含有机化合物的水相中加入无机盐（如氯化钠或碳酸钾），使有机物在水中的溶解度进一步降低而转入有机相的分离操作称为盐析。

鉴于很多有机分子极性较弱或为非极性，它们在极性溶剂-水中的溶解度都不大，特别是在溶液中加入氯化钠等这样的电解质后，有机分子与盐之间的极性差距进一步扩大，根据有机化学中溶解度相似相溶原理，溶解度将进一步降低，直到水相饱和后，降至最低。

在做盐析操作时，均是在搅拌下，将精食盐分次添加到盛于烧杯或锥形瓶的水溶液中，观察食盐的溶解情况，直到食盐不再溶解为止。稍静置后，将上层清液用倾析法移入分液漏斗中，注意勿将未溶的食盐颗粒也流进去而堵塞漏斗孔。分液漏斗中的溶液静置分层后分液，可得到一定体积的有机相。如果进一步再向分液漏斗中已被精盐饱和过的溶液添加萃取剂萃取，则分离效果更好。

2.7 离 子 交 换

离子交换法是利用离子交换树脂作为吸附剂，将溶液中的待分离组分，依据其电荷差异，依靠库仑力吸附在树脂上，然后利用合适的洗脱剂将吸附质从树脂上洗脱下来，达到分离的目的。该法具有生产成本低、工艺操作方便、设备结构简单、节约大量有机溶剂等优点，但也存在操作较烦琐、生产周期长等缺点。

离子交换树脂又称离子交换剂，是一种高分子聚合物，具有网状结构的骨架，在这种网状结构的骨架上有许多可被交换的基团。根据被交换的活性基团不同，一般把树脂分成阳离子交换树脂和阴离子交换树脂。

阳离子交换树脂大都含有磺酸基（—SO_3H）、羧基（—$COOH$）或苯酚基（—C_6H_4OH）等酸性基团，其中的氢离子能与溶液中的金属离子或其他阳离子进行交换。例如苯乙烯和二乙烯苯的高聚物经磺化处理得到强酸性阳离子交换树脂，其结构式可简单表示为 R—SO_3H，式中 R 代表树脂母体，其交换原理为 $2R—SO_3H + Ca^{2+} \longrightarrow (R—SO_3)_2Ca + 2H^+$，这也是硬水软化的原理。

阴离子交换树脂含有季铵基［—$N(CH_3)_3OH$］、胺基（—NH_2）或亚胺基（—NH）等碱性基团。它们在水中能生成 OH^-，可与各种阴离子起交换作用，其交换原理为 $R—N(CH_3)_3OH + Cl^- \longrightarrow R—N(CH_3)_3Cl + OH^-$。

由于离子交换作用是可逆的，因此用过的离子交换树脂一般用适当浓度的无机酸或碱进行洗涤，可恢复到原状态而重复使用，这一过程称为再生。阳离子交换树脂可用稀盐酸、稀硫酸等溶液淋洗；阴离子交换树脂可用氢氧化钠等溶液处理，进行再生操作。

（1）树脂的处理

市售树脂往往颗粒大小不均匀，或粒度不符合要求，且含杂质，需经处理。处理过程：晾干-研磨-过筛（40～70 目）-HCl 浸泡（4～6mol/L HCl 浸泡 1～2 天，除杂，如 Fe^{3+}）-洗涤至中性，浸泡于蒸馏水中备用。

此时，阳离子树脂已处理为 H 型，阴离子树脂已处理为 Cl 型。

（2）装柱

一般先装入 1/3 体积的蒸馏水，然后树脂从顶端缓缓加入，让其在柱内均匀、自由沉降，使树脂均匀一致，如图 2.16。液面应高于树脂面，以防有气泡，勿使树脂干涸。

（3）交换

若柱中装的是阳离子树脂，试液中的阳离子与 H^+ 交换后留在树脂上，阴离子在流去液中。

（4）洗涤

交换完毕用蒸馏水洗涤，以洗涤残留的溶液及交换时形成的酸、碱盐类，合并洗涤液与流出液。

（5）洗脱

把交换上的离子洗下来以进行测定，对阳离子树脂，常用 HCl 为洗脱剂，对阴离子树脂常用 HCl、NaCl、NaOH 作洗脱液。

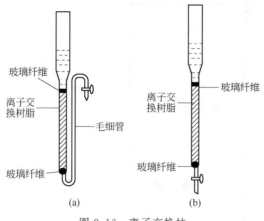

图 2.16　离子交换柱

2.8　色　谱

色谱法是利用混合物通过某一物质时，由于对混合物中各组分具有不同的吸附和溶解性能或其他亲和性能上的差异，从而将各组分分开而达到分离或分析鉴定的目的。在这个过程中，流动的被分离混合物称为流动相，位置固定的物质（可以是固体或液体）为固定相（或固定液）。

根据操作方式的不同，色谱法可分为柱色谱、薄层色谱、纸色谱、气相色谱和液相色谱等。每种色谱法都有其特点，应用时要根据工作的实际需要以及可能性进行选择。一般来说，分离大量物质时宜用柱色谱或高效液相色谱法；少量混合物的分离或分析鉴定可选用薄层色谱法；液体化合物及有些遇热不分解的固体化合物的分离鉴定可用气相色谱。

本节重点介绍薄层色谱法。

薄层色谱（thin layer chromatography，常用 TLC 表示）（旧称薄层色谱），是一种微量、快速而简单的分离、分析方法。

（1）基本原理

薄层色谱是在干净的玻璃板上均匀地涂上一层吸附剂或支持剂，待干燥、活化后将样品溶液用管口平整的毛细管滴加于离薄层板一端约 1cm 处的起点线上，晾干或吹干后置薄层板于盛有展开剂的展开槽内，浸入深度为 0.5cm。待展开剂前沿离顶端约 1cm 附近时，将薄层板取出，干燥后喷以显色剂，或在紫外灯下显色。记录原点至斑点中心及展开剂前沿的距离。

在薄板上混合物的每个组分上升的高度与展开剂上升的前沿之比称为该化合物的 R_f 值，又称比移值，计算 R_f 值的公式如下，如图 2.17。

$$R_f = \frac{\text{原点至斑点中心的距离}}{\text{原点至溶剂前沿的距离}} = \frac{a}{b}$$

R_f 值随被分离化合物的结构、固定相和流动相的性质、温度以及薄层板本身的因素而变化。当固定相、流动相、温度、薄板厚度等实验条件固定时，各物质的 R_f 值是恒定的，因此可利用 R_f 值对未知物进行定性鉴定。但由于影响 R_f 值的因素很多，在鉴定时采用标

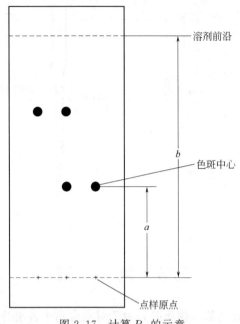

图 2.17　计算 R_f 的示意

准样品对照，通过比较两者的 R_f 值，可对样品作出定性鉴定，还可以通过比较未知物和标准物的色斑大小或颜色深浅来定量判定甚至定量测定其含量。良好的分离 R_f 值应在 0.15～0.75 之间，否则应该调换展开剂重新展开。

（2）操作技术

① 吸附剂的选择　薄层色谱法常用的吸附剂是氧化铝和硅胶。

硅胶是一种无定形的多孔物质，具微酸性（接近中性）适用于分离鉴定酸性及中性物质。硅胶的表面含有许多硅醇基（—Si—OH），能吸附水分，受热时又能可逆失水。

薄层色谱用硅胶分为以下几类。

硅胶 H，不含黏合剂和其他添加剂的色谱用硅胶。

硅胶 G，含有煅石膏作黏合剂的色谱硅胶。

硅胶 HF_{254}，含有荧光物质的色谱硅胶，可用于 254nm 的紫外光下观察荧光。

硅胶 GF_{254}，是一种既含有煅石膏又含有荧光剂的色谱用硅胶。

与硅胶相似，氧化铝也因含黏合剂或荧光剂而分为氧化铝 G、氧化铝 GF_{254} 及氧化铝 HF_{254} 等类型，氧化铝的极性比硅胶大，适用于分离极性小的化合物。

② 展开剂的选择　展开剂的选择一般根据被分离物质的极性和所选用吸附剂的性质进行综合考虑。一般的原则是被分离物质和展开剂之间的极性关系应符合"相似相溶原理"，也就是说，被分离物质的极性较小，可选用极性较小的展开剂；若被分离物质的极性较大，可选用极性大的溶剂作展开剂。一般情况下，先选用单一展开剂（如苯、氯仿、乙醇等），若发现样品各组分的比移值较大，可选用或加入适量极性较小的展开剂（如石油醚等）。反之，若样品各组分的比移值较小，则可适量加入极性较大的展开剂。在实际工作中，常用两种或三种溶剂的混合物作展开剂，这样更有利于调配展开剂的极性，改善分离效果。通常希望 R_f 值在 0.2～0.8 范围内，最理想的 R_f 值在 0.4～0.5 范围内。表 2.4 给出了常见溶剂在硅胶板上的展开能力，一般展开能力与溶剂的极性成正比。

表 2.4   TLC 常用的展开剂

溶剂名称	戊烷、四氯化碳、苯、氯仿、二氯甲烷、乙醚、乙酸乙酯、丙酮、乙醇、甲醇
极性及展开能力	增加 ——————————————————————→

③ 薄层板的制备   薄板的制备方法有两种：一种是干法制板；另一种是湿法制板。

a. 干法制板   常用氧化铝作吸附剂，将氧化铝倒在玻璃上，取直径均匀的一根玻璃棒，将两端用胶布缠好，在玻璃板上滚压，把吸附剂均匀地铺在玻璃板上。这种方法操作简便、展开快，但是样品展开点易扩散，制成的薄板不易保存。

b. 湿法制板   是实验室最常用的制板方法。制板前首先将吸附剂制成糊状物。称取 3g 硅胶 G，边搅拌边慢慢加入到盛有 6~7mL 0.5%~1%CMC 清液的烧杯中，调成糊状（3g 硅胶约可铺 7.5cm×2.5cm 载玻片 5~6 块）。注意硅胶 G 糊易凝结，所以必须现用现配，不宜久放。

根据铺制方法的不同，薄层板的制备可分为平铺法、倾注法和浸涂法三种。

a. 平铺法：用薄层涂布器（图 2.18）涂布，适合于科研工作中数量较大、要求较高的情况。

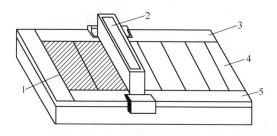

图 2.18   薄层涂布器

1—吸附剂薄层；2—涂布槽；3,5—玻璃夹板；4—玻璃板

b. 倾注法（简易平铺法）：将配制好的浆料倾注到清洁干燥的载玻片上，拿在手中轻轻地左右摇晃，使其表面均匀平滑，然后放在水平的台面上晾干后进行活化。

c. 浸涂法：把两块干净的玻片叠合，浸入调制好的吸附剂浆料中，取出后分开、晾干，如图 2.19。

图 2.19   载玻片浸渍涂浆

④ 薄层板的活化　薄层板经过自然干燥后，再放入烘箱中活化，进一步除去水分。不同的吸附剂及配方，需要不同的活化条件。例如：硅胶一般在烘箱中逐渐升温，在 105～110℃下，加热 30min；氧化铝在 200～220℃下烘干 4h，可得到活性为Ⅱ级的薄层板，在 150～160℃下烘干 4h 可得到活性为Ⅲ、Ⅳ级的薄层板。当分离某些易吸附的化合物时，可不用活化。活化好的薄层板放在干燥器内保存备用。

⑤ 点样　点样前，先用铅笔在薄层板上距一端 1cm 处轻轻划一横线作为起始线。通常将样品溶于低沸点溶剂（丙酮、甲醇、乙醇、氯仿、苯、乙醚和四氯化碳）配成 1% 溶液，然后用内径小于 1mm 管口平整的毛细管吸取样品，小心地点在起始线上。若在同一板上点几个样，样品间距应为 1～1.5cm，斑点直径一般不超过 2mm。样品浓度太稀时，可待前一次溶剂挥发后，在原点上重复一次。点样浓度太稀会使显色不清楚，影响观察；但浓度过大则会造成斑点过大或拖尾等现象，影响分离效果。点样结束待样点干燥后，方可进行展开。点样要轻，不可刺破薄层，如图 2.20。

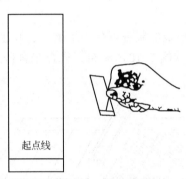

起点线

图 2.20　TLC 板及 TLC 板的点样方法

⑥ 展开　将点样后的薄层板放置在一个盛有展开剂的密闭容器（称为色谱缸）中，让展开剂通过吸附剂时组分分离，此操作过程称为展开。

常用的展开方式有上升法、倾斜上行法、下降法和双向展开法等几种。

a. 上升法　将色谱板垂直置于盛有展开剂的密闭容器内。通常用于吸附剂中含黏合剂的薄层板，如图 2.21(a)。

b. 倾斜上行法　是最为常见的展开方式，如图 2.21(b)。将薄层板倾斜 10°～20°，点样的一端浸入溶剂，以不浸至斑点为准，展开后，取出晾干即可。一般用于不含黏合剂的薄层板。含黏合剂的薄层板可倾斜 45°～60°，以不影响吸附剂的均匀为原则。

c. 下降法　若样品化合物的 R_f 值较小，可使用下降法展开。如图 2.21(c)，将展开剂放在圆底烧瓶中，用滤纸将展开剂吸到薄层板的上端，使展开剂沿板下行。

d. 双向展开法　薄层板制成正方形，样品点在角上，先向一个方向展开。然后薄层板转动 90°，另换展开剂展开，这种方法特别适用于成分复杂的样品。

⑦ 显色　展开完毕，取出薄层板，划出前沿线，如果化合物本身有颜色，就可直接观察它的斑点。但大多数有机化合物是无色的，必须经过显色才能观察到斑点的位置，常用的显色方法有以下几种。

a. 外光显色法　用硅胶 GF254 制成的薄层板，由于加入了荧光剂，在 254nm 波长的紫外灯下，可观察到暗色斑点，此斑点就是样品点。

b. 卤素斑点试验法　由于碘能与许多有机化合物形成棕色或黄色的配合物。在一密闭

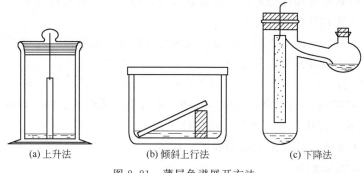

(a) 上升法   (b) 倾斜上行法   (c) 下降法

图 2.21   薄层色谱展开方法

容器（一般用色谱缸即可）中放入几粒碘，将展开并干燥的薄层板放入其中，稍稍加热，让碘升华，当样品与碘蒸气反应后，取出薄层板，立即标记出斑点的形状和位置（因为薄层板放在空气中，由于碘挥发，棕色斑点会很快消失）。

    c. 显色剂法　在薄层板上溶剂蒸发前用显色剂喷雾显色。不同类型化合物可选用不同的显色剂，见表 2.5。

表 2.5   一些常用的显色剂

显色剂	配制方法	能被检出对象
浓硫酸	98％	大多数有机化合物在加热后可显出黑色斑点
碘蒸气	将薄层板放入缸内被碘蒸气饱和数分钟	很多有机化合物显黄棕色
碘的氯仿溶液	0.5％碘氯仿溶液	很多有机化合物显黄棕色
磷钼酸乙醇溶液	5％磷钼酸乙醇溶液，喷后 120℃烘干，还原性物质显蓝色，氨熏，背景变为无色	还原性物质显蓝色
铁氰化钾-三氯化铁试剂	1％铁氰化钾，1％三氯化铁，使用前等量混合	还原性物质显蓝色，再喷 2mol/L 盐酸溶液,蓝色加深,检酚、胺、还原性物质
四氯邻苯二甲酸酐	2％溶液,溶剂:丙酮-氯仿(体积比 10:1)	芳烃
硝酸铈铵	6％硝酸铈铵的 2mol/L 硝酸	薄层板在 105℃烘 5min,喷显色剂,多元醇在黄色底色上有棕黄色斑点
香兰素-硫酸	3g 香兰素溶于 95％ 100mL 乙醇中,再加入 0.5mL 浓硫酸	高级醇及酮呈绿色
茚三酮	0.3g 茚三酮溶于 100mL 乙醇,喷后,100℃加热至斑点出现	氨基酸、胺、氨基糖、蛋白质

2.9 乳   化

    乳化是指一种分散相分散在另一种不相溶的连续相（液体、固体、气体）中所形成的多相分散体系。乳状液中被分散的一相称为分散相或内相；另一相则称为分散介质或外相。显然，内相是不连续相，外相是连续相。在制备乳状液时，通常乳状液的一相是水，另一相是极性小的有机液体，习惯上统称为"油"。

2.9.1   乳化剂

    要使两种不相混溶的纯液体成为较稳定的乳状液，必须要有乳化剂存在。例如，将苯和水放在试管里，无论怎样用力摇荡，静置后苯与水都会很快分离。但是，如果往试管里加一点肥皂，再摇荡时就会形成像牛奶一样的乳白色液体。因为此时苯以很小的液珠形式分散在水中，在相当长的时间内保持稳定，这就是乳状液。形成乳状液的过程为乳化，在此过程中所加入的添加物（如肥皂）为乳化剂。

可以使不溶于水的液体与水形成稳定的胶体分散体系（乳状液）的物质叫乳化剂。这种物质的种类很多，大致可分为以下几种：

① 表面活性剂；

② 某些天然产物或其衍生物，如海藻酸钠、松香皂、蛋白质、糖及纤维素衍生物；

③ 高分散性粉状固体，如碳酸镁、磷酸钙等。

从广义的范围来讲，乳化剂全部是表面活性剂。

2.9.2　乳状液的制备

乳状液的制备在确定其合理的配方后，其乳化技术也是极其重要的。日化产品的制备主要采用复配技术。复配技术较虽然简单，但如产品要求有多种功能和性质，要制备出性能优良和稳定的乳状液，并不简单。

（1）乳化技术

乳状液是由水相和油相所组成的，乳状液的制备一般是先分别制备出水相和油相，然后再将两相混合而得到乳状液。

① 水相的制备　按照配方，将水溶性物质如甘油、胶质原料等尽可能溶于水中。制备水相的温度，在很大程度上取决于油相中各成分的物理性质，水相的温度应接近油相的温度，如低于油相的温度，不宜超过 10℃。制备乳状液时，乳化剂的加入方式有多种。将乳化剂直接溶于水相中，在剧烈搅拌下将油相加入，即可制得 O/W 型乳化体，称为乳化剂在水中法。

② 油相的制备　按照配方，将全部油相成分一起溶解，如油相成分中有高熔点的蜡、脂肪酸、醇等，则此时需要加热，融化油性成分，使其保持液体状态。若油相溶液在冷却时，趋于凝固或冻结，则此时应使油相温度保持在凝固温度以上至少 10℃，以使油相保持液体状态，以便与水相进行乳化。当乳化剂使用非离子型表面活性剂时，常将亲水性或亲油性乳化剂溶于油相中。用这种方法制备乳状液，常叫做乳化剂在油中法。

若在乳状液配方中使用脂肪酸，将脂肪酸溶于油相中，将碱溶于水相中，两相接触后，在油水的界面即有皂生成，可得到稳定的乳化体。这种制备乳状液的方法叫做初生皂法，是一种较传统的制备乳状液的方法。

（2）乳化方法

制备乳状液的乳化方法，除了前述的初生皂法、乳化剂在水中法、乳化剂在油中法之外，还有以下几种。

① 乳化剂分别溶解法　这种方法是将水溶性乳化剂溶于水中，油溶性乳化剂溶于油中，再把水相加入油相中，开始形成 W/O 型乳化体，当加入多量的水后，黏度突然下降，转相变型为 O/W 型乳化体。如果做成 W/O 型乳化体，先将油相加入水相成 O/W 型乳化体，再经转相生成 W/O 型乳化体。这种方法制得的乳化体颗粒也较细，因此常采用此法。

② 交替加液法　交替加液法是将水和油分次少量地交替加入乳化剂中。以 O/W 型为例：将一部分油加于全部乳化剂中均匀混合，再加入与油约等量的水研磨乳化，再加另一部分的油，乳化后再加水，如此交替相加 3～4 次即可制成最终的乳剂。此法由于两相液体的少量交替混合，黏度较大而有利于形成膏状乳。例如：琼脂、海藻酸钠等乳化剂制备乳剂时

常用此法。此法尤其适用于制备食品乳状液。

③ 自然乳化法　自然乳化法是指油相和水接触时自然地形成乳状液的方法。轻轻摇动或稍加搅拌有助于自然乳化的进行，并可获得浓度均匀的乳状液。自然乳化法的特点是不必使用剧烈的搅拌装置，当含一定量乳化剂的油相投入水相时就可获得液滴大小较均匀的乳状液。因此，该法在纺织助剂、农药、金属切削油等领域获得了广泛的应用。

2.9.3　乳化设备

在工业生产和科学研究中，必须用一定的方式来制备乳状液，不同的混合方式常直接影响乳状液的稳定性甚至类型，主要实验仪器及设备有以下几种。

（1）机械搅拌

用较高速度（4000～8000r/min）螺旋桨搅拌器制备乳状液是实验室和工业生产中经常使用的一种方式如图 2.2。此法的优点是设备简单，操作方便。缺点是分散度低，不均匀，且易混入空气。

（2）胶体磨

将待分散的体系由进料斗加入到胶体磨中，在磨盘间剪切的作用下使待分散物料分散为极细的液滴，乳状液由出料口放出，下磨盘间的隙缝可以调节，如图 2.22。

（3）均化器

均化器实际是机械加超声波的复合装置。将待分散的液体加压，从可调节的狭缝中喷出，在喷出过程中超声波也在起作用。均化器设备简单，操作方便，其核心是泵，可加压到60MPa，一般在 20～40MPa 下操作。均化器的优点是分散度高、均匀、空气不易混入。常见的均化器有以下 3 种。

① 均浆机　可施加给原料以高压，浆从其小孔中喷出，是非常强有力的连续式乳化机，如图 2.23。

② 均质搅拌机　由涡轮型的旋转叶片被圆筒围绕而成。旋转叶片的转速可高达10000～

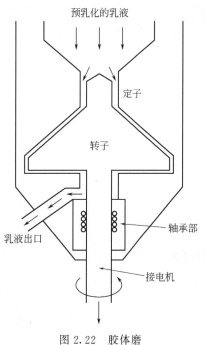

图 2.22　胶体磨

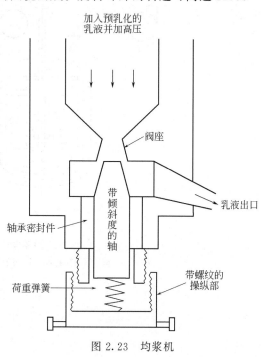

图 2.23　均浆机

30000r/min，可引起筒中液体的对流，得到均一、很细的乳化粒子，如图 2.24。

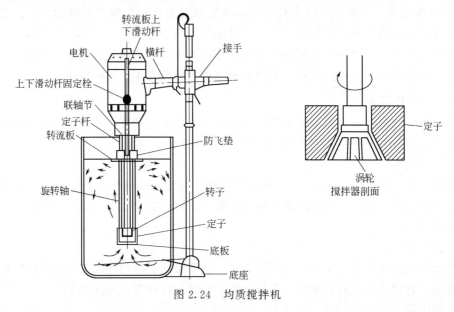

图 2.24　均质搅拌机

③ 真空乳化机　在密闭容器中装有搅拌叶片，真空状态下进行搅拌和乳化。配有两个带有加热和保温夹套的原料溶解罐，一个溶解油相，一个溶解水相，如图 2.25。

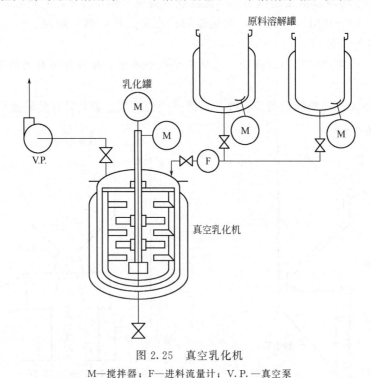

图 2.25　真空乳化机

M—搅拌器；F—进料流量计；V.P.—真空泵

第3章　表面活性剂

实验一　阴离子表面活性剂——十二烷基苯磺酸钠的制备

一、实验目的

1. 了解烷基苯磺酸盐类阴离子表面活性剂的性质和用途。
2. 掌握烷基苯磺酸钠的合成原理和制备方法。
3. 熟悉磺化反应的操作方法。

二、实验原理

1. 性质和用途

十二烷基苯磺酸钠（sodium dodecyl benzene sulfonate）又称石油磺酸钠，简称 LAS、ABS-Na，分子式 $C_{18}H_{29}SO_3Na$，相对分子质量 348.47。为白色至淡黄色粉末或颗粒，易溶于水，在碱性、中性及弱酸性溶液中较稳定，在硬水中有良好的润湿、乳化、分散、起泡和去污能力。易生物降解，易吸水，遇浓酸分解，热稳定性较好。

LAS 的最主要用途是配制各种类型的液体、粉状、粒状洗涤剂，擦净剂和清洗剂等，在纺织、印染行业中用作染色助剂，电镀工业脱脂剂，造纸工业脱墨剂，石油工业驱油剂，乳液聚合中用作乳化剂等。

2. 原理

芳烃上的氢原子被磺基取代生成芳磺酸的反应叫磺化反应。磺化为亲电取代，芳环上有给电子基时，磺化较易进行，有吸电子基时则较难进行。磺化反应要求有最适宜的温度范围，温度太高会引起多磺化等副反应。一般加料次序是，先加入被磺化物，然后再慢慢加入磺化剂，以免生成较多的二磺化物。十二烷基苯磺酸钠可由磺化反应制得，磺化方法工业上主要有：①过量的硫酸法；②共沸去水法；③三氧化硫法；④氯磺酸法；⑤烘焙法；⑥磺氧化和磺氯化法；⑦亚硫酸钠亲核取代法。

在实验室中，由于条件限制，可用硫酸进行磺化。反应方程式为：

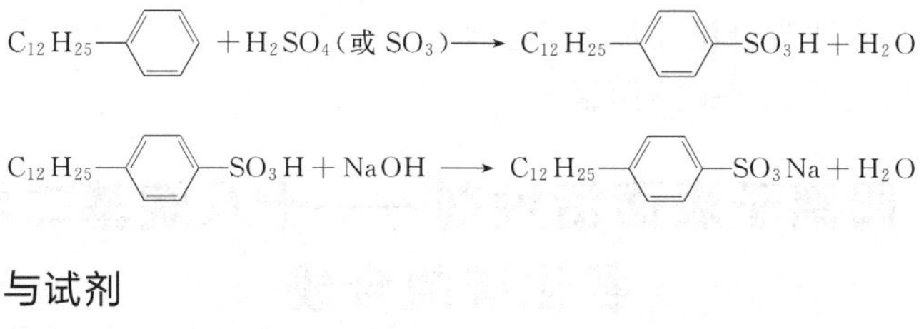

$$C_{12}H_{25}\!-\!\!\bigcirc\!\!-+H_2SO_4(或\ SO_3) \longrightarrow C_{12}H_{25}\!-\!\!\bigcirc\!\!-SO_3H + H_2O$$

$$C_{12}H_{25}\!-\!\!\bigcirc\!\!-SO_3H + NaOH \longrightarrow C_{12}H_{25}\!-\!\!\bigcirc\!\!-SO_3Na + H_2O$$

三、主要仪器与试剂

仪器：恒温水浴锅、电动搅拌器、三口烧瓶、回流冷凝管、恒压滴液漏斗、分液漏斗、量筒、锥形瓶、电子天平。

试剂：十二烷基苯（精制）、浓硫酸（98%）、氢氧化钠溶液（10%）、氯化钠。

四、实验内容

1. 磺化

将 50g 十二烷基苯加入到装有电动搅拌器、回流冷凝管和恒压滴液漏斗的三口烧瓶中，开启搅拌，水浴加热，温度控制在 35～40℃，开始滴加 58g 98％的浓硫酸，控制滴加速度在 1h 左右滴完，滴完后保温 1h。

2. 分酸

将上述合成的磺化混合液升温至 45～50℃，缓慢滴加约 16.2g 水，控制滴加速度在 0.5h 左右滴完，搅拌均匀后，倒入分液漏斗，静置片刻，分层，放掉下层（水和无机盐），保留上层（有机相）。

3. 中和

将质量分数 10％的氢氧化钠溶液 60mL 加入三口烧瓶中，开启搅拌，水浴加热，温度控制在 40～50℃，开始滴加上述有机相，控制滴加速度在 1h 左右滴完，用 10％的氢氧化钠溶液调节 pH＝7～8。

4. 盐析

在上述反应体系中加入少量氯化钠，渗圈实验清晰后过滤，得到白色膏状产品，称量并记录该产品的质量。

五、注意事项

1. 浓硫酸和烷基苯的质量比、反应温度是影响磺化反应的两个主要因素。酸烃比过大会导致副反应，生成非磺酸物质或多磺化物，使产品的颜色变深。升高温度对磺化反应有利，但反应温度过高会引起多磺化、氧化及磺酸盐进入邻、间位等副反应。

2. 利用硫酸比磺酸易溶于水，通过往磺化产物中加入少量水来降低硫酸和磺酸的互溶性，并通过升温增加两者密度差来加以分离。分酸的好坏与磺化产物中硫酸的质量分数和温度有关，当硫酸质量分数为 76％～78％时，两者的互溶度最小。分酸温度过低，易使分液漏斗被无机盐堵塞，造成分酸困难；分酸温度过高，会导致磺酸的二次反应及磺酸色泽的加深。

3. 中和工序中温度、pH 值、水量、搅拌强度等条件必须严格控制。

4. 渗圈实验是将盐析后的混合液滴在滤纸上，通过渗圈的均匀性判断溶液均匀性。

六、思考题

1. 烷基苯磺酸钠可用于哪些产品的配方中？

2. 磺化反应的影响因素有哪些？

3. 分酸时为什么要适当升温并加入适量的水？

4. 中和时如何确定氢氧化钠的用量？

实验二　阳离子表面活性剂——十八烷基二甲基苄基氯化铵的合成

一、实验目的

1. 了解季铵盐阳离子型表面活性剂的性质和用途。

2. 掌握 N,N-二甲基十八烷基苄基氯化铵的合成原理和制备方法。

3. 熟悉季铵化反应的操作方法。

二、实验原理

1. 性质和用途

N,N-二甲基十八烷基苄基氯化铵（N,N-dimethyl octadecyl benzyl ammonium chloride）又称1827、匀染剂DC，分子式 $C_{18}H_{37}N^+(CH_3)_2CH_2C_6H_4Cl^-$，相对分子质量424.15，淡黄色固状物，能溶于乙醇、异丙醇、乙二醇等有机溶剂，属阳离子表面活性剂。

阳离子型表面活性剂，在水中离解产生阳离子活性基团，具有杀菌、乳化、抗静电、柔软及润肤性能。性质稳定，耐光和热、耐酸但不耐碱、耐硬水、耐无机盐，无挥发性，宜长期贮存，适用于配制柔软调理剂、毛发调理柔软剂、染发剂、润肤及清洗制品。1827对腈纶纤维有强的亲和力，对阳离子的染色有良好的匀染性，可用于阳离子染料在腈纶纤维染色时的匀染剂，染色的织物具有柔软的手感。也可用作醋酸纤维的柔软整理剂及杀菌消毒剂。

2. 原理

N,N-二甲基十八烷基苄基氯化铵是用 N,N-二甲基十八烷胺和氯化苄经季铵化反应得到，反应方程式如下：

$$C_{18}H_{37}N\begin{matrix}CH_3\\|\\|\\CH_3\end{matrix} + ClCH_2\text{—}\bigcirc \longrightarrow C_{18}H_{37}\overset{CH_3}{\underset{CH_3}{N^+}}\text{—}CH_2\text{—}\bigcirc \cdot Cl^-$$

三、主要仪器与试剂

仪器：恒温油浴锅、电动搅拌器、三口烧瓶、球形冷凝管、恒压滴液漏斗、电子天平。

试剂：N,N-二甲基十八烷胺、氯化苄、pH试纸。

四、实验内容

将30g N,N-二甲基十八烷胺加入到装有电动搅拌器、回流冷凝管和恒压滴液漏斗的三口烧瓶中，开启搅拌，油浴加热，升温至80~85℃，缓慢滴加12g氯化苄，温度控制在80~90℃，在1h内滴完。滴完后升温至100~105℃，并在此温度下反应至pH＝6.0~6.5为反应终点。

五、注意事项

氯化苄，无色透明液体，熔点−39.2℃，沸点179.4℃，相对密度1.1002（20℃），折射率1.5392，与空气形成爆炸性混合物，爆炸极限1.1%~14%（体积），闪点（开杯）60℃。溶于乙醚、乙醇、氯仿等有机溶剂，不溶于水，但能与水蒸气一同挥发。具有强烈的刺激性气味，有催泪性。

六、思考题

1. 阳离子型表面活性剂按化学结构可分为哪些类型？季铵盐型表面活性剂有哪些主要性质和用途？

2. 什么是季铵化反应？

3. 反应终点的pH值如何确定？

实验三　两性离子表面活性剂——十二烷基二甲基甜菜碱的合成

一、实验目的

1. 了解烷基甜菜碱两性离子型表面活性剂的性质和用途。
2. 掌握烷基甜菜碱两性离子型表面活性剂的合成原理和制备方法。
3. 熟悉烷基化反应的操作方法。

二、实验原理

1. 性质和用途

十二烷基二甲基甜菜碱（dodecyl dimethyl betaine）又名 BS-12，为无色或淡黄色透明黏稠液体，有良好的去污、气泡渗透和抗静电性能，杀菌作用温和，刺激性小。在碱性、酸性和中性条件下均溶于水，即使在等电点也无沉淀，不溶于乙醇等极性溶剂，任何 pH 值下均可使用，属于两性离子表面活性剂。

本品适用于制造无刺激的调理香波、纤维柔软剂、抗静电剂、匀染剂、防锈剂、金属表面加工助剂和杀菌剂等。

2. 原理

广义上说，两性离子表面活性剂是指同时具有两种离子性质的表面活性剂，而通常是指阴离子和阳离子所组成的表面活性剂，即在亲水基一端既有阳离子又有阴离子。大多数情况下，阳离子部分由铵盐或季铵盐作为亲水基，按阴离子部分又可分为羧酸盐型和磺酸盐型。羧酸盐型中，由铵盐构成阳离子部分叫氨基酸型两性离子表面活性剂；由季铵盐构成阳离子部分叫甜菜碱型两性离子表面活性剂。

十二烷基二甲基甜菜碱是由 N,N-二甲基十二烷胺和氯乙酸钠在 60～80℃下反应而成：

$$C_{12}H_{25}-N\begin{matrix}CH_3\\|\\|\\CH_3\end{matrix}+ClCH_2COONa \longrightarrow C_{12}H_{25}-N\begin{matrix}CH_3\\|\\|\\CH_3\end{matrix}-CH_2COO+NaCl$$

三、主要仪器与试剂

仪器：恒温水浴锅、电动搅拌器、三口烧瓶、球形冷凝管、温度计、布氏漏斗、量筒、电子天平、熔点仪。

试剂：N,N-二甲基十二烷胺、氯乙酸钠、乙醇、浓盐酸、乙醚。

四、实验内容

1. 烷基化反应

称取 10.7g N,N-二甲基十二烷胺、5.8g 氯乙酸钠、30mL 50%的乙醇溶液，依次加入到装有电动搅拌器、球形冷凝管和温度计的三口烧瓶中，开启搅拌，水浴加热至 60～80℃，回流至反应液变成透明为止。

2. 洗涤

冷却反应液，边搅拌边滴加浓盐酸，直至出现乳状液不再消失为止，放置过夜。第二天，十二烷基二甲基甜菜碱盐酸盐结晶析出，过滤。每次用 10mL 乙醇/水（1∶1）混合溶液洗涤两次，然后干燥滤饼。

3. 重结晶

粗产品用乙醇∶乙醚＝2∶1 溶液重结晶，得精制的十二烷基二甲基甜菜碱，测其熔点。

五、注意事项

1. N,N-二甲基十二烷胺和氯乙酸钠的烷基化反应采用极性溶剂或把含 10％甜菜碱表面活性剂的水溶液调到 pH＞9，可以将氯化钠过滤除去，或使氯化钠溶解度降到最低。

2. 洗涤反应液时滴加浓盐酸至乳状液不再消失即可，用量不要太多。洗涤滤饼时，乙醇/水混合液用量不能太多。

3. 除水后的十二烷基二甲基甜菜碱晶体的熔点为 183℃。

六、思考题

1. 两性离子型表面活性剂按化学结构可分为哪些类型？两性离子型表面活性剂有哪些主要性质和用途？

2. 洗涤操作步骤中加入浓盐酸和乙醇/水的作用是什么？

3. 甜菜碱型与氨基酸型两性离子表面活性剂性质上的最大差别是什么？

实验四　非离子表面活性剂——月桂醇聚氧乙烯醚的制备

一、实验目的

1. 了解脂肪醇聚氧乙烯醚的性质、用途和使用方法。

2. 掌握聚氧乙烯醚型非离子表面活性剂月桂醇聚氧乙烯醚的合成原理和合成方法。

二、实验原理

1. 性质和用途

月桂醇聚氧乙烯醚（polyoxyethylene lauryl alcohol ether）又称聚氧乙烯十二醇醚，属于非离子表面活性剂。产品为无色透明黏稠液体，具有生物降解性能好、溶解度高、耐电解质、可低温洗涤、泡沫少等特点。

聚氧乙烯醚型非离子表面活性剂的亲水基由羟基（—OH）和醚键（—O—）组成。疏水基上加成的环氧乙烷越多，醚键结合就越多，亲水性也越强，也就越容易溶于水。

月桂醇聚氧乙烯醚主要用于配制家用和工业用的洗涤剂，也可作为乳化剂、匀染剂。由于具有低泡、生物降解性较好、适应低温洗涤、价格低廉等优点，因此应用广泛并发展迅速。

2. 原理

高碳醇在碱催化剂（金属钠、甲醇钠、氢氧化钾、氢氧化钠等）存在下和环氧乙烷的反应，随温度条件不同而异。当反应温度在 130～190℃时，虽所用催化剂不同，其反应速度没有明显差异。而当温度低于 130℃时，则反应速度按催化剂不同，有如下顺序：

烷基醇钾＞丁醇钠＞氢氧化钾＞烷基醇钠＞乙醇钠＞甲醇钠＞氢氧化钠

脂肪醇聚氧乙烯醚是非离子表面活性剂中最重要的一类产品，而月桂醇聚氧乙烯醚又是脂肪醇聚氧乙烯醚类表面活性剂中最重要的一个品种。它是由月桂醇和环氧乙烷，按物质的量的比 n（月桂醇）∶n（环氧乙烷）＝1∶（3～5）加成制得，反应方程式为：

$$C_{12}H_{25}OH + nCH_2\!-\!CH_2 \longrightarrow C_{12}H_{25}-O(CH_2CH_2O)_n-H$$
$$\underset{O}{\diagdown\diagup}$$

三、主要仪器与试剂

仪器：电动搅拌器、恒温油浴锅、四口烧瓶、回流冷凝管、温度计、恒压滴液漏斗。

试剂：月桂醇、液体环氧乙烷、氢氧化钾、冰醋酸、过氧化氢、氮气、pH 试纸。

四、实验内容

取 11.6g（0.0625mol）月桂醇、0.1g 氢氧化钾加入带回流冷凝管的四口烧瓶中，将反应物加热至 120℃，通入氮气置换空气。氮气通入量不要太大，以冷凝管口看不到气体为宜。然后升温至 160℃，边搅拌边用恒压滴液漏斗将 12.7mL（0.25mol）液体环氧乙烷滴加至液面下，严格控制反应温度在 160℃，环氧乙烷在 1h 内加完，恒温反应 3h。冷却反应物至 80℃时放料，用冰醋酸中和至 pH 值为 6 左右，再加入反应物质量分数 1% 的过氧化氢，保温 30min 后出料。

五、注意事项

1. 严格按照钢瓶使用方法使用氮气钢瓶。氮气通入量不要太大，以冷凝管口看不到气体为宜。

2. 本反应是放热反应，应注意控温。

六、思考题

脂肪醇聚氧乙烯醚类非离子表面活性剂有哪些主要性质？根据它的什么特点可用于洗涤剂工业？

实验五　非离子型表面活性剂——脂肪酸二乙醇酰胺的合成

一、实验目的

1. 掌握烷醇酰胺类非离子型表面活性剂的制备方法。
2. 掌握酰胺化反应的机理。
3. 了解脂肪酸二乙醇酰胺的性质、用途和使用方法。

二、实验原理

1. 性质和用途

脂肪酸二乙醇酰胺为淡黄色或琥珀黏稠液，易溶于水，具有良好的发泡和稳泡性能。渗透力、去污力较强。有很好的增稠作用，抗硬水能力好。对金属有一定的防锈作用。对皮肤刺激性较小。

用于配制香波、液体洗涤剂、液体皂；也用于配制金属清洗剂，有防锈作用；还可作纤维调理剂，使织物柔软，是合成纤维油剂的组分之一。

2. 原理

由脂肪酸与二乙醇胺、一乙醇胺或类似结构的氨基醇缩合而生成的酰胺俗称烷醇酰胺。

实际上通常使用的是以椰子油酸、十二酸、十四酸、硬脂酸或油酸与二乙醇胺为原料制得的酰胺（N,N-二羟乙基脂肪酰胺）。这是一类非离子型的表面活性剂，商品名为净洗剂 6501 或 6502。烷醇酰胺的亲水基是羟基，相对于庞大的疏水基团，两个羟基的亲水性是很小的，因此由等物质的量的脂肪酸与二乙醇胺制得的烷醇酰胺（1∶1 型）的水溶性很差。在使用中烷醇酰胺通常由脂肪酸与过量一倍的二乙醇胺制成（1∶2 型），所得产物是等物质的量酰胺与二乙醇胺的缔合物，具有良好的水溶性，由于二乙醇胺的存在，1∶2 型烷醇酰胺的水溶液的 pH 值约为 9。若往此溶液中加酸使 pH 值降至 8 以下，就会出现浑浊。

在工业上，烷醇酰胺的制法通常有两种：①将植物油（如椰子油、棕榈油）水解所得混合脂肪酸制成甲酯（或乙酯）再与二乙醇胺反应，这种方法由于植物油价廉和反应副产物少而较常使用；②脂肪酸直接与二乙醇胺缩合。

本实验采用后一种方法制备 N,N-二羟基乙基月桂酰胺，反应式如下：

$$n\text{-}C_{11}H_{23}\overset{O}{\overset{\|}{C}}\!-\!OH + 2HN(CH_2CH_2OH)_2 \xrightarrow{-H_2O} n\text{-}C_{11}H_{23}\overset{O}{\overset{\|}{C}}N(CH_2CH_2OH)_2 \cdot HN(CH_2CH_2OH)_2$$

三、主要仪器与试剂

仪器：磁力搅拌器、恒温油浴锅、圆底烧瓶、水流喷射泵、电子天平、烧杯、涂-4 杯黏度计、pH 试纸。

试剂：月桂酸（含量在 98% 以上）、二乙醇胺。

四、实验内容

1. 合成

在磁力搅拌器和恒温油浴锅上装一个 100mL 圆底烧瓶并安装成蒸馏装置，用橡胶管使接引管的出气口与水流喷射泵连接起来。向圆底烧瓶中加入 20g（0.1mol）月桂酸和 21g（0.2mol）二乙醇胺，投入电磁搅拌子。

开动磁力搅拌器和水流喷射泵，加热并控制油浴温度在 130℃ 左右反应 2h，直至没有水蒸出为止。停止加热并撤去油浴，烧瓶内物料冷却至接近室温后，解除减压状态。将瓶内物料取出，称重，得浅黄色黏稠状液体，即为可供应用的产物，37～39g。

取少量样品滴入清水中，搅匀后应能完全溶解，否则反应仍未达终点。

2. 产品性能检验

本实验的产品为混合物，pH 值 9～10，常温下黏度为 160s（涂-4 杯黏度计），10% 水溶液澄清透明，5min 泡沫高度为 130mm 以上。产品中月桂酰二乙醇胺的含量为 60%～70%，游离二乙醇胺含量为 30%～35%。

产品应用性能的检验操作如下。

① pH 值。直接取样用精密 pH 试纸检测。

② 水溶性。称取样品 1g，放入小烧杯中，加入蒸馏水 9mL，搅匀后静置观察溶解情况。

③ 常温黏度。测定标准 GB/T 1723—79《涂料黏度测定法》。取适量样品装入涂-4 杯黏度计内直至超过上沿，用一根直玻璃棒沿杯的上边刮去溢出的部分。使样品从杯的底部流出，同时立即开启秒表计时，至液体断流的一刻立即停表，读取秒数。在 25℃ 时，产品黏度约为 160s。读数会因温度改变而有所变化。

④ 气泡力测定按 GB/T 13173.6—2000《洗涤剂发泡力的测定》。

五、注意事项

1. 在常压下，羧酸铵盐脱水生成酰胺的反应温度一般在 160～190℃ 之间才能反应完全。本实验采用减压脱水的方法，目的是加速反应和减轻胺被空气氧化变色的程度。如不抽气减压，可用通氮气赶水的方法代替，但需延长反应时间。

2. 130℃ 是较佳的反应温度。提高温度虽然能使反应加快，但产物颜色可能因此而加深。

3. 在高温下产物容易被空气氧化变色，故应在产物冷却后才与大量的空气接触。

六、思考题

1. 为什么采用减压蒸馏脱水？常压蒸馏会出现什么问题？
2. 脂肪酸二乙醇酰胺在液体洗涤剂中起什么作用？

实验六 非离子表面活性剂——硬脂酸蔗糖单酯的合成

一、实验目的

1. 了解非离子表面活性剂的一般结构、性能和用途。
2. 掌握硬脂酸蔗糖单酯的合成原理及制备方法。

二、实验原理

利用酯交换反应，使酯和醇在催化剂氢氧化钠、硫酸或醇钠、碳酸钾等的作用下，生成另一种酯和另一种醇。酯交换反应与酯化反应相似，也是可逆反应。通过酯交换反应，可以用低级醇的酯制备高级醇的酯。

本实验的硬脂酸蔗糖单酯就是用硬脂酸甲酯为原料，在碳酸钾催化作用下，与蔗糖（多元醇）进行酯交换而制得。

$$CH_3(CH_2)_{16}C\overset{O}{\underset{OCH_3}{}} + C_{12}H_{22}O_{11} \underset{催化剂}{\rightleftharpoons} CH_3(CH_2)_{16}C\overset{O}{\underset{OC_{12}H_{21}O_{10}}{}} + CH_3OH$$

反应是可逆的，为了使平衡向生成蔗糖脂的方向移动，可以增加反应物之一的浓度或移走生成物，如使甲醇不断蒸出等。

三、主要仪器与试剂

仪器：三口烧瓶、真空搅拌器、回流冷凝管、恒温水浴锅、电子天平、温度计、循环水式真空泵、旋转蒸发仪、分液漏斗、量筒。

试剂：硬脂酸甲酯、蔗糖、二甲亚砜、二甲苯、无水碳酸钾、正丁醇、氯化钠（10%）。

四、实验内容

1. 硬脂酸蔗糖单酯的粗制

在一个 250mL 的三口烧杯中，装上真空搅拌器、回流冷凝管。将 87g（0.025mol）硬脂酸甲酯和 16.5g（0.075mol）的蔗糖加入三口烧瓶中，再加入 60mL 二甲亚砜，6mL 二甲苯．升温至 80℃时，加入磨细的无水碳酸钾 0.15g（0.0014mol），插上温度计，抽真空减压，调节瓶内残压为 75mL 汞柱，在搅拌下，加热至沸腾（约 90℃），回流 90min。

反应完毕，先停止加热，10min 后解除真空，加入 2 滴水，于 90℃保温搅拌 1h。然后减压下回收溶剂，冷却后即得硬脂酸蔗糖单酯粗品。

2. 硬脂酸蔗糖单酯的精制

粗蔗糖单酯中加入 pH 为 2 的 10% NaCl 水溶液 50mL、正丁醇 50mL，水浴加热至 40～50℃，并不断搅拌，使样品尽量溶解而不结块，分出上层溶液，残渣再以 20mL 正丁醇萃取，合并溶剂层，并置于旋转蒸发仪中，减压蒸馏后即得硬脂酸蔗糖单酯。

3. 乳化试验

表面活性剂有使水和油这两种互不相溶的液体转变为乳状液的能力，称为乳化力。在表面活性剂中，以非离子型表面活性剂的乳化能力最强，常常被用作乳化剂。

乳化能力测定，没有专门的测定方法，因为对于不同的乳化对象，表面活性剂呈现不同的乳化力。本实验介绍一种简单的测定方法。

方法：用移液管吸取 40mL 0.1％硬脂酸蔗糖单酯溶液加入带玻璃塞的锥形瓶中，同时再用移液管移取 40mL 松节油，用手按紧玻璃塞，上下猛烈振动五下，静止 1min，再同样振动五下、静止重复五次后，立即将此乳浊液倒入 100mL 量筒中，同时用秒表记录时间。此时，水、油两相逐渐分开，水相徐徐出现，至水相分出 10mL 时，记录分出的时间，作为乳化力的相对比较，乳化力越强，则时间也越长。

以同样的方法进行乳化剂 OP-X 的乳化试验。并比较它们之间的乳化力强弱。

五、注意事项

1. 减压除去溶剂时，尽量提高真空度，而瓶内温度不得高于 100℃，否则蔗糖酯变黄，甚至焦化。

2. 回流应注意记录瓶内液体的变化，并记录变化时间。

3. 严格控制真空度及反应温度。温度太低，反应速度慢；温度太高，反应液色泽加深。

六、思考题

1. 可采取何种措施移走生成物之一，使平衡向生成蔗糖单酯的方向进行？

2. 查取反应物的物理常数，解释本实验采用减压回流的理由？如不减压，将会出现什么结果？

3. 硬脂酸蔗糖单酯能否溶于水？为什么？双酯呢？

第4章 助　　剂

实验一　絮凝剂壳聚糖的制备

一、实验目的
1. 掌握壳聚糖的制备方法。
2. 掌握壳聚糖脱乙酰度的测定方法。

二、实验原理
壳聚糖（chitosan）又称可溶性甲壳质、甲壳胺、几丁聚糖等，化学名为 2-氨基-β-1,4-葡聚糖，分子式为（$C_6H_{11}O_4N$）。纯甲壳素和纯壳聚糖都是一种白色或灰白色半透明的片状或粉状固体，无味、无臭、无毒性，纯壳聚糖略带珍珠光泽。壳聚糖不溶于水，能溶于稀酸，能被人体吸收。

壳聚糖可由甲壳素通过脱乙酰基反应制得，反应式为：

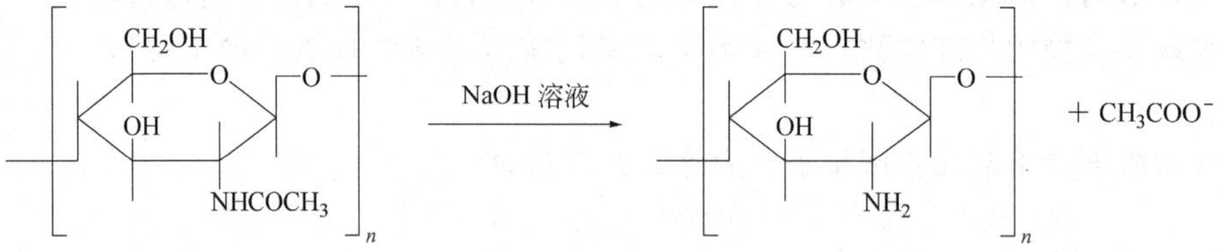

甲壳素　　　　　　　　　　　壳聚糖

壳聚糖经化学改性可得一系列的衍生物，如羧甲基壳聚糖、低聚壳聚糖等。

这些系列产品在许多方面有着极其广泛的用途：如在医学方面可作为抗癌剂、手术缝合线、人造皮肤药物载体等；在轻工业上可作化妆品填料、增白剂、固发剂或增强纸张光洁度；在环保方面可作为絮凝剂、吸附剂，用于污水处理；还可作为饮料的澄清剂，无毒包装材料等；在农业方面，是一种新型的植物生长调节剂，促进植物生长，增加产量，提高品质，诱导植物的广谱抗病性，还可用于生产生物农药，用于果蔬保鲜。因此壳聚糖及其衍生物系列产品有很好的潜在需求和市场前景。

脱乙酰度的测定方法：壳聚糖的自由基氨基呈碱性，可与酸定量地发生质子化反应，形成壳聚糖的胶体溶液。

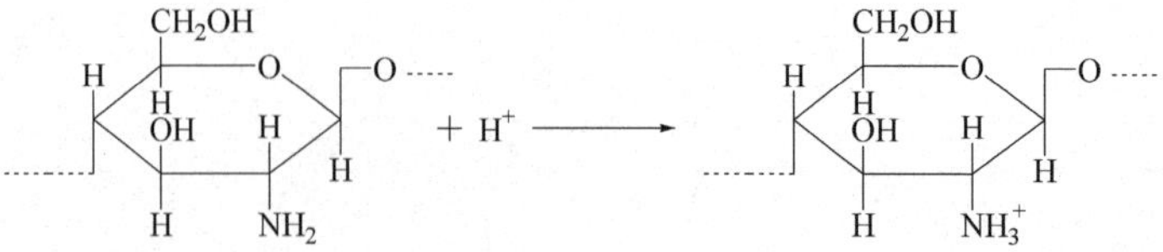

溶液中游离的 H^+ 用碱反滴定，这样用于溶解壳聚糖的酸量与滴定用去的碱量之差，即可推算出壳聚糖的自由氨基结合酸的量，从而计算出壳聚糖中自由氨基的含量，进而计算脱乙酰度。

三、主要仪器与试剂

仪器：恒温油浴锅、烧杯、锥形瓶、碱式滴定管、电子天平。

试剂：甲壳素、NaOH 溶液、HCl 溶液、甲基橙指示剂。

四、实验内容

1. 壳聚糖的制备

（1）取两个三口烧瓶，编号 1 号、2 号，于每个三口烧瓶中，分别加入甲壳素 5g，于 1 号三口烧瓶中加入 50％NaOH 100mL，2 号三口烧瓶中加入 60％NaOH 100mL，150℃煮沸 2h，脱乙酰基（图 4.1）。

图 4.1 反应设备

（2）反应完毕取出，用蒸馏水洗至中性，干燥即得白色壳聚糖。

2. 脱乙酰度的测定

准确称取上述制备的两种壳聚糖各 0.5g，分别置于 250mL 锥形瓶中，加标准 0.1mol/L 盐酸溶液 30mL，在 20～25℃搅拌至完全溶解，加入 2～3 滴甲基橙指示剂，用标准 0.2mol/L NaOH 溶液滴定游离的 HCl。

3. 脱乙酰度的计算

$$氨基含量 = \frac{(c_1 V_1 - c_2 V_2) \times 0.016}{G} \times 100\%$$

式中　c_1——盐酸标准溶液的浓度，mol/L；

c_2——NaOH 标准溶液的浓度，mol/L；

V_1——加入 HCl 溶液的体积，mL；

V_2——滴定耗用的 NaOH 溶液体积，mL；

G——样品重，g；

0.016——与 1mL 1mol/L 盐酸溶液相当的氨基量，g。

$$脱乙酰度(D.D.) = \frac{(-NH_2)\%}{9.94\%} \times 100\%$$

五、注意事项

1. 溶解样品时温度不宜过高，以免发生盐酸消耗与壳聚糖主链的水解，造成误差，一般是在室温下溶解样品。

2. 样品的脱乙酰度越高，溶解越快；反之则越慢，甚至要放置过夜。

3. 样品必须是中性的，否则会影响测定结果。如果不是中性的，应该重新洗涤至中性，或者做校正。

六、思考题

为什么制备壳聚糖时所用氢氧化钠的浓度不同，得到壳聚糖脱乙酰度不同？

实验二　絮凝剂——聚丙烯酰胺的制备

一、实验目的

1. 了解聚丙烯酰胺的性质及用途。
2. 掌握聚丙烯酰胺的制备方法。

二、实验原理

1. 性质和用途

聚丙烯酰胺（PAM），为线状水溶性聚合物，相对分子质量在 300 万～1800 万之间，外观为白色粉末或无色黏稠状胶体，溶于水，温度超过 120℃时易分解。聚丙烯酰胺分子中具有阳离子基团（—CONH$_2$），能与溶液中的悬浮粒子发生吸附和架桥，具有极强的絮凝作用。聚丙烯酰胺在水处理上作为絮凝剂时，其絮凝效率比传统的无机絮凝剂（如明矾、铝盐、铁盐等）大几倍到几十倍，如两者复配使用，则效果更佳。聚丙烯酰胺所形成的絮凝体大，沉降速度快，泥渣易脱水，且用量少，一般仅为无机絮凝剂的 1/300～1/30。

聚丙烯酰胺和它的衍生物常用作絮凝剂、增稠剂、纸张增强剂及液体的减阻剂，广泛应用于水处理、造纸、石油、煤炭、轻纺、建筑等领域。

2. 原理

实验室采用过氧化苯甲酰为引发剂，丙烯酰胺（AM）为聚合单体进行自由基聚合，生成聚丙烯酰胺，反应方程式如下：

$$n CH_2 = CH - CONH_2 \xrightarrow{\text{引发剂}} \left[CH_2 - \underset{\underset{CONH_2}{|}}{CH} \right]_n$$

三、主要仪器与试剂

仪器：电动搅拌器、恒温水浴锅、球形冷凝管、三口烧瓶、布氏漏斗、锥形瓶、抽滤瓶、量筒、电子天平。

试剂：Span-60、邻二甲苯、丙烯酰胺、过氧化苯甲酰、去离子水。

四、实验内容

1. 聚丙烯酰胺的合成

将 0.02g Span-60 加入到装有电动搅拌器、回流冷凝管和恒压滴液漏斗的三口烧瓶中，开启搅拌，再加入 50mL 邻二甲苯。接通冷凝水，加热并同时搅拌，使温度升至 40℃，直至 Span-60 完全溶解。

依次将 10g 丙烯酰胺、5g 过氧化苯甲酰加入到 100mL 锥形瓶中，再加入 22mL 去离子水，待试剂溶解后转入三口烧瓶。恒温 40℃并维持搅拌速度不变，聚合反应 2.5h 后开始升温至50℃，继续反应0.5h。停止加热，待反应体系冷却到室温后再停止搅拌，得到含有聚丙烯酰胺的悬浮液。

将得到的聚丙烯酰胺悬浮液用布氏漏斗进行抽滤，滤饼在通风的条件下晾干，即得聚丙烯酰胺产品。抽滤瓶中的溶剂邻二甲苯统一回收处理（图4.2）。

图4.2 抽滤瓶的使用

2. 性质检验

称取上述所得聚丙烯酰胺0.02g溶于50mL去离子水。另外在两只250mL锥形瓶中用泥土配制200mL左右悬浮液，往其中一只锥形瓶中加10mL聚丙烯酰胺水溶液，往另一只锥形瓶中加10mL去离子水。观察两只锥形瓶中悬浮液分层时间和澄清时间有无比较大的差异。

五、数据记录

观察并记录实验现象，根据所得聚丙烯酰胺的量，粗略计算反应的收率：

$$收率＝（聚丙烯酰胺的质量/丙烯酰胺的加入量）\times 100\%$$

六、注意事项

1. 将溶液中不需要的成分通过絮状凝集方式除去的过程称为絮凝。絮凝过程中用到的助剂称为絮凝剂。絮凝剂品种很多，其共同特点是能够将溶液中的悬浮微粒聚集形成粗大的絮状物。

2. 过氧化苯甲酰，简称BPO，分子式$C_{14}H_{10}O$，相对分子质量242.23，白色结晶粉末，稍有气味，微溶于水及乙醇，溶于苯、氯仿等有机溶剂。受热、摩擦或接触还原剂时会自发爆炸，接触易燃物会引起火灾，贮存于冷暗处并注意防火，不得与酸类试剂、助燃剂、爆炸物、易燃物、有毒物等直接接触。

3. 邻二甲苯有毒，实验结束后统一回收处理。实验在通风橱中进行，并保持通风良好。

七、思考题

1. 聚丙烯酰胺为什么能用作絮凝剂？
2. 制备聚丙烯酰胺时BPO、邻二甲苯和Span-60分别起什么作用？
3. 什么叫絮凝剂？絮凝剂的共同特点是什么？

实验三 增塑剂——邻苯二甲酸二辛酯的制备

一、实验目的

1. 了解增塑剂邻苯二甲酸二辛酯的主要性质和用途。

2. 掌握邻苯二甲酸二辛酯的制备原理及方法。

二、实验原理

1. 性质和用途

邻苯二甲酸二辛酯（dioctyl phthalate），化学名称为邻苯二甲酸二（2-乙基）己酯，简称 DOP，分子式 $C_{24}H_{38}O_4$，相对分子质量 390.56，结构式为：

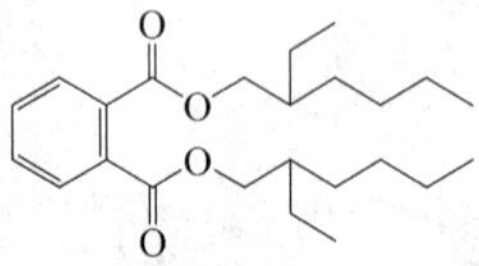

邻苯二甲酸二辛酯为具有特殊气味的无色油状液体，相对密度为 0.986（20℃），折射率为 1.485（25℃），沸点 386.9℃，熔点为 -55℃，水中溶解度 <0.2%（25℃），微溶于甘油、乙二醇和一些胺类，溶于大多数有机溶剂。

邻苯二甲酸二辛酯主要用作塑料的增塑剂，具有混合性能好、增塑效率高、挥发性低、耐热性和耐寒性良好、迁移性小、耐水抽出、耐紫外光、电气性能高等优点。广泛应用于聚氯乙烯制品、氯乙烯共聚物和纤维树脂的加工制造等领域，如薄膜、人造革、电缆料、板材、片材、管材、模塑品等制品，也可用作合成橡胶和丁腈橡胶的软化剂。

2. 原理

为改变某些高聚物的使用性能和加工性能，而在高聚物成型过程中加入一定量高沸点、难挥发的低分子物质称为增塑剂。增塑剂根据其作用可分为主增塑剂（溶剂型增塑剂）、辅助增塑剂（非溶剂型增塑剂）和催化剂型增塑剂；根据其化学结构可分为邻苯二甲酸酯类、脂肪酸酯类、磷酸酯类、聚酯类、环氧类和含氯化合物等。

实验室常用邻苯二甲酸酐和 2-乙基己醇在硫酸催化下减压酯化制备邻苯二甲酸二辛酯，其反应式为：

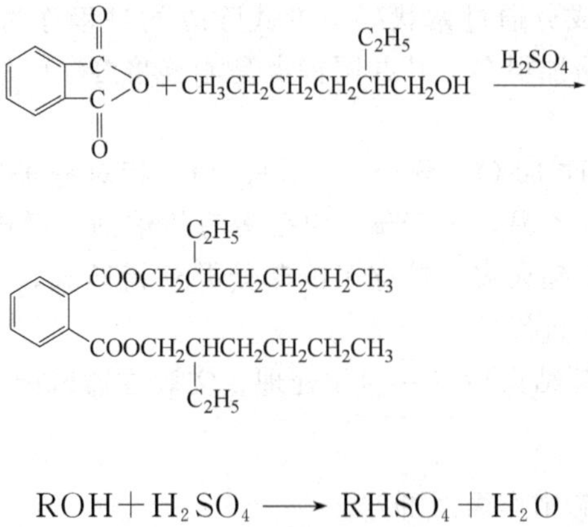

副反应：

$$ROH + H_2SO_4 \longrightarrow RHSO_4 + H_2O$$
$$RHSO_4 + ROH \longrightarrow R_2SO_4 + H_2O$$
$$2ROH \longrightarrow ROR + H_2O$$

（R 为 2-乙基己烷基）

酯化后反应混合物用碳酸钠溶液中和，发生如下反应：

$$RHSO_4 + Na_2CO_3 \longrightarrow RNaSO_4 + NaHCO_3$$
$$RNaSO_4 + Na_2CO_3 + H_2O \longrightarrow ROH + Na_2SO_4 + NaHCO_3$$

中和后再经过洗涤、干燥、过滤及减压蒸馏，即得成品。

三、主要仪器与试剂

仪器：恒温油浴锅、循环水式真空泵、三口烧瓶、分水器、直形冷凝管、移液管、分液漏斗、烧杯、锥形瓶、减压蒸馏装置一套。

试剂：邻苯二甲酸酐、2-乙基己醇、浓硫酸、碳酸钠饱和溶液、沸石。

四、实验内容

1. 邻苯二甲酸二辛酯的合成

将 25g 邻苯二甲酸酐、50g 2-乙基己醇加入到干燥的三口烧瓶中，并加入 0.5mL 浓硫酸作为催化剂，加入几粒沸石防止暴沸。接通冷凝水，加热使反应混合物沸腾并回流，酯化反应 3h。反应过程中，分离出分水器下层的水分，待温度升高到 110℃时停止加热。

2. 反应混合物的分离

将反应混合物倒入装有 30mL 去离子水的烧杯中，用饱和碳酸钠溶液调节 pH 值为 7～8。将溶液转移至分液漏斗中，静置分层，放出下层水层。再用热去离子水洗涤上层溶液 2 次，并放出下层水层，得到邻苯二甲酸二辛酯粗品。

3. 邻苯二甲酸二辛酯的精制

将邻苯二甲酸二辛酯粗品转移至蒸馏烧瓶中，加入几粒沸石，进行减压蒸馏。注意观察蒸馏烧瓶温度的变化，弃去第一温度段收集的馏分（主要为未反应完的 2-乙基己醇），用洁净的锥形瓶收集第二温度段 [240～250℃/20mmHg（2.66kPa）] 的馏分，即为邻苯二甲酸二辛酯，称量。注意：烧瓶内液体不可蒸馏完，避免蒸馏烧瓶过热，发生危险。

五、数据记录

项目	理论产量	实际产量	精馏产量
质量/g			
反应收率	反应收率＝(实际产量/理论产量)×100%		
精馏收率	精馏收率＝(精品质量/粗品质量)×100%		
总收率	总收率＝反应收率×精馏收率		

其中理论产量按下式计算：理论产量 $= M_1 m / M_2 \times w\%$

式中 M_1——邻苯二甲酸二辛酯的摩尔质量，390.6g/mol；

      M_2——邻苯二甲酸酐的摩尔质量，148.0g/mol；

      m——邻苯二甲酸酐的质量，g；

      $w\%$——邻苯二甲酸酐的有效含量，分析纯为 0.990～0.995。

六、注意事项

1. 邻苯二甲酸二辛酯应贮存于干燥、阴凉、通风处，运输过程中应防止猛烈撞击和雨淋。遇高热、明火或与氧化剂接触，有引起燃烧的危险。若皮肤接触，立即用肥皂水及清水彻底冲洗；若眼睛接触，立即翻开上下眼睑，用流动清水冲洗 15min，就医。

2. 苯具有毒性，含苯的废液应统一回收处理；使用浓硫酸时应注意安全。

七、思考题

1. 增塑剂根据其化学结构可分为哪几类？

2. 采用哪些工艺措施可减少酯化反应的副反应和提高 DOP 的纯度？

3. 酯化反应中为什么要及时分出生成的水？

实验四　橡胶防老剂——对苯二酚钠的制备

一、实验目的

1. 了解对苯二酚钠的主要性质和用途。
2. 掌握对苯二酚钠的制备方法。

二、实验原理

1. 性质和用途

橡胶及其制品在贮存和使用过程中，因受各种外界因素的作用，如热、氧、臭氧、变价金属离子、机械力、光、高能射线、化学物质及霉菌等的作用，其弹性、物理力学性能和使用性能会逐渐下降，逐渐丧失弹性和使用价值，这种现象称为老化。为延长制品的使用寿命，必须在橡胶中加入某些物质来抑制或延缓橡胶的老化过程，这些物质统称为橡胶的防老剂。

防老剂种类繁多，按防护原理可分为物理防老剂、化学防老剂和反应型防老剂。化学防老剂又包括胺类防老剂和酚类防老剂。非污染不变色抗氧剂有如下五类：①受阻酚类抗氧剂；②受阻双酚类抗氧剂；③对苯二酚类抗氧剂；④亚磷酸酯类抗氧剂；⑤有机硫化合物类抗氧剂。

2. 原理

防老剂对苯二酚钠（DBH）属对苯二酚类抗氧剂，是一种中等强度的防老剂，特别适用于乳胶、海绵胶制品及浅色橡胶制品，使用过程无刺激、无污染、不变色。对苯二酚钠易溶于水而微溶于乙醇，可通过冷却结晶的方式将其分离出来，反应方程式如下：

$$HO-\!\!\!\!\bigcirc\!\!\!\!-OH +2NaOH \xrightarrow{\triangle} NaO-\!\!\!\!\bigcirc\!\!\!\!-ONa+2H_2O$$

三、主要仪器与试剂

仪器：恒温水浴锅、电动搅拌器、布氏漏斗、三口烧瓶、球形冷凝管、抽滤瓶、烧杯、量筒、电子天平、恒温干燥箱。

试剂：对苯二酚、氯化苄、酒精、氢氧化钠。

四、实验内容

1. 防老剂 DBH 的制备

将 10.5g 的对苯二酚、33g 的氯化苄以及 40mL 的酒精加入到装有电动搅拌器和回流冷凝管的三口烧瓶中，水浴加热，接通冷凝水，开启搅拌，加热升温至 75℃后，分三次将 9.3g 的固体氢氧化钠加入到三口烧瓶中，继续反应 1.5h 后停止加热。冷却到适当温度后，将三口烧瓶中溶液转移到烧杯中冷却结晶（图 4.3）。

2. 产品后处理

将得到的晶体及溶液倒入布氏漏斗进行抽滤，用酒精洗涤两次后，滤饼放入干燥箱调至 40℃干燥 10min，将干燥后的晶体粉碎得到产品。

五、数据记录

观察并记录实验现象，根据所得干燥晶体的质量，粗略计算反应的收率：

$$收率＝（干燥晶体的质量/对苯二酚的加入量）×100\%$$

六、注意事项

橡胶防老剂是一类能防止（严格讲是延缓）橡胶老化的物质。因为橡胶老化的本质是橡

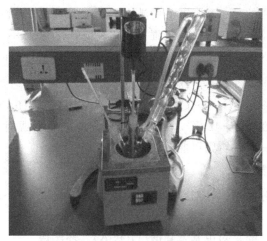

图 4.3 防老剂 DBH 的制备

胶的热氧老化和橡胶的臭氧老化，所以橡胶防老剂包括橡胶抗氧剂和抗臭氧剂。一般情况下，一种高效的抗臭氧剂也是一种抗氧剂，反之则不然。选择防老剂的标准是以最低的成本获得满意的防老效果，需要考虑的因素包括防老剂的污染性、变色性、挥发性、溶解性、稳定性以及物理状态。

七、思考题

1. 实验中酒精的作用是什么？可否改用水代替？
2. 氢氧化钠为什么要分次加入？
3. 防老剂 DBH 有何特性？主要用在哪些方面？

实验五　珠光剂——乙二醇硬脂酸酯的合成

一、实验目的

1. 了解乙二醇硬脂酸酯的性质及用途。
2. 掌握乙二醇硬脂酸酯的合成方法。

二、实验原理

1. 性质和用途

乙二醇硬脂酸酯（glycol stearate）主要用作洗发香波的珠光剂，是一种能赋予产品珍珠般光泽的助剂，同时它对头发也有一定的调理作用。珠光剂分为天然和合成两类。天然珠光剂有贝壳粉、云母粉和天然胶等；合成珠光剂则是高级脂肪酸类、醇类、脂类和硬脂酸盐类等。其中，乙二醇单、双硬脂酸酯是性能最好并且应用最广的一种。乙二醇双硬脂酸酯是凝固点在 $60\sim70℃$ 的白色或淡黄色蜡状固体，乙二醇单硬脂酸酯的凝固点在 $55\sim65℃$。相比之下乙二醇双硬脂酸酯产生的珠光较强烈，乙二醇单硬脂酸酯产生的珠光较细腻。工业品乙二醇硬脂酸酯是单硬脂酸酯和双硬脂酸酯的混合物，产品指标包括外观（白色或淡黄色）、酸值（$\leqslant5\text{mgKOH/g}$ 或 10mgKOH/g）和凝固点。

2. 原理

酯的合成方法很多，乙二醇硬脂酸酯可以由乙二醇和硬脂酸在酸催化下直接合成。因反应是可逆反应，并且使用的醇、酸及产品的沸点都比水高得多，所以在反应过程中，可不断地将生成的水排出反应体系而加快反应进程，提高反应转化率。

乙二醇是二元醇，因此，在乙二醇与酸按近似等物质的量投料时，产物中的乙二醇单、双酯的物质的量之比近似2:1。反应方程式为：

$$C_{17}H_{35}COOH + HOCH_2CH_2OH \xrightarrow{H_2O} C_{17}H_{35}COOCH_2CH_2OH + C_{17}H_{35}COOCH_2CH_2OOCC_{17}H_{35}$$

反应温度一般控制在160～180℃，常用的催化剂有浓硫酸或对甲基苯磺酸等，如使用浓硫酸，反应温度应低一些，否则可能有较多的副产物。

三、主要仪器与试剂

仪器：三口烧瓶、分水器、球形冷凝管、温度计（0～200℃）、电动搅拌器、恒温油浴锅、电子天平。

试剂：硬脂酸、乙二醇、对甲基苯磺酸（PTSA）、环己烷。

四、实验内容

1. 在装有电动搅拌器、温度计、分水器的三口烧瓶中加入80g（0.28mol）硬脂酸、18g（0.29mol）乙二醇、0.5g对甲基苯磺酸、20mL环己烷。加热，物料熔化后，开启电动搅拌器，物料搅拌均匀后，取约1g样品测定酸值，并记录数据。

2. 在140～150℃下回流反应，观察分水器的出水量，待反应中没有水带出时（出水量达到或超过理论量时），取约3g样品测酸值。当酸值≤5mgKOH/g时，放出分水器中的水和环己烷，蒸出反应液中的环己烷，蒸完后停止加热。

3. 降温至80℃时，迅速将物料倒入烧杯中，加等体积的热水，在80～90℃下搅拌洗涤。然后静置降温，待产品在烧杯中冷凝后，取出，与水分离。

4. 将产品放入烧杯中加热熔化，倒入白色浅瓷盘中，凝固成薄的蜡状片，用小勺刮下。

5. 称产品质量，计算酯化率。

五、注意事项

1. 原料应使用工业一级硬脂酸，其酸值在2以下，有助于得到浅色产品。

2. 使用对甲基苯磺酸和磷酸的1:1混合物为催化剂，效果也很好。但对甲基苯磺酸易从空气中吸水而潮解，潮解后用于反应，易使产品着色。

3. 产品可以进行水洗，洗去催化剂和未反应的乙二醇等水溶性物质，并有助于使产品颜色变浅。在反应降温至90℃时（必须低于100℃，否则将非常危险），加入50mL 90℃的热水，快速搅拌几分钟，然后将混合物倒入适当的容器中，静置分层，产品在上层凝固后取出。在加水洗涤前也可加2～3mL质量分数30%的双氧水洗涤。

六、思考题

1. 乙二醇硬脂酸酯还有哪些合成路线和合成方法？为什么工业上采用本实验的方法？

2. 乙二醇硬脂酸酯可以用于哪些产品配方？在配方中的主要作用是什么？

实验六　引发剂——过氧化环己酮的制备

一、实验目的

掌握引发剂过氧化环己酮的制备原理和实验方法。

二、实验原理

1. 性质和用途

过氧化环己酮是白色或淡黄色的固体粉末，熔点 77~79℃，不溶于水而易溶于许多有机溶剂。由于分子中含低键能的过氧键，受热易分解而产生反应活性极高的自由基，所以过氧化环己酮主要是作为引发剂单体进行聚合的引发剂。它还是涂料和胶黏剂的常用固化剂，主要用于固化不饱和聚酯树脂，在玻璃钢制品、高级聚酯家具、不饱和聚酯胶黏剂和不饱和聚酯腻子（原子灰）等产品的制造中起到重要作用。

2. 原理

环己酮在无机酸（一般是硝酸或盐酸）的催化下，被过氧化氢氧化成过氧化环己酮，反应方程式为：

$$2 \bigcirc\!\!=\!\!O + 2H_2O_2 \longrightarrow \text{(结构式)}$$

反应过程放热，为了防止产物过氧化环己酮和试剂过氧化氢受热分解，混合反应物时需在冷却下（在冰浴上或在反应混合物中直接加冰）进行，严格控制反应温度在 20℃ 以下。但要注意不可把温度降得过低，以免反应过于缓慢而导致反应不完全。

三、主要仪器与试剂

仪器：三口烧瓶、恒压滴液漏斗、电动搅拌器、温度计、烧杯、循环水式真空泵、布氏漏斗、抽滤瓶。

试剂：双氧水（30%）、HCl（15%）、环己酮、邻苯二甲酸二丁酯（DBP）。

（1）环己酮　无色透明液体，含量大于 98%，带有丙酮气味，熔点 $-47\sim-45$℃，沸点 155.7℃，d_4^{20} 为 0.9478，n_D^{20} 为 1.4500，微溶于水，易溶于乙醇和乙醚。环己酮可作溶剂使用，在本反应中为主要的反应物料，应选用优质试剂。如用工业原料，需经玻璃仪器蒸馏，以避免将有害的金属离子带入反应体系。

（2）双氧水　使用含 30%H_2O_2 的双氧水为反应的氧化剂。双氧水是无色透明液体，受热时易分解出氧并放热，铁离子或重金属离子加速其分解。双氧水能破坏皮肤组织，保存和使用时需注意。

（3）无机酸　是该氧化反应的催化剂，在酸性介质中过氧化氢的氧化能力增强。使用 15% 的盐酸，氧化反应进行得比较平稳。用稀硝酸代替盐酸时，氧化速度更快，故必须控制在更低的温度下进行反应。不论用何种无机酸，要求是分析纯级以上的试剂，以防止溶有铁离子或重金属离子。

（4）邻苯二甲酸二丁酯（DBP）　是无色油状液体，有芳香气味，d_4^{20} 为 1.048，沸点 340℃。在本反应中 DBP 用作产物的悬浮剂，防止过氧化环己酮在贮存和运输过程中发生危险。要求使用分析纯级规格的试剂。

四、实验内容

1. 在 250mL 三口烧瓶上装置恒压滴液漏斗、电动搅拌器和温度计，不可密封。加入 10g（0.1mol）环己酮，用冰水浴冷却至 5~8℃。另外，在小烧杯中加入 13g（0.11mol）30% 过氧化氢（双氧水），用冰水冷却至 5~8℃，备用。

2. 搅拌下将预冷过的双氧水缓慢滴入环己酮中，在滴加过程中瓶内物料的温度上升。需注意用冰进行有效的冷却并控制滴加速度，使反应保持在 10~20℃ 之间进行。

3. 缓慢滴加预冷的约 5℃ 的 2g 15％HCl，开始滴加盐酸时温度上升较快，亦需控制滴加速度和进行有效的冷却，使反应温度不超过 20℃。加酸完毕，在 10～20℃ 间继续搅拌反应 0.5h，此期间逐渐有产物过氧化环己酮晶体析出。

4. 加入 20mL 温度在 10～20℃ 间的去离子水以稀释反应液，继续反应 0.5h。

5. 抽滤，用去离子水洗涤晶体至中性，抽滤，晾干。得到过氧化环己酮晶体约 11g，产率约 90％。

6. 干燥过的过氧化环己酮晶体与等质量的邻苯二甲酸二丁酯混合，搅拌成悬浮浆液，装入瓶内并在低温下保存。

五、注意事项

晶状的纯过氧化环己酮因含有过氧键，化学性质十分活泼，室温下逐渐分解出氧，受热时分解迅速，容易发生燃烧和爆炸。为了安全，通常加入等质量的增塑剂邻苯二甲酸二丁酯配成浆液，使活性氧含量由纯品时的 13％ 降至 6％ 左右。尽管如此，产品仍需避免在较高温度下贮存和使用。此外，产品对铁离子和重金属离子敏感，应使用玻璃或塑料瓶包装。

浆状产品应符合以下标准

外观：白色或淡黄色糊状物　　　　　固体含量：50％ 左右

活性氧含量：≥6％　　　　　　　　pH 值：6～8

分解情况：97℃，半衰期：10h；174℃，半衰期：1min

本品用于固化不饱和聚酯涂料或胶黏剂时，用量一般为主料的 2％～3％，而且要在即将施工时才将两者混合，即混即用。常温下只需数分钟至十余分钟即开始固化并迅速固化完全。混合后的固化剂涂料或胶黏剂要一次用完，不能保存。

实验七　阻燃剂——四溴双酚 A 的合成

一、实验目的

1. 掌握四溴双酚 A 的合成方法。

2. 了解阻燃剂的阻燃原理及应用特性。

二、实验原理

1. 性质和用途

大多数塑料制品及合成纤维织物具有易燃性，阻燃剂可改变塑料及合成纤维燃烧的反应过程。其阻燃原理有：阻燃剂在燃烧的条件下产生强烈脱水性物质，使塑料或合成纤维炭化而不易产生可燃性挥发物，从而阻止火焰蔓延；阻燃剂分解产生不可燃气体，稀释并遮掩空气以抑制燃烧；阻燃剂或其分解熔融后覆盖在树脂或合成纤维上起到屏蔽作用等。

阻燃剂按组成分为两类：有机阻燃剂包括氯系（如氯化烷烃）、磷系（如磷酸酯类）、溴系（如四溴双酚 A）等；无机阻燃剂包括三氧化二锑、氢氧化铝、硼化合物等。按使用方法分为添加阻燃剂，如有机阻燃剂和无机阻燃剂；反应型阻燃剂，如乙烯基衍生物、含氯化合物、含羟基化合物、含环氧基化合物等。上述阻燃剂中，四溴双酚 A 和三氧化二锑是较为重要的品种。

本品为淡黄色或白色粉末，溴含量 57％～58％，熔点 181℃，分解温度 240℃；溶于乙醇、丙酮、苯、冰醋酸等有机溶剂，不溶于水，可溶于稀碱溶液。

本品为反应型阻燃剂，主要用于环氧树脂和聚碳酸酯，阻燃效果优良。此外，也可用于酚醛树脂、不饱和聚酯、聚氨酯等。作为添加型阻燃剂，它可用于聚苯乙烯、苯乙烯-丙烯腈共聚物、ABS 树脂。

2. 合成原理

化学反应方程式如下：

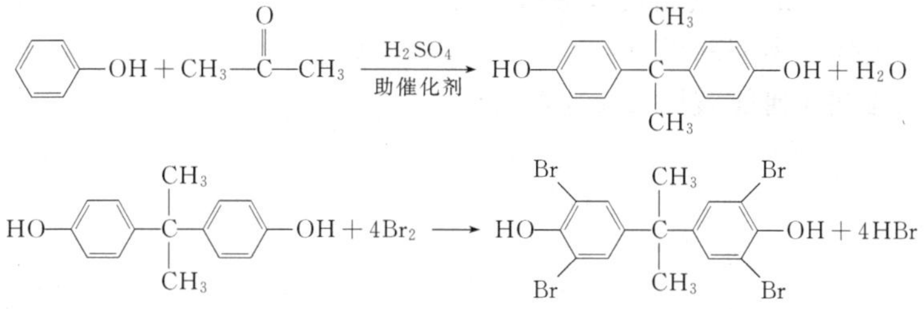

三、主要仪器与试剂

仪器：电动搅拌器、恒温水浴锅、回流冷凝管、温度计、500mL 烧瓶、三口烧瓶、恒压滴液漏斗、循环水式真空泵、布氏漏斗、抽滤瓶。

试剂：苯酚、甲苯、丙酮、甲醇、溴、亚硫酸钠、乙醇、一氯代乙酸、硫代硫酸钠。

四、实验内容

1. "591" 助催化剂的合成

在带有电动搅拌器、温度计、回流冷凝管的 500mL 烧瓶中，加入 78mL 乙醇、23.6g 一氯代乙酸，室温下搅拌溶解。再加入 35.5mL 质量分数为 30% 的氢氧化钠水溶液，溶液 pH 值为 7，控制液温在 60℃ 以下。中和后，加入已配制好的硫代硫酸钠溶液（由 62g 无水硫代硫酸钠和 8.5mL 水组成），搅拌升温至 75～80℃，有白色固体生成。冷却、过滤、干燥则得白色 "591" 助催化剂。

2. 双酚 A 的合成

在带有电动搅拌器、温度计及回流冷凝管的三口烧瓶中加入 10g（0.106mol）苯酚和 17mL 甲苯，在搅拌下将 7mL 质量分数为 80% 的硫酸缓缓加入。再加入 0.5g "591" 助催化剂，加入 4mL（0.053mol）丙酮，进行反应，反应温度不超过 35℃。在 35～40℃ 下保温搅拌 2h。将混合物倒入 50mL 冷水中，静置。过滤，用冷水洗涤产物至滤液不呈酸性，干燥得到双酚 A 粗品。用甲苯进行重结晶（每克约需 8～10mL 甲苯），得到双酚 A 约 8g，呈白色针状结晶，熔点 155～156℃，收率为 66%。

3. 溴化反应

在装有电动搅拌器、温度计、回流冷凝管及带有插底管的恒压滴液漏斗的三口烧瓶中，加入 54.2g（0.238mol）双酚 A 和 122g 甲醇。搅拌，使双酚 A 溶解。在通风橱中，冷却下，将 165g（1.033mol）溴加入到 85g 甲醇中制备溴甲醇溶液（用溴甲醇溶液溴化可降低溴化产物中杂质的含量）。在快速搅拌下，于 1.5h 内通过插底管向双酚 A 醇溶液中滴加制备好的溴甲醇溶液。在室温下加入约 1/3 体积溴甲醇溶液时，混合物温度升为回流温度，并慢慢加入余下的溴甲醇溶液，加完料后再回流 10min。加入少量亚硫酸钠破坏未反应的溴。将反应混合物倒入 1000mL 水中稀释。过滤，水洗，干燥，得到四溴双酚 A，气相色谱分析其含量为 99% 以上。

五、注意事项

1. 溴具有很强的腐蚀性和刺激性，应戴手套及在通风橱中操作。
2. 硫代硫酸钠及亚硫酸钠易被空气氧化，因此尽量用较新鲜的药品。

六、思考题

1. 制备双酚 A 时，温度为什么不能超过 35℃？
2. 用甲苯重结晶双酚 A 的目的及原理是什么？
3. 溴化反应是什么类型的反应？
4. 加入亚硫酸钠如何能破坏未反应的溴？

第5章 精细有机合成中间体

实验一 氨甲苯酸的制备

一、实验目的

1. 掌握氨甲苯酸的制备方法。
2. 掌握胺化反应的方法。
3. 学习掌握脱色的实验方法。

二、实验原理

1. 性质与用途

氨甲苯酸又名止血芳酸或对氨甲基苯甲酸，分子式 $C_8H_9NO_2$，相对分子质量 151.2，其水合物为白色鳞片状或结晶性粉末。熔点 340~350℃，溶于沸水，略溶于水，几乎不溶于乙醇、苯、氯仿。无臭，味微苦。

主要作止血药和有机合成中间体，为抗纤维蛋白溶解药，能竞争性地阻止纤维蛋白溶酶原吸附于纤维蛋白上，妨碍纤维蛋白溶酶原的生成而促进凝血。

2. 合成原理

对氯甲基苯甲酸与碳酸氢铵发生胺化反应得到氨甲苯酸。反应方程式如下：

$$HOOC-\!\!\!\left\langle\text{}\right\rangle\!\!\!-CH_2Cl \xrightarrow{NH_4OH, NH_4HCO_3} HOOC-\!\!\!\left\langle\text{}\right\rangle\!\!\!-CH_2NH_2 \cdot H_2O$$

三、主要仪器与试剂

仪器：恒温水浴锅、三口烧瓶、电动搅拌器、循环水式真空泵、布氏漏斗、抽滤瓶、烧杯、pH 试纸。

试剂：碳酸氢铵、氨水、对氯甲基苯甲酸、氯苯、活性炭。

四、实验内容

将 10g 碳酸氢铵和水加入三口烧瓶中，搅拌溶解后，加入 30mL 氨水和 5g 对氯甲基苯甲酸的氯苯溶液，加热至 50~60℃，反应 2h。静置分层，取氨液层，常压浓缩蒸氨至 pH＝7.5~8，冷却结晶，抽滤，得对氨甲基苯甲酸粗品。将粗品、蒸馏水和活性炭加入另一三口烧瓶，加热溶解脱色 20min，趁热过滤，滤液冷却结晶、抽滤、干燥，得对氨甲基苯甲酸。

五、思考题

1. 胺化反应的原理是什么？
2. 叙述对氨甲基苯甲酸的合成方法。

实验二 苯基甲硫醚的制备

一、实验目的

1. 掌握苯基甲硫醚的制备方法。

2. 掌握重氮化及重氮化置换反应的机理。

3. 了解苯基甲硫醚的性质和用途。

二、实验原理

1. 性质与用途

无色液体，沸点 187～188℃，密度 $1.0533g/cm^3$，折射率 1.5842，闪点 75℃。不溶于水，可溶于一般有机溶剂。

本品在医药方面用作抗生素、抗溃疡药物的原料；在农药方面用作合成杀虫剂、杀菌剂、除草剂的原料；还可作维生素 A 的稳定剂、芳香胺的抗氧剂、润滑油的添加剂、香料合成的原料等。

2. 合成原理

以苯胺为原料经重氮化制得重氮盐；再与甲硫醇钠发生置换反应，制得苯基甲硫醚。反应方程式如下：

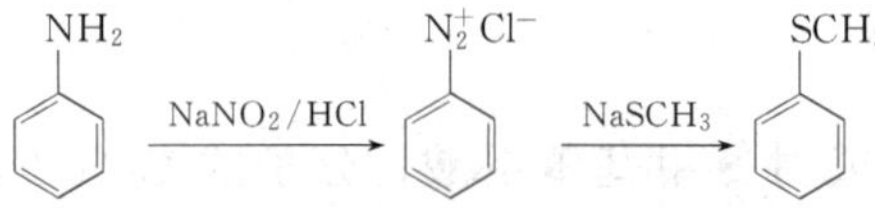

三、主要仪器与试剂

仪器：电动搅拌器、温度计、排气管、恒压滴液漏斗、四口烧瓶（1000mL）、恒温水浴锅、旋转蒸发仪。

试剂：35%浓盐酸、苯胺、亚硝酸钠、氢氧化钠、甲硫醇、苯、硫酸钠、水。

四、实验内容

在装有电动搅拌器、温度计、排气管和滴液漏斗的 1000mL 四口烧瓶中，加水 254mL、质量分数 35%浓盐酸 150g、苯胺 65.1g（0.7mol），向其中滴加 48.3g（0.7mol）亚硝酸钠（配制成质量分数为 30%的水溶液），控制温度在 5℃以下，滴加时间 25min 左右，进行重氮化。继续搅拌 30min，反应完毕。测试反应终点。

在耐压容器中，加水 160mL、固体氢氧化钠 29.3g（0.7mol）和甲硫醇 33.6g（0.7mol）制备甲硫醇钠，将其倒入 1000mL 四口烧瓶中。

重氮化完毕，在 30℃下立刻将苯胺重氮盐水溶液倒入甲硫醇钠中，加入时间约需 100min。氮气产生现象一结束，就向反应液中加入约 80g 苯，以分离水。然后用 5～10g 硫酸钠脱水，减压蒸馏，得到苯基甲硫醚，含量约为 99%。

五、思考题

1. 说明重氮化反应的终点控制方法。

2. 简述重氮盐置换反应的机理。

实验三 4-氨基-2-硝基苯甲醚的制备

一、实验目的

1. 掌握 4-氨基-2-硝基苯甲醚的制备方法。

2. 掌握乙酰化、混酸硝化、水解的反应机理。

3. 掌握混酸的配制方法。

4. 了解用 N,N-对二甲氨基苯甲醛测试游离胺的原理和方法。

二、实验原理

1. 性质与用途

本品外观为橙至红色粉末。熔点 118～120℃。微溶于冷水和乙醇，溶于热水和二氧六环。为有机合成原料，可用于合成冰染染料色基、有机颜料、染料，也可作为医药中间体。

2. 合成原理

酰化反应是指有机分子中与碳原子、氮原子、磷原子、氧原子或硫原子相连的氢被酰基所取代的反应。氨基氮原子上的氢被酰基所取代的反应称为 N-酰化。酰化是亲电取代反应。常用的酰化剂有羧酸、酸酐、酰氯、羧酸酯、酰胺等。

对氨基苯甲醚用乙酐酰化。乙酰化反应的目的是保护氨基，将氨基转化为酰氨基，以利于后面的硝化反应（还有卤化、氯磺化、O-烷化、氧化等），完成目的反应后，将酰氨基水解成氨基。

硝化反应是指向有机物分子的碳原子上引入硝基的反应，引入亚硝基的反应称作亚硝化。也可以是有机物分子中的某些基团，如卤素、磺酸基、酰基和羧酸基等被硝基置换。

硝化剂是硝酸、硝酸和各种质子酸的混合物，氮的氧化物、有机硝酸酯等。最常用的混酸是硝酸和硫酸的混合物。

硝化方法有：用硝酸-硫酸的混酸硝化法；在硫酸介质中的硝化；有机溶剂-混酸硝化；在乙酐或乙酸中硝化；稀硝酸硝化；置换硝化；亚硝化。最常用的方法是混酸硝化法，它与浓硝酸硝化法相比具有如下特点：混酸比硝酸产生更多的 NO_2^+，硝化能力强，反应速度快，而且不易发生氧化副反应，产率高；混酸中的硝酸用量接近理论量，硝酸几乎可以全部得到利用；硫酸的比热容大，避免硝化时的局部过热现象，反应温度容易控制；硝化产物不溶于废硫酸中，便于废酸的循环使用；混酸的腐蚀作用小，可使用碳钢、不锈钢或铸铁设备。

4-氨基-2-硝基苯甲醚以对氨基苯甲醚为原料，用乙酐作酰化剂，首先进行酰化反应；然后用混酸硝化，上甲氧基的邻位，得到 4-乙酰氨基-2-硝基苯甲醚，再水解，得到 4-氨基-2-硝基苯甲醚。反应方程式如下：

酰化

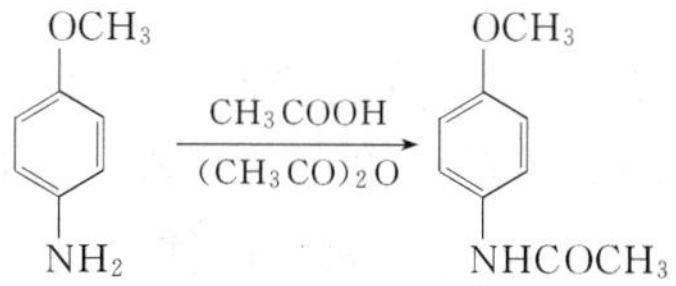

硝化

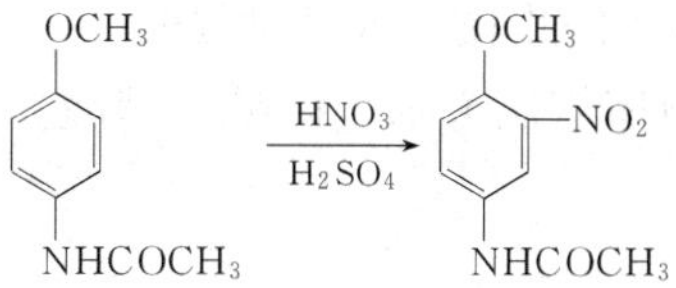

水解

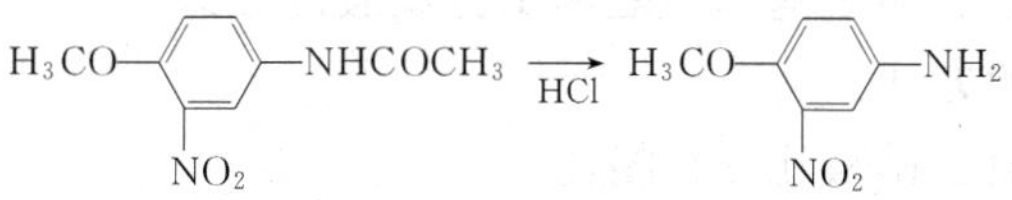

三、主要仪器与试剂

仪器：恒温水浴锅、循环水式电动搅拌器、温度计、回流冷凝管、恒压滴液漏斗、四口烧瓶（500mL、250mL）、烧杯、真空泵、布氏漏斗、抽滤瓶、熔点仪、恒温干燥箱、pH试纸。

试剂：冰醋酸、对氨基苯甲醚、乙酸酐、N,N-对二甲氨基苯甲醛、95%硫酸、混酸[混酸组成：$w(H_2SO_4)=47.4\%$，$w(HNO_3)=20\%$]、盐酸。

四、实验内容

1. 酰化

在装有电动搅拌器、温度计、回流冷凝管和滴液漏斗的500mL四口瓶中，加入150mL冰醋酸和61.5g对氨基苯甲醚，加热至50℃，搅拌使物料全溶，再冷至室温，滴加51.5mL乙酐，20～30min滴完。然后，升温至70℃，搅拌10～15min，用N,N-对二甲氨基苯甲醛测试无游离胺为止（渗圈试验无色）。冷却反应液至室温，倒入已有500mL冷水的烧杯中，析出沉淀，过滤，并用100mL水洗涤滤饼，得灰白色片状结晶。产品称重，并计算收率。测熔点。

2. 混酸硝化

在装有电动搅拌器、温度计、回流冷凝管和恒压滴液漏斗（先检查恒压滴液漏斗是否严密，不能泄漏）的250mL四口烧瓶中，加入160g（质量分数为95%）的硫酸，在搅拌下逐渐加入33g酰化物，控制加料温度在10℃以下，加料时间为1h，并保持此温度下继续搅拌30min，使物料全溶。再冷却至5℃以下，然后，在1h内滴加预先配好的65g混酸[混酸组成：$w(H_2SO_4)=47.4\%$，$w(HNO_3)=20\%$，均为质量分数，注意配制混酸的方法]。滴加混酸的温度不超过10℃，加完混酸后在0～10℃保温搅拌1h，然后，把反应物倒入500mL的冰水中，稀释温度不超过30℃，再搅拌10min左右，过滤，滤饼用水洗涤至中性，烘干，产品称重，计算收率。测熔点。

3. 水解

在装有电动搅拌器、温度计、回流冷凝管的250mL四口烧瓶中，加水50～60mL，并加入10mL盐酸，再加入10.5g硝化物，升温至95～100℃，反应约30min后，可加入1mL硫酸（滴加），继续保温反应，使反应物全进入溶液相，然后继续保温搅拌30min，再冷却至室温，过滤，并多次用少量水洗涤至pH=6，过滤，干燥，产品称重，并计算收率。测熔点。

五、注意事项

1. 在第一步的乙酰化反应中，反应终点的控制很重要，用N,N-对二甲氨基苯甲醛作渗圈试验，必须以黄色渗圈完全消失为反应终点，否则，会影响后面的硝化反应。

2. 反应的影响因素：反应温度，反应时间，搅拌。硝化反应是强放热反应，必须将温度控制好。温度高引起多硝化、氧化等副反应，硝酸分解，甚至爆炸。硝化反应是非均相反应，加料时必须开搅拌，不能突然停止搅拌或开动搅拌。

3. 混酸的配制方法：加料顺序依次为水、硫酸、硝酸。加料温度不超过40℃。

六、思考题

1. 硝化废酸如何处理？

2. 请叙述用N,N-对二甲氨基苯甲醛测试游离胺的原理。

3. 请说明配制混酸的方法。

4. 请解释D.V.S.值、硝酸比φ、相比。

实验四　4-氨基-2,6-二甲氧基嘧啶的制备

一、实验目的

1. 掌握 4-氨基-2,6-二甲氧基嘧啶的制备方法。
2. 掌握醚化反应的机理。
3. 了解 4-氨基-2,6-二甲氧基嘧啶的性质和用途。

二、实验原理

1. 性质与用途

本品外观为柱状结晶，熔点 150～152℃。溶于甲醇、乙醇、热水、热乙酸乙酯、热苯和热乙醚。

本品主要用于合成磺胺二甲氧啶（SDM）和赛甲氧星（Salazodimethoxine）。

2. 合成原理

醇羟基或酚羟基与芳香族卤素化合物相作用生成烷基芳基醚或二芳基醚的反应称作 O-芳基化。本实验的方法一、方法二即为该类反应，反应方程式如下。

方法一：

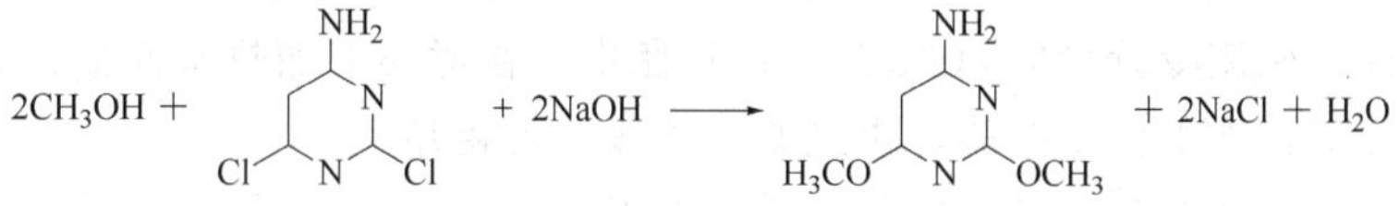

方法二：

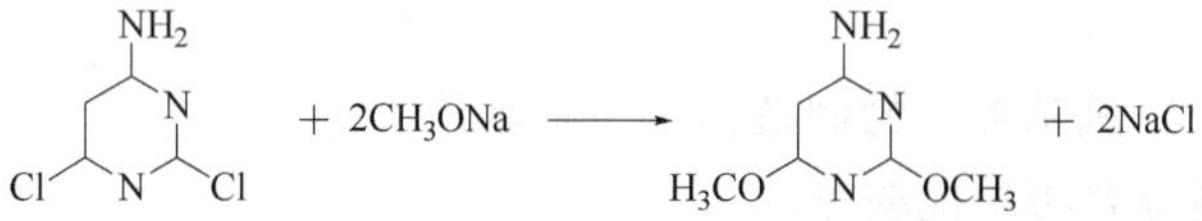

4-氨基-2,6-二甲氧基嘧啶还可用其他方法制得，即方法三，反应方程式如下：

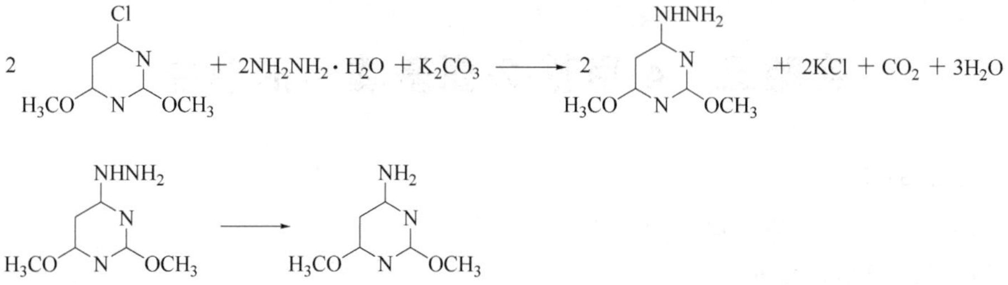

三、主要仪器与试剂

仪器：恒温水浴锅、循环水式电动搅拌器、温度计、回流冷凝管、三口烧瓶、简单蒸馏装置一套、离心机、真空泵、布氏漏斗、抽滤瓶、熔点仪、分液漏斗、

试剂：甲醇、氢氧化钠、4-氨基-2,6-二氯嘧啶、活性炭、冰水、甲醇钠、2,6-二甲氧基-4-氯嘧啶、碳酸钾、水合肼（质量分数 50%）、乙酸乙酯、乙醇、镭尼镍。

四、实验内容

1. 方法一：以 4-氨基-2,6-二氯嘧啶、甲醇、氢氧化钠为原料

在装有电动搅拌器、温度计、回流冷凝管的 500mL 三口烧瓶中，加入 160g 甲醇和 16g 氢氧化钠，搅拌溶解，再慢慢加入 20g 4-氨基-2,6-二氯嘧啶。加毕，升温至回流，并保持

缓缓回流2～4h。

反应结束后，先蒸馏回收过量的甲醇，残留液加水加热回流30min，然后稍冷却，加入适量活性炭，继续回流20min，并趁热过滤。所得的滤液经冷却结晶、离心过滤，用少量冰水淋洗滤饼、过滤、干燥，得4-氨基-2,6-二甲氧基嘧啶，熔点150～151℃。收率大于83%。

2. 方法二：以4-氨基-2,6-二氯嘧啶、甲醇钠为原料

在装有电动搅拌器、温度计、回流冷凝管的500mL三口烧瓶中，加入180g甲醇和14g甲醇钠，搅拌下加入20g 4-氨基-2,6-二氯嘧啶。投料毕，慢慢升温至65℃，并在65～70℃下搅拌反应2h。然后，真空蒸馏回收甲醇，残留物则加水300mL，升温至沸，并加入适量活性炭搅拌15～20min，过滤，滤液冷却析出结晶，再过滤、干燥，得柱状晶体。熔点149～150℃，收率75%。

反应结束后，也可先冷却、过滤除去氯化钠，再脱色、过滤，滤液加水以析出结晶。

3. 方法三：以2,6-二甲氧基-4-氯嘧啶为原料

在装有电动搅拌器、温度计、回流冷凝管的500mL三口烧瓶中，加入40g 2,6-二甲氧基-4-氯嘧啶、3.2g碳酸钾和质量分数50%水合肼68g，搅拌，慢慢升温至回流。回流2～3h后，用热乙酸乙酯萃取，并将萃取相冷却以析出针状结晶，即为2,6-二甲氧基-4-肼基嘧啶（熔点120～122℃）。

将上述产物2,6-二甲氧基-4-肼基嘧啶、100g乙醇和3.2g镍尼镍加入到另一只装有电动搅拌器、温度计、回流冷凝管的500mL三口烧瓶中，在搅拌下加热至回流，并回流1～2h，然后蒸出溶剂乙醇，加水析出结晶，再过滤、干燥，得粗品。

粗品经乙酸乙酯重结晶后得棱柱状结晶，熔点149～150℃，收率45%。

五、思考题

1. 4-氨基-2,6-二甲氧基嘧啶的制备是否还有其他方法？
2. 请比较各种制备方法的优缺点。
3. 请叙述O-芳基化的反应机理。

实验五 4-甲基-2-氨基噻唑的制备

一、实验目的

1. 掌握4-甲基-2-氨基噻唑的制备方法。
2. 掌握环合反应的机理。
3. 了解4-甲基-2-氨基噻唑的性质和用途。

二、实验原理

1. 性质与用途

外观为白色结晶，熔点45～46℃。沸点231～232℃/101.3kPa；124～126℃/2.67kPa；70℃/0.0533kPa。极易溶于水、乙醇和乙醚。

本品主要用于合成磺胺甲噻唑（Sulfamethylthiazole）等。

2. 合成原理

环合反应是指在有机化合物分子中形成新的碳环或杂环的反应。也可称为"成环缩合"。环合可分为分子间环合和分子内环合。反应历程包括亲电环合、亲核环合、自由基环合及协同效应等历程。

4-甲基-2-氨基噻唑是以氯代丙酮和硫脲为原料，经环合、中和等工艺。反应方程式如下：

$$CH_3COCH_2Cl + NH_2CSNH_2 \longrightarrow H_3C\underset{S}{\overset{N}{\bigcirc}}NH_2 \cdot HCl + H_2O$$

$$H_3C\underset{S}{\overset{N}{\bigcirc}}NH_2 \cdot HCl + NaOH \longrightarrow H_3C\underset{S}{\overset{N}{\bigcirc}}NH_2 + NaCl + H_2O$$

还可以丙酮、硫脲和碘为原料而制得。反应方程式如下：

$$CH_3COCH_3 + 2NH_2CSNH_2 + I_2 + 2NaOH \longrightarrow H_3C\underset{S}{\overset{N}{\bigcirc}}NH_2 + H_2N\underset{SH}{\overset{NH}{\diagdown}} + 2NaI + H_2O$$

三、主要仪器与试剂

仪器：恒温水浴锅、电动搅拌器、温度计、回流冷凝管、三口烧瓶、分液漏斗、循环水式真空泵、布氏漏斗、抽滤瓶、简单蒸馏装置一套、旋转蒸发仪。

试剂：硫脲、氯丙酮、氢氧化钠、乙醚、丙酮、碘、冰水。

四、实验内容

1. 方法一：以氯代丙酮和硫脲为原料

向装电动有搅拌器、温度计、回流冷凝管的 500mL 三口烧瓶中，加入 63mL 水和 25g 硫脲，在搅拌下滴加 30g 氯丙酮，加毕，继续搅拌直至硫脲全部溶解，反应液呈黄色。然后慢慢升温至回流，并保持缓缓回流 3h。搅拌下冷却至 40℃ 以下，分批加入固体氢氧化钠 65g，进行中和。加毕，继续搅拌 15min，再静置分层，分出有机层，将水层加 80～100g 乙醚萃取，并将萃取相与有机层合并，加 10g 氢氧化钠干燥，然后过滤，蒸馏滤液。先常压蒸馏回收萃取剂（可套用），最后改为真空蒸馏，接收 2.67kPa 下 124～126℃的馏分，得产品 4-甲基-2-氨基噻唑，收率大于 75%。

2. 方法二：以丙酮、硫脲和碘为原料

向装有电动搅拌器、温度计、回流冷凝管的 500mL 三口烧瓶中加入 26g 丙酮和 25g 硫脲，搅拌，待搅拌成乳白悬浮液后，加入 42g 碘，接着慢慢升温至回流，并保持平稳回流 4～5h。反应结束后，先减压蒸馏回收丙酮，再将残馏物加到预先装有 325g 冰水的三口烧瓶中。搅拌并冷却，分批慢慢加入氢氧化钠 65g，使料液逐渐析出黄色浮状物。然后静置分层，分出上层油层。

油层加入适量的氢氧化钠干燥后，过滤，滤液经减压蒸馏，收集 2.67kPa 下 124～126℃的馏分，即得产品 4-甲基-2-氨基噻唑。

五、思考题

1. 比较本实验中两种合成方法的优缺点。
2. 还有哪些有机溶剂可作本产品的萃取剂？
3. 乙醚可将水层中的哪些成分萃取出来？

实验六　氨基乙酸的制备

一、实验目的

1. 掌握氨基乙酸的制备方法。

2. 掌握氨解反应的机理。

3. 了解氨基乙酸的性质和用途。

二、实验原理

1. 性质与用途

氨基乙酸为白色结晶或结晶性粉末，带有甜味。熔点 232～236℃，分解温度 236℃，相对密度 1.1607。易溶于水，溶于乙醇和乙醚。能与盐酸作用生成盐酸盐，存在于低级动物的筋肉中。本品无毒，无腐蚀性。

本品在农药工业用作新型农药甘草膦和增甘膦的原料；制药工业用作氨基酸输液制剂的组分和用于合成抗帕金森氏病的药物 L-DoPa 及合成马尿酸，还用于合成甘氨酸酐、甘氨酸乙酯盐酸盐、甘氨酰甘氨酸以及其他精细化学品等；作为食品添加剂，在肉食品、清凉饮料加工中对维生素 C 起稳定化作用，并用于调节 pH 值；饲料工业用作饲料的营养补充成分和抗氧剂；化肥工业用作脱二氧化硫的辅助溶剂。还有许多其他方面的应用。

2. 合成原理

氨基乙酸可以用氯乙酸与氨水作用，得到目标产物。此法工艺简单，基本上无公害。缺点是催化剂乌洛托品不能回收，精制用甲醇消耗高。反应方程式如下：

$$ClCH_2COOH+NH_3+H_2O+(CH_2)_6N_4 \xrightarrow{Ni} NH_2CH_2COOH+NH_4Cl+HCHO$$

三、主要仪器与试剂

仪器：电动搅拌器、温度计、恒压滴液漏斗、回流冷凝管、四口烧瓶、恒温水浴锅、烧杯、循环水式真空泵、布氏漏斗、抽滤瓶、恒温干燥箱、熔点仪。

试剂：乌洛托品、氨水、氯乙酸、95%乙醇、75%乙醇。

四、实验内容

在装有电动搅拌器、回流冷凝管、温度计、恒压滴液漏斗的 500mL 四口烧瓶中，加入乌洛托品 21g，加入氨水 22mL，搅拌，降温；使其充分溶解后，滴加氯乙酸溶液（由 100g 氯乙酸与 33mL 水配成），并同时滴加质量分数 28%氨水约 200g。反应温度控制在 50～60℃，pH＝7～8，在 72～78℃保温 2～3h；冷至 45℃以下，将反应物倒入装有 1000mL 质量分数 95%乙醇的烧杯中，进行醇析，静置 10h，虹吸上层清液，并回收乙醇。将粗品过滤，然后用 75%（质量分数）乙醇精制，干燥，即得到产品。称重，计算收率，测熔点。

五、思考题

1. 该反应中存在哪些副反应？

2. 请叙述氨基乙酸的其他制备方法。

实验七 对氯邻硝基苯胺的制备

一、实验目的

1. 掌握对氯邻硝基苯胺的制备方法。

2. 掌握混酸硝化、氨解反应的机理。

3. 了解对氯邻硝基苯胺的性质和用途。

二、实验原理

1. 性质与用途

对氯邻硝基苯胺为橘黄色或橘红色针状结晶。熔点 116～117℃。不溶于水，溶于甲醇、乙醚和乙酸，微溶于粗汽油。本品有毒。

本品主要用作棉、黏胶织物的印染显色剂，也可用于丝绸、涤纶织物的印染；还可用作大红色淀、嫩黄 10G 等有机颜料的中间体、冰染染料的色基（即大红色基 3GL）等。

2. 合成原理

氨基化反应是指氨与有机化合物发生复分解而生成伯胺的反应，它包括氨解和胺化。脂肪族伯胺的制备主要采用氨解和胺化法。芳伯胺的制备主要采用硝化-还原法，但是，如果用硝化-还原法不能将氨基引入芳环的指定位置或收率很低时，则需采用芳环上取代基的氨解法。其中最重要的是卤基的氨解，其次是酚羟基、磺酸基或硝基的氨解。

氨基化剂主要是液氨和氨水，有时也用到气态氨或含氨基的化合物，如尿素、碳酸氢铵和羟胺等。

对氯邻硝基苯胺的合成是以对二氯苯为原料，用混酸硝化，制得 2,5-二氯硝基苯，然后用氨水进行氨解，得到目标产物。反应方程式如下：

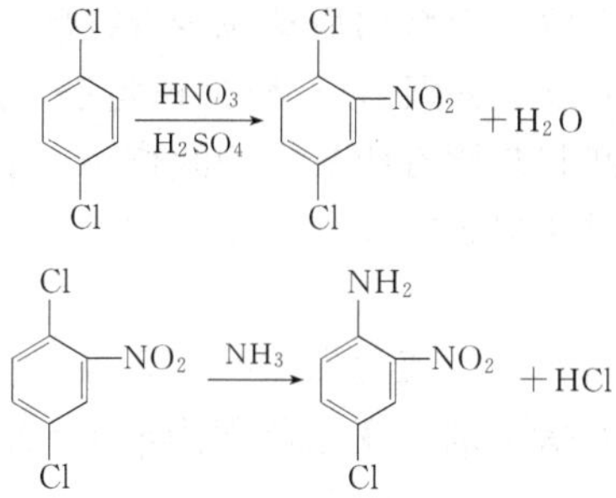

2,5-二氯硝基苯的氨解，属于芳环上卤基的氨解，是亲核取代反应，因芳环上含有强吸电基，故可采用非催化氨解的方法。

三、主要仪器与试剂

仪器：电动搅拌器、温度计、恒压滴液漏斗、三口烧瓶、回流冷凝管、恒温油浴锅、高压釜、循环水式真空泵、布氏漏斗、抽滤瓶、恒温干燥箱。

试剂：96％硫酸、对二氯苯、硝酸、30％氨水。

四、实验内容

1. 2,5-二氯硝基苯的制备

在装有电动搅拌器、温度计、恒压滴液漏斗的 500mL 三口烧瓶中，加入 144g 96％（质量分数）的硫酸，再加入 118g 的对二氯苯，搅拌均匀，然后用 54.4g 96％（质量分数）硫酸和 54.4g 100％（质量分数）的硝酸的混酸进行硝化。放置 1.5h，过滤出沉淀得 2,5-二氯硝基苯。

2. 对氯邻硝基苯胺的合成

向 500mL 高压釜中加入 30％（质量分数）氨水 279g，升温至 170℃，在该温度下经 2h，压入 118g 2,5-二氯硝基苯，保温 3h。反应毕，冷却至 30℃，过滤，水洗，干燥，得对氯邻硝基苯胺 105g，收率达 99％，产品含量为 99％。

五、思考题

1. 说明氨解反应速率与哪些因素有关?
2. 说明邻氯对硝基苯胺的制备方法。

实验八　2,4-二硝基苯酚的制备

一、实验目的

1. 了解制备酚类化合物的方法及优缺点。
2. 掌握碱性水解法制 2,4-二硝基苯酚的工艺及实验方法。
3. 掌握相转移催化剂的应用原理及方法。
4. 学习搅拌釜式反应、加热控制、过滤及干燥等实验技术和操作技能。

二、实验原理

1. 性质与用途

2,4-二硝基苯酚为外观为浅黄色单斜结晶。熔点 113℃,密度 1.683g/cm³。溶于热水、乙醇、乙醚、丙酮、甲苯、苯、氯仿和吡啶,不溶于冷水。能随水蒸气挥发,加热升华。本品有毒。吸入后可引起多汗、虚脱、粒状白血球减少等症状。大鼠经口 LD_{50} 为 30mg/kg。

本品有三种形态（α-型、β-型、γ-型）,α-型为稳定态,β-型和 γ-型为不稳定态。本品有毒,比一硝基氯苯强。对皮肤和黏膜有明显的刺激作用,引起严重的皮炎。能引起人的血液中毒和损伤肝脏、肾脏,同时还损害神经以致发生神经痛、神经炎。空气中最高允许浓度 $1mg/m^3$。

本品主要用于硫化染料的生产,如硫化黑 RN、BRN、2BRN 等;也用于生产苦味酸和显影剂等;分析化学中用作酸碱指示剂,变色范围为 pH＝2.8(无色)～4.4(黄色);还可用于检测钾、铵、镁等。

2. 合成原理

2,4-二硝基苯酚是以 2,4-二硝基氯苯为原料,在碱溶液中水解而得。反应方程式如下:

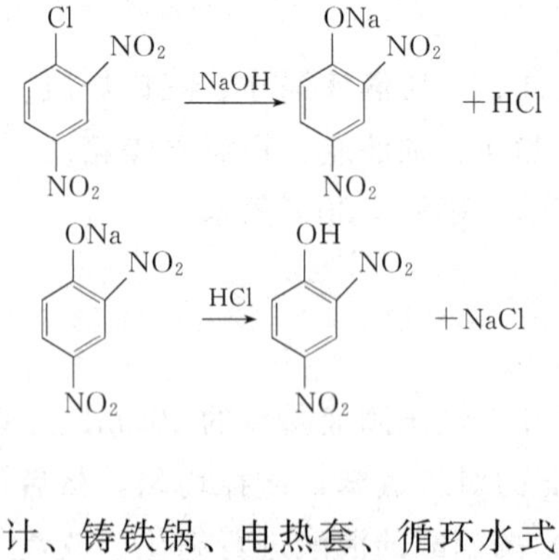

三、主要仪器与试剂

仪器:电动搅拌器、温度计、铸铁锅、电热套、循环水式真空泵、布氏漏斗、抽滤瓶、烧杯、恒温干燥箱、刚果红试纸、pH 试纸、熔点仪。

试剂:2,4-二硝基氯苯、35％氢氧化钠、浓盐酸、乙醇、熟石灰、聚合硫酸铝、生石灰。

四、实验内容

在装有电动搅拌器、温度计的 500mL 的铸铁锅中,加入水 150mL、2,4-二硝基氯苯

83g，搅拌下加热反应至 90℃，在 2h 内滴加质量分数为 35％的氢氧化钠溶液 100g，在全部加碱过程中，应控制勿使反应物呈碱性，控制反应温度不超过 102～104℃。继续保温反应 30min，取样溶于水中，得到澄清溶液，必要时可补加一些氢氧化钠。

反应结束后，冷却至室温，过滤析出的钠盐，再用水溶解，以浓盐酸酸化，使反应物对刚果红试纸呈酸性，过滤，水洗，用乙醇重结晶，干燥，得产品。称重，计算收率，测熔点。

五、注意事项

2,4-二硝基苯酚的毒性很大，酸化后过滤的废水需进行处理才可排放。方法是用熟石灰将废水中和至 pH＝3～5，加入聚合硫酸铝等絮凝剂沉淀，过滤，得澄清的水，用生石灰调 pH 至中性，分析水中酚含量达到排放标准即可。残渣可焚烧。洗涤水可循环使用。

六、思考题

1. 该反应中，有何副反应？如何减少副反应的发生？
2. 叙述以苯酚为原料制备 2,4-二硝基苯酚的方法。

实验九　对硝基苯甲醛的制备

一、实验目的

1. 掌握对硝基苯甲醛的制备方法。
2. 了解对硝基苯甲醛的性质及用途。
3. 掌握氧化反应的机理。

二、实验原理

1. 性质与用途

对硝基苯甲醛为白色或淡黄色结晶。熔点 105～107℃。微溶于水及乙醚，溶于苯、乙醇及冰醋酸。能升华，能随水蒸气挥发。

本品是医药、农药、染料等的中间体。在医药工业用于合成对硝基苯-2-丁烯酮、对氨基苯甲醛、对乙酰氨基苯甲醛、甲氧苄胺嘧啶（TMP）、氨苯硫脲、对硫脲、乙酰氨苯烟腙等中间体；在农药生产中用于促进植物幼苗的生长。

2. 合成原理

氧化反应在有机合成中是一个非常活跃的领域，它的应用非常广泛。利用氧化反应可以制得醇、醛、酮、羧酸、酚、环氧化合物和过氧化物等有机含氧的化合物。另外，还可用来制备某些脱氢产物。氧化剂的种类很多，一种氧化剂可以对多种不同的基团发生氧化反应；同一种基团也可以因所用氧化剂和反应条件的不同，得出不同的氧化产物。所以氧化反应因所用氧化剂、被氧化基质的不同，反应机理不同，涉及一个广泛而复杂的领域。

在工业上最廉价且应用最广的氧化剂是空气。化学氧化剂有高锰酸钾、六价铬的衍生物、高价金属氧化物、硝酸、双氧水和有机过氧化物。另外，还有电解氧化法等。

第一条路线是对硝基苯甲醛可由对硝基甲苯、乙酐为原料，经氧化、水解而制得，即三氧化铬氧化法。反应方程式如下：

$$O_2N-\!\!\!\bigcirc\!\!\!-CH_3 + 2(CH_3CO)_2O \xrightarrow{CrO_3} O_2N-\!\!\!\bigcirc\!\!\!-CH(OCOCH_3)_2 + 2CH_3COOH$$

$$O_2N-\!\!\!\!\bigcirc\!\!\!\!-CH(OCOCH_3)_2 + H_2O \xrightarrow{H_2SO_4} O_2N-\!\!\!\!\bigcirc\!\!\!\!-CHO + 2CH_3COOH$$

第二条路线是由对硝基甲苯与溴发生溴化反应，再水解、氧化而制得。即间接氧化法。反应方程式如下：

$$O_2N-\!\!\!\!\bigcirc\!\!\!\!-CH_3 + Br_2 \longrightarrow O_2N-\!\!\!\!\bigcirc\!\!\!\!-CH_2Br + HBr$$

$$O_2N-\!\!\!\!\bigcirc\!\!\!\!-CH_2Br + H_2O \longrightarrow O_2N-\!\!\!\!\bigcirc\!\!\!\!-CH_2OH + HBr$$

$$O_2N-\!\!\!\!\bigcirc\!\!\!\!-CH_2OH + 2HNO_3 \longrightarrow O_2N-\!\!\!\!\bigcirc\!\!\!\!-CHO + 2NO_2 + 2H_2O$$

第三条路线是卤化水解法，反应方程式如下：

$$O_2N-\!\!\!\!\bigcirc\!\!\!\!-CH_3 \xrightarrow{Br_2} O_2N-\!\!\!\!\bigcirc\!\!\!\!-CHBr_2 \xrightarrow[FeBr_3]{H_2O} O_2N-\!\!\!\!\bigcirc\!\!\!\!-CHO$$

以上三条合成路线中，第一条路线原料成本较高，且三氧化铬会造成环境污染，因此该法只适用于实验室中少量合成。第二条与第三条路线原料成本和产品收率比较接近，只是第二条路线由于产生较多的稀硝酸废液，难以处理，因此也存在环境污染问题。第三条路线基本不产生污染性的废液和废渣，工艺过程中生成的溴化氢气体，经尾气吸收可生成氢溴酸。故第三条合成路线是目前比较合适的工艺路线。

三、主要仪器与试剂

仪器：电动搅拌器、温度计、回流冷凝管、三口烧瓶、恒温水浴锅、烧杯、循环水式真空泵、布氏漏斗、抽滤瓶、真空干燥箱、电子天平、熔点仪、恒压滴液漏斗、分液漏斗、pH 试纸。

试剂：冰醋酸、乙酸酐、对硝基甲苯、浓硫酸、三氧化铬、2%碳酸钠溶液、乙醇、四氯化碳、溴、过氧化二碳酸二（2-乙基）己酯、27%双氧水、70%硝酸、碳酸氢钠、焦亚硫酸钠。

四、实验内容

1. 三氧化铬氧化法

将装有电动搅拌器、温度计的 500mL 三口烧瓶置于冰盐浴中，向其中加入 150g 冰醋酸，153g 乙酐（质量分数为 95%；1.5mol）和 12.5g（0.09mol）对硝基甲苯，搅拌，慢慢滴加浓硫酸 21mL（速度不可太快，以防发生炭化），当混合物冷却至 5℃时，分批加入 25g 三氧化铬（约需 1h），控制温度不超过 10℃（否则影响收率）。加毕，继续搅拌 10min。然后将反应物慢慢倒入预先加入 1000mL 体积碎冰的 2L 烧杯中，再加冷水，使总体积接近 1500mL。过滤，冷水洗涤直至洗去颜色，过滤。

将滤饼加到 1000mL 烧杯中，加入 125mL 冷的 2%（质量分数）碳酸钠溶液，打浆洗涤，过滤，滤饼用冰水淋洗，再用 5mL 乙醇洗涤，过滤，真空干燥，得对硝基苯甲二醇二乙酸酯粗品。熔点 120~122℃。

在装有电动搅拌器、温度计、回流冷凝管的 250mL 三口烧瓶中，加入上述反应的产物 11g，25mL 水，25mL 乙醇和 2.5mL 浓硫酸，搅拌，加热至回流，30min 后，趁热过滤，滤液在冰浴中冷却结晶，过滤，冰水洗涤，过滤，干燥，得到产品。称重。将滤液和洗涤液合并，加约 75mL 水稀释，有产品析出，过滤回收产品，干燥。称重，测熔点，计算总收率。

2. 间接氧化法

（1）溴化　在装有电动搅拌器、温度计、回流冷凝管的 1000mL 三口烧瓶中，加入 50g

对硝基甲苯、125g 四氯化碳、125mL 水，搅拌，加热至回流，然后分批加入 30g 溴和 0.5g 引发剂。添加时，一般是溴先加入，待搅拌均匀后，再加入引发剂——过氧化二碳酸二（2-乙基）己酯（简称 EHP），而且在加入第二批溴和引发剂之前，反应液红色必须退去。

加完溴后，在（70±5）℃下滴加质量分数 27％的双氧水 25g，加 2～3h。加毕，回流 0.5～1h，使红色基本退去。

（2）水解　反应结束后，加入 150mL 水，搅拌下升温至 80℃，以蒸出四氯化碳，约回收 75％～80％的四氯化碳。再加入 150mL 水并升温至 9℃，搅拌下升温至回流，并保持平稳回流 10～12h，然后稍冷却（不要使结晶析出，而使分层困难）。静置分层，放掉水层，油层备用。

（3）氧化　在装有电动搅拌器、温度计、回流冷凝管的 500mL 三口烧瓶中，加入 60g 四氯化碳，搅拌下加入水解后的有机层和 70％（质量分数）的硝酸 33g，升温至 60℃，搅拌反应 3h。然后冷却至 40℃，加水稀释，继续降温至 30～35℃，静置分层。分去水相，所得的有机层加等量的水，并用碳酸氢钠中和至 pH＝6.5～7，分去水相，有机相精制。

（4）精制　在上述有机相中加入 20g 焦亚硫酸钠和 70mL 水，搅拌溶解后，继续搅拌 1～2h。静置分层，水层滴加碱液以析出沉淀，过滤、打浆洗涤、过滤、真空干燥，得浅黄色的结晶。称重，计算收率，测熔点。

五、思考题

1. 三氧化铬氧化法中用 2％（质量分数）碳酸钠溶液洗涤的目的是什么？
2. 间接氧化法中加入双氧水的目的是什么？
3. 间接氧化法中氧化反应完毕，用碳酸氢钠中和的目的是什么？
4. 氧化反应的副产品是什么？

实验十　间氟甲苯的制备

一、实验目的

1. 掌握间氟甲苯的制备方法。
2. 掌握重氮化反应的机理。
3. 了解间氟甲苯的性质和用途。

二、实验原理

1. 性质与用途

间氟甲苯为无色液体，折射率 1.4624，沸点 112～114℃。

可用于有机合成，经氯化、氧化制得 2,4-二氯-5-氟苯甲酸，可用于制取医药中间体。

2. 合成原理

重氮化反应是指含有伯氨基的有机化合物在无机酸的存在下与亚硝酸钠作用生成重氮盐的反应。重氮化反应的主要影响因素有无机酸的种类和浓度、反应温度、亚硝酸盐的用量，以及根据芳伯胺的性质不同而采用不同的重氮化方法。通常情况下，重氮盐不稳定，极易分解。而在水溶液中，在低温条件下一般比较稳定，但具有很高的反应活性。可发生的反应，一类是重氮基转化为偶氮基或肼基，并不脱落氮原子的反应；另一类是重氮基被其他取代基所置换，同时脱落两个氮原子放出氮气的反应。

间氟甲苯是以间硝基甲苯为原料，经铁粉还原，得到间甲苯胺，再经重氮化，制得间甲苯重氮氟硼酸盐，再将重氮盐热解而置换为氟基。反应方程式如下。

还原：

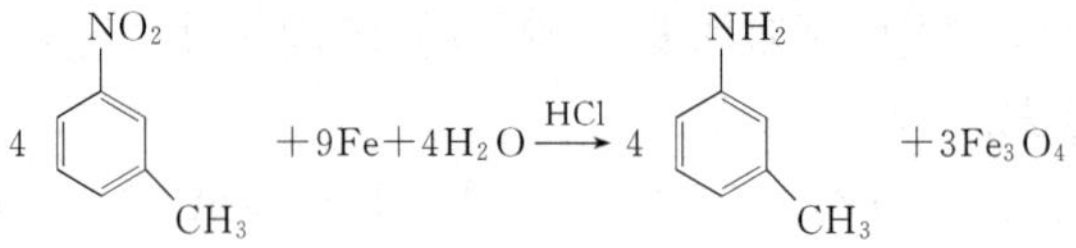

重氮化：

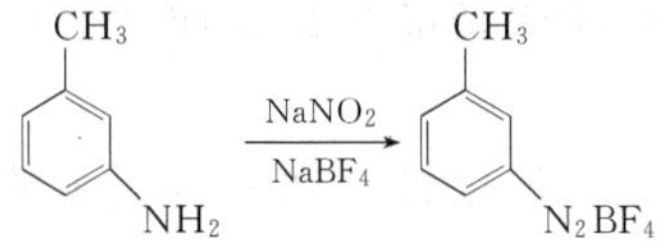

热解：

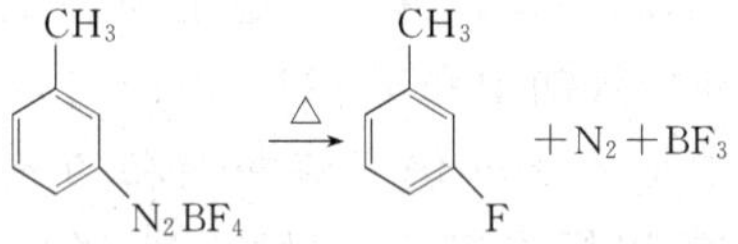

三、主要仪器与试剂

仪器：电动搅拌器、温度计、回流冷凝管、三口烧瓶、简单蒸馏装置一套、循环水式真空泵、布氏漏斗、抽滤瓶。

试剂：氯化铵、铁粉、间硝基甲苯、盐酸、亚硝酸钠、氟硼酸钠。

四、实验内容

1. 间甲苯胺的制备

在装有电动搅拌器、温度计、回流冷凝管的500mL三口烧瓶中，加入水110mL，氯化铵5.3g，搅拌溶解，再加入铁粉42g，间硝基甲苯29g（0.2mol），剧烈搅拌，反应平稳后，慢慢加热回流2h。蒸馏，收集83～84℃（666Pa）的馏分，得无色液体间甲苯胺。

2. 间甲苯重氮氟硼酸盐的制备

在装有电动搅拌器、温度计、回流冷凝管的500mL三口烧瓶中，加入盐酸58mL，间甲苯胺21g（0.195mol），搅拌溶解，在剧烈搅拌下于0～5℃，滴加由14.1g（0.2mol）亚硝酸钠配成的溶液（加水23mL），于1h内加完，继续反应30min。测试反应终点。再分8批加入氟硼酸钠溶液（氟硼酸钠23.7g，加水30mL），于15min内加完，继续搅拌30min。过滤，得灰白色固体间甲苯重氮氟硼酸盐。

3. 间氟甲苯的制备

将间甲苯重氮氟硼酸盐加热处理，制得无色液体间氟甲苯，收率81％。

五、思考题

1. 简述间甲苯胺重氮化反应的机理。
2. 说明重氮化反应的终点控制方法。

第6章 日用化学品

实验一 肥皂的制备

一、实验目的

1. 掌握皂化反应原理及肥皂的制备方法。
2. 熟悉盐析原理,熟练掌握沉淀的洗涤及减压过滤操作技术。
3. 了解肥皂的性质和鉴定方法。
4. 熟悉制造肥皂的基本操作。

二、实验原理

肥皂是高级脂肪酸金属盐(钠、钾盐为主)类的总称,包括软皂、硬皂、香皂和透明皂等。肥皂是最早使用的洗涤用品,对皮肤刺激性小,具有便于携带、使用方便、去污力强、泡沫适中和洗后容易去除等优点。尽管近年来各种新型的洗涤剂不断涌现,但它仍是一种深受用户欢迎的去污和沐浴用品。

以各种天然的动、植物油脂为原料,经碱皂化而制得肥皂,是目前仍在使用的生产肥皂的传统方法。

$$
\begin{array}{c}
CH_2-O-\overset{\overset{O}{\|}}{C}-R \\
| \\
CH-O-\overset{\overset{O}{\|}}{C}-R' \\
| \\
CH_2-O-\overset{\overset{O}{\|}}{C}-R''
\end{array}
+3NaOH \xrightarrow{\triangle}
\begin{array}{c}
CH_2-OH \\
| \\
CH-OH \\
| \\
CH_2-OH
\end{array}
+
\begin{array}{c}
RCOONa \\
R'COONa \\
R''COONa
\end{array}
$$

不同种类的油脂,由于其组成有别,皂化时所需碱量不同。碱的用量与各种油脂的皂化值(完全皂化1g油脂所需氢氧化钾的毫克数)和酸值有关。表6.1是一些油脂的皂化值。

表6.1 一些油脂的皂化值

油脂	椰子油	花生油	棕仁油	牛油	猪油
皂化值	185	137	250	140	196

现介绍用于制肥皂的主要原料的性质和作用。

(1) 油脂 油脂指植物油和动物脂肪,在制皂过程中提供长链脂肪酸。由于以$C_{12} \sim C_{18}$的脂肪酸所构成的肥皂洗涤效果最好,所以制肥皂的常用油脂是椰子油(C_{12}为主)、棕榈油($C_{16} \sim C_{18}$为主)、猪油或牛油($C_{16} \sim C_{18}$为主)等。脂肪酸的不饱和度会对肥皂品质产生影响。不饱和度高的脂肪酸制成的皂,质软而难成块状,抗硬水性能也较差。所以通常要把部分油脂催化加氢使之成为氢化油(或称硬化油),然后与其他油脂搭配使用。

（2）碱　主要使用碱金属氢氧化物。由碱金属氢氧化物制成的肥皂具有良好的水溶性。由碱土金属氢氧化物制得的肥皂一般称作金属皂，难溶于水，不具备洗涤能力，主要用作农药乳化剂、金属润滑剂等。

（3）其他　为了改善肥皂产品的外观和拓宽用途，可加入色素、香料、抑菌剂、消毒药物以及酒精、白糖等，以制成香皂、药皂或透明皂等产品。

高级脂肪酸的钠盐即为常用的肥皂。当加入饱和食盐水后，由于高级脂肪酸钠不溶于盐水而被盐析，浮于上层，甘油则溶于盐水，故将甘油和高级脂肪酸钠分开。

甘油与硫酸铜的氢氧化钠溶液（或新制的氢氧化铜溶液）反应得绛蓝色溶液，可作为甘油的鉴定；而高级脂肪酸钠与无机酸作用则游离出难溶于水的高级脂肪酸，反应方程式如下：

$$RCOONa + HCl \longrightarrow RCOOH + NaCl$$

常用的钠皂溶液遇钙、镁等离子后，生成不溶于水的高级脂肪酸钙盐（钙皂）、镁盐（镁皂）沉淀而失效。

组成油脂的高级脂肪酸中，除硬脂酸、软脂酸等饱和脂肪酸外，还有油酸、亚油酸等不饱和脂肪酸。不同油脂的不饱和度也不同，其不饱和度可根据它们与溴或碘的加成作用进行定性或定量测定。

三、主要仪器与试剂

仪器：移液管、试管、恒温水浴锅、循环水式真空泵、抽滤瓶、烧杯、玻璃棒、电子天平。

试剂：花生油、氢氧化钠溶液（7.5mol/L）、硫酸铜溶液（质量分数5%）、氯化钙溶液（质量分数10%）、硫酸镁（或氯化镁）溶液（质量分数10%）、盐酸（质量分数10%）、饱和食盐水、无水乙醇、沸石。

四、实验内容

1. 肥皂的制备

（1）皂化　取5mL花生油于一试管中，加入7.5mL 95%乙醇及5mL 7.5mol/L氢氧化钠溶液，投入几粒沸石，振荡后，水浴加热（并时常取出振荡）约30min（最后检查皂化是否完全），即得花生油的皂化液，留下待用。

（2）盐析　将皂化液倒入一盛有饱和食盐水的烧杯中，边加边搅拌，直至有一层肥皂浮于溶液表面。冷却，减压过滤，滤渣即为肥皂，滤液留下待用。

本实验制得的产品是含有甘油的粗肥皂。实际生产中要分离甘油并将制得的肥皂进行挤压、切块、打印、干燥等机械加工操作，才能成为供应市场的产品。

2. 肥皂的性质

将所制肥皂置于烧杯中，加入15mL去离子水，于沸水浴中稍稍加热，并不断搅拌，使其溶解为均匀的肥皂溶液。

① 取一支试管，加入1mL肥皂溶液，在不断搅拌下缓缓滴加5~10滴10%盐酸溶液。观察有何现象产生。说明原因。

② 取二支试管，各加入1mL肥皂水溶液，再分别加入5~10滴10%氯化钙和10%硫酸镁（或氯化镁）溶液。观察有何现象产生。为什么？

③ 取一支试管，加入2mL去离子水和1~2滴花生油，充分振荡，观察乳浊液的形成。另取一支试管，加入2mL肥皂水，也加1~2滴花生油，充分振荡，观察有何现象产生？将

两支试管静置数分钟后，比较两者稳定程度有何不同。为什么？

3. 油脂中甘油的检查

取两支干净试管，一支加入 1mL 上述盐析实验所得的滤液，另一支加入 1mL 去离子水作空白实验。然后，在两支试管中各加入 1 滴 7.5mol/L 氢氧化钠溶液及 3 滴 5%硫酸铜溶液。试比较两者颜色有何区别。为什么？

4. 其他肥皂产品

采取以上步骤相似的操作，改变油脂品种、配比和工艺条件，可以制备其他品种的肥皂。

（1）软肥皂　加入 43g 大豆油或亚麻油、50g 水、9g 氢氧化钠和 5g（95%）乙醇。在 80℃下反应，至反应终点后加水至反应混合物的总质量为 100g 后出料。由于使用了高度不饱和的油脂为原料，所制得的产品为黄白色透明的软块。软肥皂主要用于配制液体清洁液，也可作为液体合成洗涤剂的消泡剂使用。

（2）精制硬肥皂和香皂　精制的肥皂和香皂一般要以椰子油配合硬化油等高饱和度的油脂为原料，同时要将反应后产生的甘油分离出来，使制品质地坚实耐用并具有一定的抗水硬性。若在加工成型之前添加香料和色素，则可制成香皂。精制操作如下：完成皂化操作之后，保温并在剧烈搅拌下加入 70mL 热的饱和盐水进行盐析，搅拌均匀，撤离水浴，放置过夜使其自然降温和分层。固液分离后取固体皂做进一步的成型加工，对碱液进行减压分馏，以回收其中所含的甘油。

（3）透明皂　将 10g 牛油、10g 椰子油和 8g 蓖麻油加入烧杯中，加热至 80℃使油脂混合物熔化。搅拌下快速加入 30%氢氧化钠 17g 和 95%乙醇 5g 的混合液。在 75℃的水浴上加热皂化，到达终点后停止加热。在搅拌下加入 2.5g 甘油和由 5g 蔗糖与 5g 水配成的预热至 80℃的溶液，搅匀后静置降温。当温度下降至 60℃时可加入适量的香料，搅匀后出料，冷却成型，即可得到透明香皂。配方中加了乙醇、甘油和蔗糖等，使产品透明、光滑、美观，而且内含保湿剂，是较好的皮肤洗洁用品。

（4）药皂　在精制肥皂或制造透明皂的后期，加入适量的苯酚、甲苯酚、硼酸或其他有杀菌效力的药物，可制得具有杀菌消毒作用的药皂。

五、注意事项

1. 洗衣粉的主要成分是烷基苯磺酸钠，来源于石油，主要问题是污染环境；肥皂以天然油脂为原料，主要问题是制造肥皂要耗用大量的食用油脂，造价高，不适宜于硬水中使用，去污力没有洗衣粉强。目前国内以纳爱斯集团为代表，通过技术改进，已经制备出了适应硬水地区和机洗的洗衣粉，去污能力也有较大的改善。

2. 实验中花生油也可用豆油、棉籽油、橄榄油、猪油或牛油代替。

3. 皂化时加入乙醇可增加油脂的溶解度，使油脂与碱形成均匀的溶液，从而加速皂化的进行。

4. 检查皂化是否完全的方法：取出几滴皂化液放在试管中，加入 5～6mL 去离子水，加热振荡，如无油滴分出，则表示已皂化完全。

六、思考题

1. 如何检验油脂的皂化作用是否完全？

2. 在油脂皂化反应中，氢氧化钠起什么作用？乙醇又起什么作用？

3. 为什么肥皂能稳定油/水型乳浊液？

实验二　餐具洗涤剂的配制

一、实验目的

1. 掌握餐具洗涤剂的配制方法。
2. 了解餐具洗涤剂的配方原理及各组分的作用。

二、实验原理

1. 主要性质和用途

餐具洗涤剂又叫洗洁精或果蔬洗涤剂，是无色或淡黄色透明液体。由溶剂、表面活性剂和助剂组成。主要用于洗涤各种食品及器具上的污垢。特点是去油腻性好、简易卫生、使用方便。餐具洗涤剂是最早出现的液体洗涤剂，产量在液体洗涤剂中居第二位，世界总产量为 2×10^6 千吨/年。

2. 配制原理

设计餐具洗涤剂的配方结构时，应根据洗涤方式、污垢特点、被洗物特点以及其他功能要求，具体可归纳为以下几条。

（1）基本原则

① 对人体安全无害。

② 用于洗涤蔬菜和水果时，应无残留物，也不影响其外观和原有风味。

③ 手洗产品发泡性良好。

④ 消毒洗涤剂能有效杀灭有害细菌，而不危害人体健康。

⑤ 产品长期储存稳定性好，不发霉变质。

（2）配方结构特点

① 餐具洗涤剂应制成透明状液体，要设法调配成适当的浓度和黏度。

② 设计配方时，一定要充分考虑表面活性剂的配伍效应，以及各种助剂的协同作用。常用阴离子表面活性剂有烷基聚氧乙烯醚硫酸酯盐、烷基磺酸盐、烷基硫酸盐、脂肪醇聚氧乙烯醚和 α-烯基磺酸钠等，非离子表面活性剂有脂肪醇聚氧乙烯醚、烷基酚聚氧乙烯醚等，也可以考虑使用 N-烷基甜菜碱等两性表面活性剂。用作助溶剂的有乙醇、异丙醇、甲苯磺酸盐、二甲苯磺酸盐、尿素等，配方中如果加入乙二醇单丁醚，则有助于去除油污。加入非离子表面活性剂月桂酸二乙醇酰胺可以增泡和稳泡，减轻对皮肤的刺激，并可增加介质的黏度。羊毛脂类衍生物可滋润皮肤。调整产品黏度主要使用无机电解质。

③ 餐具洗涤剂一般都是碱性，主要是提高去污力和节省活性物，并降低成本。但 pH 值不能大于 10.5。

④ 高档的餐具洗涤剂要加入釉面保护剂，如乙酸铝、甲酸铝、磷酸铝酸盐、硼酸酐及其混合物。

⑤ 加入少量香精和防腐剂。

（3）主要原料　餐具洗涤剂都是以表面活性剂为主要活性物配制而成的。手工洗涤用的餐具洗涤剂主要使用烷基磺酸盐和烷基聚氧乙烯醚硫酸盐，其活性物含量大约为质量分数 10%～20%。

溶剂主要为水。水作为溶剂，溶解力和分散力都比较大，比热容和汽化热很大，不可燃，无污染。这些都是作为洗涤介质最优良的性质。但水也存在一些缺点，如对油脂类污垢溶解能力差，表面张力大，具有一定的硬度，需经软化处理。

助剂主要包括增稠剂、螯合剂、香精以及防腐剂等。

三、主要仪器与试剂

仪器：恒温水浴锅、电动搅拌器、回流冷凝管、温度计（0～100℃）、烧杯（100mL、150mL）、量筒（10mL、100mL）、电子天平、胶头滴管、玻璃棒。

试剂：十二烷基苯磺酸钠（ABS-Na）、脂肪醇聚氧乙烯醚硫酸钠（AES）、椰子油酸二乙醇酰胺（尼诺尔）、壬基酚聚氧乙烯醚（OP-10）、乙醇、甲醛、乙二胺四乙酸钠（EDTA-2Na）、三乙醇胺、香精、pH试纸、苯甲酸钠、氯化钠、硫酸。

四、实验内容

1. 配方（表6.2）

表6.2 餐具洗涤剂配方

成　分	质量分数/%			
	Ⅰ	Ⅱ	Ⅲ	Ⅳ
烷基苯磺酸钠(30%)	—	16.0	12.0	16.0
AES(70%)	16.0	—	5.0	14.0
尼诺尔(70%)	3.0	7.0	6.0	—
OP-10(70%)	—	8.0	8.0	2.0
EDTA-2Na	0.1	0.1	0.1	0.1
乙醇	—	6.0	0.2	—
甲醛	—	—	0.2	—
三乙醇胺	—	—	—	4.0
二甲基月桂基氧化胺	3.0	—	—	—
二甲苯磺酸钠	5.0	—	—	—
苯甲酸钠	0.5	0.5	—	0.5
氯化钠	1.0	—	—	1.5
香精	适量	适量	适量	适量
去离子水	加至100	加至100	加至100	加至100

2. 操作步骤

① 将水加入水浴锅中并加热，烧杯中加入去离子水加热至60℃左右。

② 加入AES并不断搅拌至全部溶解，此时水温要控制在60～65℃。

③ 保持温度60～65℃，在连续搅拌下加入其他表面活性剂，搅拌至全部溶解为止。

④ 降温至40℃以下，加入香精、防腐剂、螯合剂、增溶剂，搅拌均匀。

⑤ 测溶液的pH值，用磷酸或氢氧化钠调节pH值至7～8。

⑥ 加入食盐调节至所需黏度。调节前应把产品冷却至室温或测黏度时的标准温度。调节后即为产品。

五、注意事项

1. AES应慢慢加入水中。

2. AES在高温下极易水解，因此溶解温度不可超过65℃。

六、思考题

1. 配制餐具洗涤剂有哪些原则？

2. 餐具洗涤剂的 pH 值应控制在什么范围？为什么？

实验三　液体洗衣剂的配制

一、实验目的

1. 了解液体洗衣剂的分类和配制原理。
2. 了解液体洗衣剂配方中各组分的作用。
3. 掌握液体洗衣剂的配制方法。

二、实验原理

液体洗衣剂（liquid detergent）是一种无色或蓝色的均匀黏稠液体，易溶于水，是一种常用的液体洗涤剂。

1. 分类

液体洗衣剂是按产品形态划分出的一类产品，按产品的用途可分为：①重垢型液体洗衣剂；②轻垢型液体洗衣剂；③织物柔软剂；④织物漂白剂；⑤衣用干洗剂；⑥预去斑剂。其中产量和用量最大的是重垢型液体洗衣剂和轻垢型液体洗衣剂两种。

重垢型液体洗衣剂主要用于洗涤油污严重的棉麻织物，具有很强的去污力；产品 pH 值大于 10，并配有螯合剂、抗污垢再沉积剂及荧光增白剂等。轻垢型液体洗衣剂主要用于洗涤羊毛、尼龙、聚酯纤维及丝织品等柔软织物；产品中一般不采用非离子表面活性剂，用的最多的是直链烷基苯磺酸钠（LAS）与十二醇聚氧乙烯醚硫酸钠（AES）或十六烷基磺酸钠（SAS）与十二醇聚氧乙烯醚硫酸钠（AES）的复配物。

2. 配方原则

设计液体洗衣剂配方时要满足以下基本要求：①去污力强；②水质适应性强；③泡沫合适；④碱性适中；⑤工艺简单。

3. 主要原料

液体洗衣剂的配方主要由表面活性剂和洗涤助剂组成。

（1）表面活性剂　液体洗衣剂中主要成分为阴离子表面活性剂和非离子表面活性剂，占 $5\%\sim30\%$（质量分数）。使用最多的是烷基苯磺酸钠、十二烷基硫酸钠、脂肪醇聚氧乙烯醚及其硫酸盐、其他芳基化合物的磺酸盐、α-烯基磺酸盐、高级脂肪酸盐、烷基醇酰胺等。它们是去除污垢的主要成分，起润湿、增溶、乳化、分散和降低表面张力的作用。

（2）洗涤助剂

① 螯合剂　三聚磷酸钠在水中溶解度较小，会使液体洗涤剂变浑浊以至分层，影响透明度，因此不宜用于液体洗衣剂中。乙二胺四乙酸二钠、柠檬酸钠、偏硅酸钠等是较好的代磷助剂，对金属离子的螯合能力强。

② 溶剂　溶剂可溶解表面活性剂、提高配方的稳定性、降低配方的浊点，还可溶解油脂，促进污垢的去除。常用的溶剂有去离子水或软化水。

③ 增（助）溶剂　增（助）溶剂是增进表面活性剂与助剂互溶性的助剂，常用的有烷基苯磺酸钠、低分子醇、尿素。

④ 增稠剂　用于调节体系黏度，改善产品的外观。常用的有机增稠剂有天然树脂和合成树脂，如聚乙二醇酯类、聚丙烯酸类、丙烯酸-马来酸聚合物等。无机增稠剂有氯化钠、

氯化钾、氯化铵、硅胶、硅藻土。

⑤ 柔软剂　柔软剂使洗后的衣物有良好的手感，柔软、蓬松，防静电。常用的柔软剂主要是阳离子型和两性离子型表面活性剂。

⑥ 抗污垢再沉积剂　常用的有羧甲基纤维素钠、聚乙烯吡咯烷酮、硅酸钠、丙烯酸均聚物、丙烯酸-马来酸共聚物等。

⑦ 防腐剂　常用的有尼泊金酯、卡松、布罗波尔等。

⑧ 漂白剂　常用的有过氧酸盐类，如过硼酸钠、过碳酸钠、过碳酸钾、过焦磷酸钠等。

⑨ 酶制剂　酶制剂可提高产品的去污力。常用的有淀粉酶、蛋白酶、脂肪酶等。

⑩ 消毒剂　常用的有含氯消毒剂，如次氯酸钠、次氯酸钙、氯化磷酸三钠、氯胺 T、三氯异氰尿酸及其盐等。研究表明，碘伏是一类性能良好的杀菌消毒剂。

⑪ 碱剂　常用的有纯碱、小苏打、乙醇胺、氨水、硅酸钠、磷酸三钠等。

其他助剂如香精、色素等。

三、主要仪器与试剂

仪器：电热套、恒温水浴锅、烧杯、量筒、胶头滴管、电子天平、温度计、移液管、玻璃瓶、具塞量筒、马氏黏度计。

试剂：十二烷基苯磺酸钠（ABS-Na，30％）、椰子油酸二乙醇酰胺（尼诺尔、FFA，70％）、壬基酚聚氧乙烯醚（OP-10，70％）、食盐、纯碱、水玻璃（Na_2SiO_3，40％）、三聚磷酸钠（五钠、STPP）、羧甲基纤维素（CMC）、十二烷基二甲基甜菜碱（BS-12）、二甲苯磺酸钾、香精、色素、pH 试纸、脂肪醇聚氧乙烯醚硫酸钠（AES，70％）、磷酸、去离子水。

四、实验内容

1. 配方（见表 6.3）

表 6.3　配方

成分	质量分数/%			
	Ⅰ	Ⅱ	Ⅲ	Ⅳ
ABS-Na(30％)	20.0	30.0	30.0	10.0
OP-10(70％)	8.0	5.0	3.0	3.0
尼诺尔(70％)	5.0	5.0	4.0	4.0
AES(70％)	—	—	3.0	3.0
二甲苯磺酸钾	—	—	2.0	—
BS-12	—	—	—	2.0
荧光增白剂	—	—	0.1	0.1
Na_2CO_3	1.0	—	1.0	—
Na_2SiO_3(40％)	2.0	2.0	1.5	—
EDTA	—	2.0	—	—
NaCl	1.5	1.5	1.0	1.0
色素	适量	适量	适量	适量
香精	适量	适量	适量	适量
CMC(5％)	—	—	—	5.0
去离子水	加至 100	加至 100	加至 100	加至 100

2. 操作步骤

① 按配方将去离子水加入 250mL 烧杯中，将烧杯放入水浴锅中加热，待水温升至 60℃，慢慢加入 AES，不断搅拌至全部溶解。搅拌时间约 20min，溶解过程的水温控制在

60～65℃。

② 在连续搅拌下依次加入 ABS-Na、OP-10、尼诺尔等表面活性剂，搅拌至全部溶解，搅拌时间约 20min，保持温度在 60～65℃。

③ 在不断搅拌下将纯碱、二甲苯磺酸钾、荧光增白剂、EDTA、CMC 等依次加入，并使其溶解，保持温度在 60～65℃。

④ 停止加热，将温度降至 40℃以下，再加入色素、香精等，搅拌均匀。

⑤ 测溶液的 pH 值，并用磷酸调节溶液的 pH≤10.5。

⑥ 待温度降至室温，加入食盐调节黏度。本实验不控制黏度指标。

3. 稳定性检测

用移液管吸取洗涤剂 2 份，密封于两个 100mL 玻璃瓶中，分别置于（−10±2)℃冰箱中、(50±2)℃的恒温箱中放置 48h。观测是否分层、结晶和沉淀析出。

4. 泡沫性能检测

① 配制 0.5％的试样。

② 在室温下，将 20mL 浓度为 0.5％的试样移入具有塞子的 100mL 量筒中，上下振动 10 次，静置 30s，再以同样方式振动 10 次，静置 30s，如此重复 3 次，记录溶液的泡沫高度（H_0）和 5min 后的泡沫高度（H_s），并把 H_0 和（H_0-H_s）/H_0 分别作为泡沫稳定性的评价。

③ 记录数据并通过下式计算泡沫稳定性：

$$稳定性 = \frac{H_0 - H_s}{H_0} \times 100\%$$

④ 黏度测定

用乌氏黏度计测定。

五、注意事项

1. 按次序加料，必须使前一种物料溶解后再加后一种物料。

2. 温度按规定控制好，加入香精时温度必须低于 40℃，以防挥发。

六、思考题

1. 设计液体洗衣剂配方时有哪些基本要求？

2. 液体洗衣剂配方中各组分的作用是什么？

实验四　洗衣粉的配制

一、实验目的

1. 了解各种类型洗衣粉中各组分的作用。

2. 掌握实验室中洗衣粉的配制方法。

二、实验原理

合成洗衣粉是以表面活性剂为主要成分，并配有适量不同作用的助洗剂制得的粉状（或粒状）的合成洗涤剂。

洗衣粉是目前产量最大的洗涤用品，根据功能不同，包括重垢洗衣粉、轻垢洗衣粉、浓缩洗衣粉、彩漂洗衣粉、柔软洗衣粉、加酶洗衣粉、消毒洗衣粉、粒状洗衣粉、皂基洗衣粉等。

在配制粉状洗涤剂时要有水参加，才能使各种原料混合均匀。但是水量要适当，便于各种物料在充分混合之后容易干燥成疏松的粉状产品。粉状洗涤剂的配制有数种不同的生产工艺，主要有干式混合法、喷雾干燥法和附聚成型法。

本实验采用适合于实验室配制的简单方法——结晶法来制造洗衣粉。结晶法是利用可形成水合物的物质结合水分，如碳酸钠、硅酸钠、磷酸钠、硫酸钠以及硼酸钠等，将皂浆、苏打和水玻璃等物质简单混合，再摊开使其结晶，最后将固体物质粉碎、包装。

三、主要仪器与试剂

仪器：洗衣粉合成机、烧杯、玻璃板、保鲜膜。

试剂：磺酸、椰子油脂肪酸二乙醇胺、脂肪醇聚氧乙烯醚硫酸钠、十二烷基硫酸钠、烷基醇、碳酸钠、硅酸钠、无水硫酸钠、蛋白酶、三聚磷酸钠、羧甲基纤维素钠、过碳酸钠、荧光增白剂、食用香精、片碱。

四、实验内容

1. 配方

（1）通用洗衣粉（配方见表 6.4）

表 6.4　通用洗衣粉配方　　　　　　　　　　　　　　　　　　单位：%

原料	质量分数	原料	质量分数
烷基苯磺酸钠	52.0	无水硫酸钠	28.0
三聚磷酸钠	10.0	过碳酸钠	2.9
碳酸钠	2.0	荧光增白剂	0.1
硅酸钠	4.0	水	适量
羧甲基纤维素钠（CMC）	1.0		

操作步骤如下。

① 各种原料按配方中的比例称量。

② 在烧杯中加入烷基苯磺酸钠，然后在搅拌下依次加入三聚磷酸钠、碳酸钠、硅酸钠、羧甲基纤维素钠和无水硫酸钠等，搅拌均匀。最后加入过碳酸钠和荧光增白剂，充分搅拌，使成为浆状。在加料过程中加入适量的水，以使搅拌混合操作能顺利进行。

③ 把浆状物料平铺在干净的玻璃平面或其他平面上干燥 24h 以上。最后将干物料铲起，粉碎，过筛即得产品。

（2）高泡洗衣粉（配方见表 6.5）

表 6.5　高泡洗衣粉配方　　　　　　　　　　　　　　　　　　单位：%

原料	质量分数	原料	质量分数
十二烷基硫酸钠	0.5～0.7	椰子油脂肪酸二乙醇胺	2.0～4.0
脂肪醇聚氧乙烯醚硫酸钠	2.0～4.0	烷基醇	0.5～1.0
十二烷基苯磺酸钠	4.0～6.0	碳酸钠	10.0～15.0
无水硫酸钠	20.0～25.0	香精	适量
硅酸钠	50.0		

（3）中泡洗衣粉（配方见表 6.6）

表 6.6　中泡洗衣粉配方　　　　　　　　单位:%

原料	质量分数	原料	质量分数
脂肪醇聚氧乙烯醚硫酸钠	2.0～3.0	椰子油脂肪酸二乙醇胺	2.0～4.0
十二烷基苯磺酸钠	3.0～5.0	碳酸钠	10.0～15.0
无水硫酸钠	10.0～15.0	香精	适量
硅酸钠	62.0		

（4）加香加酶粉（配方见表 6.7）

表 6.7　加香加酶粉配方　　　　　　　　单位:%

原料	质量分数	原料	质量分数
脂肪醇聚氧乙烯醚硫酸钠	2.0～4.0	椰子油脂肪酸二乙醇胺	2.0～4.0
十二烷基硫酸钠	0.5～0.7	烷基醇	0.5～1.0
十二烷基苯磺酸钠	4.0～6.0	碳酸钠	10.0～15.0
无水硫酸钠	20.0～25.0	蛋白酶	适量
硅酸钠	50.0	香精	适量

2.（2）～（4）操作步骤

① 按配方量，先将碳酸钠、无水硫酸钠、椰子油脂肪酸二乙醇胺、脂肪醇聚氧乙烯醚硫酸钠、十二烷基苯磺酸钠混合在一起。

② 加入洗衣粉合成机中加工一遍。

③ 在加工后的原料中加入硅酸钠、烷基醇、十二烷基硫酸钠，稍加搅拌。

④ 再用设备加工一遍，但不要加工时间过长，一般投料 10s 左右，把拉手拉开，从上边加料、下边出料即可。

⑤ 把洗衣粉用塑料布盖上焖 90min。

⑥ 最后加香、加酶，封包。

实验五　洗发香波的配制

一、实验目的

1. 了解洗发香波中各组分的作用和配方原理。

2. 掌握配制洗发香波的工艺。

二、实验原理

1. 性质和用途

洗发香波是洗发用化妆、洗涤用品。主要由表面活性剂、水和助剂组成，应有较弱的碱性、较大的起泡力和较强的去污力。在水中迅速溶解，不刺激皮肤。用香波洗发过程中，不仅有良好的去油、去污、去头屑作用，而且使洗后的头发光亮、美观、柔软、易梳理，兼有化妆作用。

2. 分类

洗发香波在液体洗涤剂中产量居第三位。其种类很多，所以其配方和配制工艺也是多种多样的，可按洗发香波的形态、特殊成分、性质和用途来分类。

按香波的主要成分表面活性剂的种类，可分成阴离子型、阳离子型、非离子型和两性离子型洗发香波。按不同发质可将洗发香波分为通用型、干性头发用、油性头发用和中性洗发香波等产品。按状态不同可分为透明洗发香波、乳状洗发香波、胶状洗发香波等。按香波所具有的功能不同，分为去头屑香波、止痒香波、调理香波、消毒香波等。按在香波中添加特种原料，改变产品的性状和外观，可分为蛋白香波、菠萝香波、草莓香波、黄瓜香波、啤酒香波、柔性香波、珠光香波。

另外，有些洗发香波兼有多种功能，即所谓"二合一"、"三合一"洗发香波。

3. 配方原则

现代人对洗发香波的要求，除了具有洗发外，还应具有护发、美发功能。在对产品进行配方设计时，应考虑以下因素：①具有良好的去污力；②能形成丰富持久的泡沫；③洗后的头发具有光泽，易梳理；④产品无毒、无刺激，对头发、头皮、眼睛有高度的安全性；⑤易洗涤、耐硬水，在常温下可以使用。

4. 主要原料

洗发香波的主要成分包括以下几种。

(1) 阴离子表面活性剂　主要有烷基硫酸酯盐（AS）、烷基醚硫酸酯盐（AES）、α-烯基磺酸盐（AOS）、单烷基（醚）磷酸酯盐（MAP）、酰基谷氨酸盐（AGS）、脂肪醇醚羧酸盐（ECA 或 LCA）、酰基羟乙基磺酸盐（SCL）、脂肪醇聚氧乙烯醚磺基琥珀酸酯盐（MES）等。

(2) 阳离子表面活性剂　主要有季铵化合物、阳离子瓜尔胶、阳离子泛醇、阳离子硅油等。

(3) 两性表面活性剂　主要有咪唑啉型、烷基甜菜碱型（BS-12）、酰氨基丙基甜菜碱型（CAB 或 LAB）、烷基磺基甜菜碱型等两性表面活性剂。

(4) 非离子表面活性剂　主要有烷基糖苷（APG）、烷基醇酰胺（FFA）、氧化叔胺、脂肪醇聚氧乙烯醚（AE）、烷基酚聚氧乙烯醚（OP）、聚氧乙烯山梨醇酐单酯（吐温）等。

(5) 稳泡剂　主要有烷基醇酰胺、脂肪酸、高级脂肪醇、水溶性高分子物质等。

(6) 增稠剂　主要有水溶性高分子化合物、电解质、油分、非离子表面活性剂等。

(7) 增溶剂　主要有对甲苯磺酸钠、二甲苯磺酸钠、尿素、低分子醇等。

(8) 乳浊剂　主要有聚氧乙烯、聚醋酸乙烯等。

(9) 珠光剂　主要有乙二醇硬脂酸酯、十八醇、十六醇、硅酸铝镁等。

(10) 调理剂　主要有阳离子纤维素醚、阳离子蛋白肽、阳离子瓜尔胶等。

(11) 去屑止痒剂　主要有硫磺、硫化硒、硫化镉、吡啶硫酮锌（ZPT）、十一碳烯酸衍生物、甘宝素、尿囊素、薄荷醇、水杨酸等。

(12) 螯合剂　主要有乙二胺四乙酸钠、柠檬酸、酒石酸等。

(13) 紫外线吸收剂　主要有羟甲氧苯酮等二苯甲酮衍生物、苄基三唑衍生物等。

(14) 滋润剂和营养剂　有石蜡、甘油、聚氧乙烯山梨醇酐单酯、羊毛脂衍生物、聚硅氧烷等。还有氨基酸、蛋白质、水解蛋白和维生素等。

(15) 其他　包括防腐剂、色素、香料等。

三、主要仪器与试剂

仪器：电炉、恒温水浴锅、高剪切乳化机、温度计（0～100℃）、烧杯（100mL、250mL）、量筒（10mL、100mL）、电子天平、玻璃棒、胶头滴管。

试剂：脂肪醇聚氧乙烯醚硫酸钠（AES）、脂肪醇二乙醇酰胺（尼诺尔）、硬脂酸乙二醇酯、十二烷基苯磺酸钠（ABS-Na）、十二烷基二甲基甜菜碱（BS-12）、聚氧乙烯山梨醇酐单酯、羊毛脂衍生物、柠檬酸、氯化钠、香精、色素、去离子水。

四、实验内容

1. 配方（见表 6.8）

表 6.8 洗发香波配方

成分	质量分数/%			
	Ⅰ	Ⅱ	Ⅲ	Ⅳ
AES(70%)	8.0	15.0	9.0	4.0
尼诺尔(70%)	4.0	—	4.0	4.0
BS-12(30%)	6.0	—	—	—
ABS-Na(30%)	—	—	—	15.0
硬脂酸乙二醇酯	—	—	2.5	—
聚氧乙烯山梨醇酐单酯	—	80	—	—
柠檬酸	适量	适量	适量	适量
苯甲酸钠	1.0	1.0	—	4.0
氯化钠	1.5	1.5	—	—
色素	适量	适量	适量	适量
香精	适量	适量	适量	适量
去离子水	加至 100	加至 100	加至 100	加至 100
香波种类	调理香波	透明香波	珠光调理香波	透明香波

2. 操作步骤

① 将去离子水加入 250mL 烧杯中，将烧杯放入水浴锅中加热至 60℃。

② 加入 AES 控温在 60～65℃，并不断搅拌至全部溶解。

③ 控温 60～65℃，在连续搅拌下加入其他表面活性剂至全部溶解，再加入羊毛脂、珠光剂或其他助剂，缓慢搅拌使其溶解。

④ 降温至 40℃以下，加入香精、防腐剂、染料、螯合剂等，搅拌均匀。

⑤ 测 pH 值，用柠檬酸调节 pH 值为 5.5～7.0。

⑥ 接近室温时加入食盐调节到所需黏度。

五、注意事项

1. 用柠檬酸调节 pH 值时，柠檬酸需配成 50%溶液。

2. 用食盐增稠时，食盐需配成质量分数 20%的溶液。加入食盐的质量分数不得超过 3%。

3. 加硬脂酸乙二醇酯时，温度控制在 60～65℃，且慢速搅拌，缓慢冷却。否则体系则无珠光。

六、思考题

1. 洗发香波配方原则有哪些？

2. 洗发香波配制的主要原料有哪些？为什么必须控制香波的 pH 值？

3. 可否用冷水配制洗发香波，如何配制？

实验六　沐浴露的配制

一、实验目的

1. 掌握沐浴露的配方原理及配制方法。
2. 了解沐浴露的组成及各组分的作用。
3. 学习用罗氏泡沫仪测定沐浴露泡沫性能的方法。

二、实验原理

1. 性质与分类

沐浴露（bathing shampoo）也称浴用香波或沐浴液，是洗澡时使用的液体清洗剂。它可以去除身体的污垢和气味，达到清洁皮肤的目的；沐浴露中的润肤剂和其他活性物质，可起到保湿和护肤的作用；对某些皮肤疾患也具有一定的疗效。另外，沐浴露中的芳香气味，能使人感到心情舒畅和轻松。

沐浴露有真溶液、乳浊液、胶体和喷雾剂型等多种产品，有的称为浴奶、浴油、浴乳等。

2. 配方设计

沐浴露的配方设计，需要遵循以下原则。

① 洗涤过程应不刺激皮肤，不脱脂。
② 留在皮肤上的残留物不会使人体发生病变，没有遗传病理作用等。
③ 具有较高的清洁能力和高起泡性。
④ 具有与皮肤相近的 pH 值，中性或弱酸性。

3. 主要原料

（1）表面活性剂　沐浴露以阴离子型和非离子型表面活性剂为主，高档浴剂中添加适量性能温和的两性表面活性剂。其对皮肤及黏膜的刺激性很小，但其去污力、发泡性较差，因此不能单独用作浴用洗涤剂的基料。一般用两性表面活性剂与阴离子表面活性剂复配，用于制造泡沫好、去污力强并具有抑菌效果的低刺激浴剂。

常用的阴离子表面活性剂有：单十二烷基磷酸酯、烷基醇醚磺基琥珀酸酯二钠盐以及聚乙二醇（5）柠檬酸十二醇酯磺基琥珀酸酯二钠盐、N-月桂酰肌氨酸盐等性质温和的表面活性剂，亦用 SAS、AS、AOS、AES 等普通阴离子表面活性剂。

两性和非离子表面活性剂有：烷基酰胺基丙基甜菜碱、磺基甜菜碱、咪唑啉、椰油两性乙酸钠、氧化胺和烷醇酰胺等。

（2）助剂　沐浴露中还要加入泡沫稳定剂、赋脂剂、保湿剂、黏度调节剂、调理剂、螯合剂、功能添加剂、pH 调节剂、防腐剂、香精、色素等添加剂。高档浴液中还加入一些特殊的成分，如中草药提取物、水解蛋白、维生素和羊毛脂衍生物，以及其他疗效营养成分、药剂等。

三、主要仪器与试剂

仪器：烧杯、电动搅拌器、恒温水浴锅、温度计、量筒、电子天平、玻璃棒、胶头滴管、罗氏泡沫仪。

试剂：脂肪醇聚氧乙烯醚硫酸钠（AES，70%）、椰油酸二乙醇酰胺（70%）、十二醇硫酸三乙醇胺盐（40%）、硬脂酸乙二醇酯、月桂基磷酸盐、肉豆蔻酸、十二烷基二甲基甜菜碱（BS-12，30%）、月桂酸、聚氧乙烯油酸盐、双十八烷基二甲基氯化铵、壬基酚基（4）醚硫酸钠（70%）、羊毛脂衍生物、丙二醇、柠檬酸（20%）、氯化钠、香精、防腐剂、色素。

四、实验内容

1. 配方（见表6.9）

表6.9　沐浴露配方

成分	质量分数/%			
	Ⅰ	Ⅱ	Ⅲ	Ⅳ
AES(70%)	—	12.0	4.0	—
椰油酸二乙醇酰胺(70%)	2.0	5.0	—	6.0
十二醇硫酸三乙醇胺盐(40%)	—	2.0	—	—
硬脂酸乙二醇酯	—	2.0	2.0	—
月桂基磷酸盐	8.0	—	—	—
肉豆蔻酸	4.0	—	—	—
BS-12(30%)	1.0	—	6.0	15.0
月桂酸	8.0	—	1.5	—
聚氧乙烯油酸盐	—	—	1.0	—
双十八烷基二甲基氯化铵	—	—	—	2.5
壬基酚基(4)醚硫酸钠(70%)	—	—	15.0	—
羊毛脂衍生物(50%)	—	2.0	5.0	—
丙二醇	3.0	5.0	—	—
柠檬酸(20%)	适量	适量	适量	0.3
氯化钠	2.5	2.0	适量	适量
香精、防腐剂、色素	适量	适量	适量	适量
去离子水	加至100	加至100	加至100	加至100

2. 操作步骤

按配方比例将去离子水加入烧杯中，加热至50℃，边搅拌边加入难溶的AES，待全部溶解后再加入其他表面活性剂，不断搅拌，温度控制在60℃左右，然后再加入羊毛脂衍生物，停止加热，继续搅拌30min以上。待体系温度降至40℃时加入丙二醇、色素、香精等，用柠檬酸调整pH值至5.0～7.5，温度降至室温后，用氯化钠调节黏度至成品。

用罗氏泡沫仪测定所制沐浴露的泡沫性能。

五、注意事项

高浓度表面活性剂，如醇醚硫酸钠（AES，70%）活性物的溶解，必须慢慢加入水中，而不是把水加入到表面活性剂中，否则会形成黏度极大的团状物，导致溶解困难。

六、思考题

1. 沐浴露各组分的作用是什么？
2. 沐浴露配方设计的主要原则是什么？

实验七　雪花膏的制备

一、实验目的

1. 了解雪花膏的制备原理及各组分的作用。

2. 掌握雪花膏的配制方法。

二、实验原理

雪花膏，白色膏状乳液，是常用的护肤化妆品。雪花膏涂在皮肤上，遇热容易消失，因此，被称为雪花膏。敷在皮肤上，水分蒸发后留下一层脂蜡和保湿剂所组成的膜，使皮肤与外界干燥空气隔离，抑制皮肤表面水分过度挥发，对皮肤起到保湿、柔软的作用。以雪花膏为基料，再添加其他成分，可以制成特殊用途的膏霜，如防晒霜、粉刺霜等。

雪花膏通常是以硬脂酸皂为乳化剂的水包油型（O/W）乳化体系。水相含量约为70%～90%，主要含水溶性的保湿剂、增稠剂、低级醇类以及水等。保湿剂通常选用甘油、丙二醇、山梨醇、甘露糖醇等，能均匀地覆盖在皮肤表面，阻止皮肤水分的蒸发。增稠剂可选用果胶、纤维素衍生物、海藻酸钠等，使得乳膏具有一定的黏度；油相量为10%～30%，主要是烃类、油脂、蜡类、高级醇等油溶性物质。另外，添加其他助剂，包括防腐剂、螯合剂、抗氧化剂、香精等，以改善乳膏的性能。

对雪花膏理化指标要求包括膏体耐热、耐寒稳定性，微碱性（pH≤8.5），微酸性（pH为4.0～7.0）；感官要求包括色泽、香气和膏体结构（细腻，擦在皮肤上应润滑、无面条状、无刺激）。

三、主要仪器与试剂

仪器：恒温水浴锅、电动搅拌装置一套、烧杯。

试剂：单硬脂酸甘油酯，又称甘油单硬脂酸酯，工业级，乳白色至淡黄色片状或粉状固体，不溶于水，分散于热水中。溶于乙醇、矿物油、苯、丙酮等热有机溶剂中。熔点58～59℃，密度0.97g/cm³。可作乳化剂、助乳化剂、稳定剂和保鲜剂等。用于食品加工中面包的软化剂，也用于化妆品膏、霜及乳液的乳化剂。

羊毛脂，工业级，羊毛表面油状分泌物，由洗涤羊毛所得的洗液中回收而得。淡黄色半透明固体。无水物的密度为0.9242g/cm³（40℃），熔点38～40℃。主要是高级醇类及其酯类。能渗入皮肤。用于制备化妆品、医用软膏，也用于制革、毛皮等工业。

白油，化妆品级，又称液体石蜡、液体凡士林，是无色透明、无臭、不发荧光的液体油料。由石油重油经减压蒸馏，得到中等黏度的润滑油馏分再经精制而成。按用途分为医用白油和化妆品用白油两种。化妆品用白油用于制备冷霜、发油等化妆品，也用于精密工具、纺织设备的防锈和润滑等。

十六（烷）醇，工业级，又称鲸蜡醇、棕榈醇。白色晶体，密度0.811g/cm³，熔点49℃，沸点344℃。不溶于水，溶于乙醇、氯仿、乙醚。是滋润皮肤的油性成分，又能防止乳化粒子变粗。加了十六醇的雪花膏呈珠光色泽。

十八（碳）醇，工业级，又称硬脂醇。蜡状白色晶体，有香味。熔点58.5℃，沸点210.5℃（2kPa，15mmHg）。不溶于水，溶于乙醇和乙醚。用作彩色影片和彩色照相的成色剂，以及用于树脂和合成橡胶。

尼泊金乙酯，化学名称为对羟基苯甲酸乙酯，工业级，白色结晶，味微苦。不溶于水，易溶于乙醇、乙醚和丙酮。熔点115～118℃，沸点297～298℃。主要用作有机合成、食品、医药、化妆品等的杀菌防腐剂，也用作饲料防腐剂。

三乙醇胺，工业级，无色黏稠液体，在空气中变黄褐色。密度1.1242g/cm³。熔点20～21℃，沸点360℃。溶于水、乙醇和氯仿。可用作化妆品、纺织品的增湿剂。

吐温-80，分析纯，化学名失水山梨醇聚氧乙烯醚单油酸酯，琥珀色油状液体，溶于水和乙醇，不溶于矿物油和植物油。具有乳化、润湿和分散等性能，用作 O/W 型乳化剂。

甘油（分析纯）；蜂蜜；香精；蒸馏水等。

四、实验内容

1. 配方（见表 6.10）

表 6.10　雪花膏配方　　　　　　　　　　　　　　单位：%

油相		水相	
成分	质量分数	成分	质量分数
单硬脂酸甘油酯	6.0	三乙醇胺	1.0
羊毛脂	3.0	甘油	10.0
白油	8.0	吐温-80	1.0
十六醇	3.0	蜂蜜	2.0
十八醇	5.0	香精	0.5
尼泊金乙酯	0.5	蒸馏水	60.0

2. 制备

将油相中的单硬脂酸甘油酯、羊毛脂、白油、十六醇以及十八醇按比例加入 500mL 的烧杯中，加热到 90℃，熔化后搅拌均匀。将蒸馏水、三乙醇胺、甘油、吐温-80、蜂蜜加入到另一个 500mL 的烧杯中，加热到 90℃并搅拌均匀，保温 20min 灭菌。在搅拌下将水相慢慢加入到油相中，继续搅拌，当温度降至 50℃时，加入防腐剂和香精，搅拌均匀。静置、冷却至室温，调节膏体的 pH 值为 5～7。

五、思考题

1. 配方中各组分的作用是什么？
2. 配制雪花膏时，为什么必须两个烧杯中药品分别配制后再混合到一起？

附：雪花膏参考配方，见表 6.11。

表 6.11　雪花膏参考配方　　　　　　　　　　　单位：%（质量）

原料名称	配方 1	配方 2	原料名称	配方 1	配方 2
硬脂酸	20.0	13.0	尼泊金异丙酯	适量	—
鲸蜡醇	0.5	1.0	氢氧化钠	0.36	—
硬脂醇	—	0.9	氢氧化钾	—	0.4
甘油硬脂酸单酯	—	1.0	三乙醇胺	1.20	—
矿物油	—	0.5	香料	适量	适量
橄榄油	—	1.0	蒸馏水	加至 100	加至 100
甘油	8.0	4.0			

实验八　洗面奶的配制

一、实验目的

1. 学习清洁、护肤化妆品的基本知识。

2. 初步掌握配制乳液类化妆品的基本操作技术。

二、实验原理

1. 性质和用途

洗面奶（washing face milk）是一种液体的冷霜，内含较多的油脂。它能去除皮肤表面的污物、脂坏死细胞的皮屑以及涂抹在面部的粉底霜、唇膏、眉毛和眼影膏等，同时能使皮肤柔软、润滑，并能形成一层保护膜，是一类优良的面部清洗和美容用品。

乳液类化妆品主要含有水分、油脂和表面活性剂等组分，属于 O/W 型乳化系。在表面活性剂和机械搅拌（或其他的分散手段）作用下，油相被高度分散到水相当中，成为均匀的乳化系。配制过程主要是乳化操作过程。

由于乳液类化妆品容易流动，不容易造成稳定的乳化系，在工艺操作上比制造膏霜类化妆品的要求更高。除了原料搭配，尤其是乳化剂的品种和比例需要合理选择外，还需要使用高效率的匀质设备，例如高速搅拌器、匀质器、胶体磨等，以获得颗粒细腻均匀、油水不易分离的稳定乳化系。

2. 配方（见表6.12）

表 6.12　洗面奶的配方　　　　　　　　　　　　　　单位：%

成分	质量分数
硬脂酸	3.0
白油	44.0
三乙醇胺	1.0
司盘-60	4.0
丙二醇	5.0
香料、色素、防腐剂	适量
精制水	43.0

（1）油脂　油脂是洗面奶中起清洁、润肤作用的主要成分，它既对皮肤上多余的溢脂和其他化妆品有溶解、去除作用，又可留在皮肤上形成保护膜，调节水分。适用的油脂包括矿物类（如白油）、植物油类（如豆蔻酸异丙酯）和羊毛脂等。本实验选用的白油，是一种无色透明的液体，主要成分是烃类，要求中低黏度。

（2）乳化剂　常用阴离子型或非离子型表面活性剂。前者低廉，但形成的乳化系的稳定性较差；后者相反。本实验将二者搭配使用，阴离子型表面活性剂选用硬脂酸三乙醇胺盐（是直接使用硬脂酸与三乙醇胺在配制中反应成盐），非离子型表面活性剂选用亲油性的司盘-60。两种或更多种的乳化剂并用，有利于获得稳定的乳化剂。

（3）多元醇　在配方中起保湿剂和耦合剂的作用。能使皮肤保持水分而有润湿感，同时还能提高乳化系的低温稳定性。本实验选用丙二醇，亦可用甘油、山梨醇、丁二醇或聚乙二醇等代替。

三、主要仪器与试剂

仪器：恒温水浴锅、电动搅拌器、均质机、烧杯。

试剂：三乙醇胺、精制水、硬脂酸、丙二醇、白油、司盘-60、香料、色素和防腐剂。

四、实验内容

烧杯中按配方量加入三乙醇胺和精制水，加热至 90℃ 并保温 10min 灭菌。然后加入硬脂酸，搅拌溶解。再加入丙二醇，混合均匀成为水相。降温至 70℃，保温备用。

在另一烧杯中加入白油和司盘-60，搅拌均匀成为油相，加热至 70℃。在剧烈搅拌下将以下制得的水相慢慢加入油相中，先形成 W/O 型乳化系，逐渐转化为 O/W 型乳化系。加料完毕后保持搅拌，慢慢降温至约 50℃，加入香料、色素和防腐剂。继续搅拌使物料慢慢降温至室温，即得到产品。

好的乳液在室温下具有流动性，可存放较长时间而无油水分离现象。合格的产品用显微镜检查的结果，大部分油颗粒的直径在 1～4μm 之间，呈球状，分布均匀。

五、注意事项

用均质机剧烈搅拌时会产生很多泡沫，均质完后应在 60～70℃ 保温 20min 左右，并用慢速搅拌，以便膏体中的泡沫能浮上来破灭。否则膏体中将留有许多细微泡沫，使膏体变得粗糙。

六、思考题

洗面奶的主要组分有哪些？作用是什么？

实验九　面膜的配制

一、实验目的

1. 掌握面膜的配方原理及制作方法。
2. 掌握面膜配方中各组分的作用。
3. 了解面膜的类型和作用。

二、实验原理

1. 面膜的分类及功效

面膜（face mark）是用粉末制成的泥浆状到透明流动状的胶状物。它的作用原理是利用粉末或皮膜物质来保持水分。把这些物质以适当的厚度涂于皮肤表面，经一定时间使其干燥（一般 40～60min）。在这期间，由于来自面膜的水分与被覆盖层皮肤的水分而使皮肤角质层保持柔软。在粉剂或皮膜剂的干燥过程中，面膜收缩，对皮肤产生暂时绷紧的作用，并使覆盖部位皮肤温度升高，促进血液的流通。面膜还具有吸附作用，在干燥剥去面膜时，同时除去皮肤上的污垢、油脂和粉刺，而起到很好的洁肤的作用，并对去除老化的角质层也有很强的作用。在处理皮肤时，每周以使用 1～2 次为宜，每次 40～60min。面膜在美容院使用较多，但也有在家中使用的。面膜制品，也常调入所需的营养成分，如蛋、奶、蜂蜜和水果汁等。

面膜的分类方法有多种。按形态分类，可分为胶状面膜、浆状面膜和粉状面膜。粉状面膜有剥离型和非剥离型两种。胶状面膜可分为揭剥式和擦去或水洗式胶状面膜。按基质组成分类，可分为蜡基面膜、橡胶基面膜、乙烯基面膜、水溶性聚合物面膜和土基面膜。按适用皮肤类型分类，可分为干皮肤面膜、脆弱-易破皮肤面膜、有皱纹衰老皮肤面膜、油性皮肤面膜和有大毛孔油性皮肤面膜。按面膜对皮肤的作用分类，可分为面部生热面膜、扩大毛孔面膜、油性皮肤面膜、治粉刺面膜、丘疹和轻度皮疹面膜、治疤痕和治痣面膜、治雀斑面膜和治灰黄皮肤面膜等。

面膜制品应具有的特性如下：

① 面膜应是不含砂粒质，没有"土"或其他令人不愉快气味的、质地柔细平滑的浆状物或粉末；

② 面膜敷布于面部，应较快干生成黏着的覆盖层，但用后能从面上剥除或稍加洗涤除去，不会引起任何不适感；

③ 面膜敷布在面部后应有皮肤拉紧的感觉；

④ 面膜应对皮肤产生有效的清洁作用；

⑤ 对皮肤无害和无毒。

2. 主要成分

揭剥式胶体面膜的主要成分有成膜剂和增塑剂（如聚乙二醇）、油性成分、醇、表面活性剂。常用的成膜剂有羧甲基纤维素、聚乙烯醇、聚乙烯吡咯烷酮、聚乙烯乳剂、卡伯波树脂、聚丙烯酸树脂、果胶、明胶等。另外还可添加粉末料（高岭土、滑石粉、二氧化钛、氧化锌、球状纤维素等）和其他一些成分如美白、抗皱、去雀斑、防粉刺、营养、保湿剂等。

粉状面膜的主要成分有粉料（如高岭土、硅藻土、膨润土、滑石粉、轻质碳酸钙、二氧化钛、氧化锌、米糠粉、米淀粉），并添加适当的保湿剂、油性成分。

擦去或水洗式胶体面膜的主要成分与揭剥式胶体面膜基本相同，但成膜剂的用量较少，只需使皮肤有紧绷感，无需成膜。

三、主要仪器与试剂

仪器：电动搅拌器、回流冷凝管、恒温水浴锅、烧杯（100mL、150mL）、量筒（10mL、100mL）、温度计（0～100℃）、电子天平。

试剂：羧甲基纤维素（CMC）、聚乙烯吡咯烷酮（K-30）、聚丙烯酸树脂、聚乙二醇（$M=1500$）、去离子水、山梨醇、聚丙烯酸、呫吨胶、氢氧化钾、月桂醇聚氧乙烯醚、十六烷基三甲基溴化铵、卡伯波940树脂、三乙醇胺、十二烷基硫酸三乙醇胺、高岭土、滑石粉、氧化锌、硅酸盐、米淀粉、丝肽、硅藻土、海藻酸钠、Ca型固化剂、维生素、中草药、甘油、橄榄油、果汁、凯松防腐剂、丙二醇、乙醇。

四、实验内容

1. 揭剥式胶体面膜配方（表 6.13）

表 6.13　揭剥式胶体面膜配方　　　　　　　　　　　　单位：%

成分	质量分数		成分	质量分数	
	1 号	2 号		1 号	2 号
羧甲基纤维素	2	3	橄榄油		8
聚乙烯吡咯烷酮		2	果汁	2	2
聚丙烯酸树脂	2		去离子水	79	79
聚乙二醇	10	10	香精、防腐剂	适量	适量
甘油	5				

2. 揭剥式胶体面膜一般制备方法

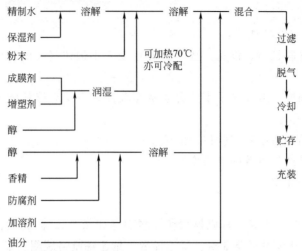

3. 擦去或水洗式胶体面膜参考配方（表6.14）

表6.14　擦去或水洗式胶体面膜配方　　　　　　　　单位：%

成分	质量分数		成分	质量分数	
	1号	2号		1号	2号
聚乙二醇($M=1500$)	5		乙醇	5	25
丙二醇	5		香精、防腐剂	适量	适量
山梨醇	5		去离子水	加至100	加至100
聚丙烯酸	1		十六烷基三甲基溴化铵		0.25
呫吨胶	0.5		卡伯波940树脂		1
氢氧化钾	0.5		三乙醇胺		1
月桂醇聚氧乙烯醚	1		十二烷基硫酸三乙醇胺		4

4. 擦去或水洗式胶体面膜制法

与揭剥式胶体面膜相同。

5. 粉状面膜参考配方

（1）非剥离型粉状面膜配方（表6.15）

表6.15　非剥离型粉状面膜配方　　　　　　　　单位：%

成分	质量分数	成分	质量分数
高岭土	50	米淀粉	10
滑石粉	20	丝肽	5
氧化锌	10	防腐剂	适量
硅酸盐	5	香精	适量

（2）剥离型粉状面膜配方（表6.16）

表6.16　剥离型粉状面膜配方　　　　　　　　单位：%

成分	质量分数	成分	质量分数
硅藻土	80	维生素、中草药等	4
海藻酸钠	8	香精	适量
Ca型固化剂	8	防腐剂	适量

6. 粉状面膜制法

与揭剥式胶体面膜相同。

五、注意事项

① 在制备面膜时，关键的问题是将水溶性聚合物喷洒到连续不断搅拌的水中，以防止结块形成，有利于进一步分散。充分分散和完全溶胀后，降低搅拌速度，防止气泡产生和凝胶中夹有空气。

② 含粉末和油分的胶状面膜在制备时，添加成膜剂前需事先将粉末和水及保湿剂混合均匀，避免结团，最后才添加油分，再混合。

六、思考题

1. 在以上配方中，哪些成分是保湿剂？哪些是油性成分？
2. 面膜的配方中，都包括哪些成分？各具有哪些功能？
3. 面膜的主要功能有哪些？

实验十　化妆水的配制

一、实验目的

1. 了解化妆水的性质和分类。
2. 掌握化妆水的组分和配制方法。

二、实验原理

1. 性质和用途

化妆水是一种黏度低、流动性好的液体化妆品，大部分有透明的外观。化妆水大多数是在洗面洁肤之后、化妆之前使用。其基本目的是给洗净后的皮肤补充水分，使角质层柔软，保持其正常功能，其次是有抑菌、收敛、清洁、营养等作用，即提供润肤、收敛、柔软皮肤的作用。

2. 主要成分

化妆水的主要成分是保湿剂、收敛剂、水和乙醇，有的也添加少量具有增溶作用的表面活性剂，以降低乙醇用量，或制备无醇化妆水。此类产品在制备时一般不需经过乳化。

3. 分类

化妆水种类繁多，其使用目的和功能各不相同。根据不同的分类方法，有不同类型的化妆水。

按其外观形态，可分为透明型、乳化型和多层型三种。

目前较为流行的是按其使用目的和功能对化妆水进行分类，可分为收敛型、洁肤型、柔软和营养型及其他类型的化妆水。

收敛型化妆水又称为收缩水、紧肤水，为透明或半透明液体，呈微酸性，接近皮肤的pH 值，适合油性皮肤和毛孔粗大的人群使用；配方中通常含有某些作用温和的收敛剂，如苯酚磺酸锌、硼酸、氯化铝、硫酸铝等，用来抑制皮肤分泌过多的油分和调节肌肤的紧张，收缩皮肤的毛孔，使皮肤显得细腻，常用的收敛剂有无机/有机酸金属盐（阳离子型收敛剂）、低相对分子质量的有机酸（阴离子型收敛剂）和低碳醇等三类。配方中还含有保湿剂、水和乙醇等，现也常添加具有收敛、紧肤和灭菌作用的各种天然植物提取物。

洁肤型化妆水一般用水、酒精和清洁剂配制而成，呈微碱性；除具有使皮肤轻松、舒适的作用外，对简单化妆品的卸妆等还具有一定程度的清洁作用。它一般配有大量的水、含有亲水-亲油性的醇类、多元醇和酯类以及增溶剂等，还常添加一些对皮肤作用温和的表面活性剂以提高洁净力。

柔软和营养型化妆水是以保持皮肤柔软、润湿、营养为目的，能够给角质层足够的水分和少量润肤油分，并有较好的保湿性，一般呈微碱性，适用于干性皮肤；其配方中的主要成分是滋润剂，如角鲨烷、霍霍巴蜡、羊毛脂等，还添加了适量的保湿剂，如甘油、丙二醇、丁二醇、山梨醇等，以及天然保湿因子，如吡咯烷酮羧酸、氨基酸和多糖类等水溶性保湿成分，也可少量加入表面活性剂作为增溶剂以及少量天然胶质、水溶性高分子化合物作为增稠剂，有时还添加少量温和的杀菌剂，以达到抑菌的作用。

4. 配方原则

（1）成分安全，不刺激皮肤。

（2）保湿效果好，使用后有清爽感。

（3）室温下无沉淀，不分层，没有明显的杂质和墨点。

（4）具有清新怡人的香气。

三、主要仪器与试剂

仪器：烧杯、电动搅拌器、量筒、电子天平、玻璃棒、胶头滴管。

试剂：苯酚磺酸锌、甘油、单宁酸、聚乙二醇、乙醇、油醇聚氧乙烯（15）醚、尼泊金甲酯、芝麻酚、硬脂醇聚氧乙烯醚、丙二醇、缩水二丙二醇、油醇、吐温-20、月桂醇聚氧乙烯（20）醚、色素、香精、防腐剂、紫外线吸收剂。

四、实验内容

本实验介绍三个不同化妆水的配方及配制工艺，配方中各原料的量为质量分数。可任选1～2个配制（见表 6.17～表 6.19）。

表 6.17　配方Ⅰ　　　　　　单位：%

组分	质量分数	组分	质量分数
苯酚磺酸锌	1.1	油醇聚氧乙烯(15)醚	2.2
甘油	3.3	香精	0.4
单宁酸	0.1	尼泊金甲酯	0.1
聚乙二醇	5.5	去离子水	87
乙醇	0.3		

表 6.18　配方Ⅱ　　　　　　单位：%

组分	质量分数	组分	质量分数
芝麻酚	1.0	硬脂醇聚氧乙烯醚	2.0
乙醇	25.0	香精、防腐剂	适量
甘油	5.0	去离子水	67.0

配制方法（Ⅰ和Ⅱ）：按配方将油溶性原料溶于乙醇中，将水溶性原料溶于去离子水中，然后将乙醇体系在连续搅拌下加入水相体系中，过滤后滤液即为化妆水产品。配方Ⅰ为收敛化妆水；配方Ⅱ为增亮化妆水。

表 6.19　配方Ⅲ　　　　　　　　　　　　　　　　　单位:%

组分	质量分数	组分	质量分数
丙二醇	4.0	月桂醇聚氧乙烯(20)醚	0.5
缩水二丙二醇	4.0	乙醇	15.0
甘油	3.0	色素、防腐剂、紫外线吸收剂	适量
油醇	0.1	香精	0.1
吐温-20	1.5	去离子水	71.8

配制方法:按配方比例,将甘油、丙二醇、缩水二丙二醇、紫外线吸收剂加入去离子水中,室温下溶解;另将油醇、防腐剂、吐温、月桂醇聚氧乙烯醚、香精溶于乙醇中,将乙醇体系加入水体系,着色后过滤,得到柔化化妆水。

五、思考题

1. 化妆水分几种?

2. 化妆水的主要成分及作用是什么?

实验十一　脱毛膏的配制

一、实验目的

1. 了解脱毛膏的组分及作用。

2. 掌握脱毛膏的配制方法。

二、实验原理

1. 性质和用途

脱毛类化妆品分物理性脱毛和化学性脱毛两大类。物理脱毛剂,如松香等树脂,将需要脱除的毛发粘住,从皮肤上脱下,因使用起来让人感到很不舒适和容易感染等原因,现已经很少使用了。化学脱毛剂,如碱金属及碱土金属的硫化物,由于化学脱毛剂碱性较强,5～15min 即显示脱毛效果。目前,脱毛类化妆品基本上使用的是化学脱毛类化妆品。

脱毛膏又称脱毛剂,是在碱性条件下,利用还原剂将构成体毛的主要成分角蛋白胱氨酸链段中的二硫键还原成半胱氨酸,从而切断体毛,达到脱毛的目的。碱性物质的作用主要是辅助肽键的水解以及膨胀毛发,使还原剂的渗入和处理更为明显。

2. 主要成分

过去所使用的脱毛还原剂主要是无机硫化物,如硫化钠、硫化钙、硫化锶、硫化钡等。这些无机盐还原剂有较强的臭味和刺激性,且容易氧化而失去活性,目前已较少使用,逐渐被巯基乙酸盐类所取代。除有机类的巯基乙酸盐类(钙、钾、钠盐)可作为还原剂外,与巯基乙酸类似的巯甘醇也可用作脱毛剂。在脱毛化妆品配方中,巯基乙酸钙等盐类的刺激性低,其臭味也较少,是主要的脱毛剂原料,还需有氢氧化钾或氢氧化钠(钙)来提高产品的碱性。此外,还常加入尿素等脱毛辅助剂,以利于体毛的角蛋白膨胀而取得较佳的脱毛效果。

3. 配方原则

① 对皮肤无毒性作用,不会引起皮肤刺激反应。

② pH 值为 9～12。

③ 脱毛效果显著,在 10min 内毛发变软,并呈塑性,易于擦除或冲洗。

④ 气味微弱，但无臭味。

⑤ 易于贮存，有相对稳定的保存期。

三、主要仪器与试剂

仪器：烧杯、电动搅拌器、恒温水浴锅、温度计、量筒、电子天平、玻璃棒、胶头滴管。

试剂：月桂醇硫酸钠、巯基乙酸钙、碳酸钙、氢氧化钙、水玻璃（33%）、十六醇、氨水、甘油、淀粉、滑石粉、硫化锶、硫化钡、硅酸铝镁、羟丙基纤维素、硫代乙醇酸钙、防腐剂、香精。

四、实验内容

本实验介绍三个不同脱毛膏的配方及配制工艺，配方中各原料的量为质量分数。可任选 1～2 个配制（见表 6.20～表 6.22）。

表 6.20　配方 I　　　　　　　　　　　　　　　　单位：%

组分	质量分数	组分	质量分数
月桂醇硫酸钠	0.5	十六醇	4.5
巯基乙酸钙	6.0	氨水	调 pH 值至 10
碳酸钙	21.0	香精	1.0
氢氧化钙	1.5	去离子水	62.0
水玻璃(33%)	3.5		

配制方法：按配方将月桂醇硫酸钠溶于适量水中，加入水玻璃，再加入十六醇，搅拌乳化。其余原料与水调制成浆状后加入乳化体中，均质后加入香精，用氨水调 pH 值为 9～12，再继续搅拌 0.5h 制得脱毛膏。

表 6.21　配方 II　　　　　　　　　　　　　　　　单位：%

组分	质量分数	组分	质量分数
甘油	18.1	硫化钡	15.1
淀粉	20.1	香精	1.5
滑石粉	10.1	去离子水	25.1
硫化锶	10.1		

配制方法：按配方比例混合，分散均匀后即得到脱毛膏产品。

表 6.22　配方 III　　　　　　　　　　　　　　　　单位：%

组分	质量分数	组分	质量分数
甘油	5.0	氢氧化钙	3.20
硅酸铝镁	1.0	防腐剂、香料	适量
羟丙基纤维素	1.25	去离子水	85.55
硫代乙醇酸钙	3.0		

配制方法：将甘油与 11 份水混合加热至 90℃，加入羟丙基纤维素，混合 10min 后加入 22 份水，充分搅拌后冷却至室温。

另将硅酸铝镁慢慢加入 35 份水中，完全溶解后加入到上述溶液中，然后加入硫代乙醇酸钙，最后加入氢氧化钙、香料、防腐剂和余下的去离子水，搅拌均匀后得到脱毛膏。

五、注意事项

脱毛膏使用完后，皮肤上的油脂也被同时脱除，应该擦护肤霜或润肤油补充油分，保护肌肤。

六、思考题

脱毛膏的主要成分有哪些？

实验十二 含氟牙膏的制备

一、实验目的

1. 了解含氟牙膏的特点及用途。

2. 了解含氟牙膏配方中各组分的作用。

3. 掌握含氟牙膏的制备方法。

二、实验原理

1. 分类和用途

含氟牙膏有单氟牙膏和双氟牙膏之分。单氟牙膏是指牙膏中仅含单氟磷酸钠；双氟牙膏则含单氟磷酸钠和氟化钠两种氟化物。含氟牙膏主要用于预防龋齿及其他口腔疾病。

2. 配制原理

含氟牙膏中的氟离子能增强牙齿表面的珐琅质，提高牙齿的抗酸、抗菌能力，从而达到预防龋齿的目的。水合氧化铝与氟化物的相容性较好，用来提高牙膏的摩擦力，是理想的牙膏摩擦剂之一。山梨醇用作保湿剂，能使牙膏始终保持软化；另外山梨醇有适当甜度，能赋予牙膏清凉之感。十二烷基硫酸钠作为发泡剂，具有发泡清洁作用；另外还可防止糖类物质在口腔中发酵变酸，有一定的防龋作用。羧甲基纤维素钠用作胶黏剂，可防止牙膏中粉末成分与液体分离，赋予牙膏以适当的黏弹性。

本实验以单氟磷酸钠、水合氧化铝、羧甲基纤维素钠、二氧化钛等为原料制备单氟牙膏。

三、主要仪器与试剂

仪器：电动搅拌器、三口烧瓶、烧杯、量筒、胶头滴管、电子天平、滚压机、装膏机。

试剂：单氟磷酸钠、糖精、苯甲酸、苯甲酸钠、羧甲基纤维素钠、山梨醇、水合氧化铝、二氧化钛、十二烷基硫酸钠、香精。

四、实验内容

1. 配方（见表 6.23）

表 6.23 含氟牙膏配方　　　　　　　　　　　　　　　　单位：g

组分	配方
单氟磷酸钠	0.8
糖精	0.2
苯甲酸	0.15
苯甲酸钠	0.2
羧甲基纤维素钠	1.1
山梨醇(70%)	27
水合氧化铝(9.5μm)	50
二氧化钛	2
十二烷基硫酸钠	1.5
香精	0.85
去离子水	16.2

2. 操作

按配方量将单氟磷酸钠、糖精、苯甲酸、苯甲酸钠和去离子水加入三口烧瓶中，搅拌混匀后加入羧甲基纤维素钠和山梨醇，混合加热至 $80\sim95℃$，直至成胶状物，稍冷待用。在搅拌情况下，把水合氧化铝、二氧化钛、十二烷基硫酸钠、香精一并加入上述三口烧瓶中，继续搅拌 $2\sim3h$，使各原料混合均匀。待胶状物温度下降至 $40\sim50℃$，移至滚压机上碾细。待上述胶状物冷至 $30\sim40℃$时，用装膏机装入软管并封口即得含氟牙膏。

五、思考题

1. 含氟牙膏的种类有哪些？
2. 配方中各成分在本品中的作用分别是什么？

实验十三　固体酒精的制备

一、实验目的

1. 了解固体酒精的制备原理。
2. 掌握固体酒精的制备方法。

二、实验原理

1. 性质和用途

酒精的学名是乙醇，易燃，燃烧时无烟无味，安全卫生。由于酒精是液体，较易挥发，携带不便，所以作燃料使用并不普遍。针对以上缺点，做成固体酒精，降低了挥发性且易于包装和携带，使用更加安全。固体酒精特别适用于某些用途，例如用作火锅燃料和室外野炊的热源，是旅游者、地质人员、部队及其他野外作业者的必备品。

2. 原理

利用硬脂酸和氢氧化钠在酒精中形成溶胶，冷却后形成凝胶。

$$C_{17}H_{35}COOH + NaOH \longrightarrow C_{17}H_{35}COONa + H_2O$$

利用硬脂酸钠受热时软化，冷却后又重新固化的性质，将液态酒精与硬脂酸钠搅拌共热，充分混合，冷却后硬脂酸钠将酒精包含其中，成为固状产品。若在配方中加入虫胶、石蜡等物料作为黏结剂，可以得到质地更加结实的固体酒精。由于所用的添加剂均为可燃的有机化合物，不仅不影响酒精的燃烧性能，而且可以燃烧得更为持久并释放更多的热能。

三、主要仪器与试剂

仪器：电动搅拌器、恒温水浴锅、烧杯、三口烧瓶、回流冷凝管、模具。

试剂：硬脂酸、NaOH、蒸馏水、乙醇、虫胶片、石蜡、沸石。

（1）酒精（工业用酒精 $\geqslant 95\%$）　无色透明、易燃易爆的液体，沸点 $78.4℃$，$d_4^{20}0.7893$，在本实验中作为主燃料。

（2）硬脂酸钠　在本实验中由硬脂酸和氢氧化钠中和制得。硬脂酸又名十八烷酸，是柔软的白色片状固体，熔点 $69\sim71℃$。工业品的硬脂酸中含有软脂酸（十六烷酸），但不影响使用。硬脂酸不溶于水而溶于热乙醇。

（3）虫胶片　虫胶是天然树脂，由虫胶树上的紫胶虫吸食、消化树汁后的分泌液在树上凝结干燥而成。将虫胶在水中煮沸，溶去一部分有色物质后所得到的黄棕色薄片即为虫胶片。虫胶的化学成分比较复杂，主成分是一些羟基羧酸内酯和交酯混合物的树脂状物质，平均相对分子质量约 1000。碱水解物的主要成分是 9,10,16-三羟基十六烷酸和三环倍半萜烯酸，此外还有六羟基十四烷酸等多种长链的羟基脂肪酸。虫胶片不溶于水，受热软化，冷后固化，在本实验中用作黏结剂。

（4）石蜡 是固体烃的混合物，由石油的含蜡馏分加工提取得到。石蜡一般为块状的固体，熔点 50～60℃，可燃。在本实验中石蜡是固化剂并且可以燃烧，但加入量不能太多，否则燃烧难以完全而产生烟和不愉快的气味。

四、实验内容

1. 方法一

称取 0.8g（0.02mol）氢氧化钠，迅速研碎成小颗粒，加入 250mL 的三口烧瓶中，再加入 1g 虫胶片、80mL 酒精和数粒小沸石，装好回流冷凝管，水浴加热回流至固体全部溶解为止。在 100mL 烧杯中加入 5g（约 0.02mol）硬脂酸和 20mL 酒精，在水浴上温热，硬脂酸全部溶解，然后从冷凝管上端将烧杯中的物料加入含有氢氧化钠、虫胶片和酒精的三口烧瓶中，摇动使其混合均匀，回流不同时间后撤去水浴，反应混合物自然冷却，待降温到 50℃时倒入模具中，加盖以避免酒精挥发，冷至室温后完全固化，从模具中取出即得到成品。

对不同回流时间的产品进行燃烧实验，并进行比较。

2. 方法二

向 250mL 三口烧瓶中加入 9g（约 0.035mol）硬脂酸、2g 石蜡、50mL 酒精和数粒小沸石，装好回流冷凝管，在水浴上加热约 60℃并保温至固体全部溶解为止。将 1.5g（约 0.037mol）氢氧化钠和 13.5g 水加入 100mL 烧杯中，搅拌溶解后再加入 25mL 酒精，搅匀。将碱液加入含硬脂酸、石蜡、酒精的三口烧瓶中，在水浴上加热回流 15min 使反应完全，移去水浴，待物料稍冷而停止回流时，趁热倒入模具，冷却后取出成品，进行燃烧实验。

五、注意事项

回流反应时间一定不可太短，否则反应液混合效果不好。

六、思考题

1. 虫胶片、石蜡的作用是什么？
2. 固体酒精的配制原理是什么？

实验十四 通用型喷墨打印用墨水的配制

一、实验目的

1. 掌握喷墨打印墨水的配制方法。
2. 了解喷墨打印墨水的发展趋势。

二、实验原理

喷墨打印技术是 20 世纪 70 年代末～80 年代初开发成功的一种非接触式的数字印刷技术。它将墨水通过墨头上的喷嘴喷射到各种介质表面上，实现了非接触、高速度、低噪声的单色和彩色的文字和图像印刷。喷墨打印机因价格低廉、性能稳定深受广大消费者的欢迎，其销售量不断上升。

墨水通常由着色剂、溶剂、表面活性剂、pH 调节剂、催干剂及其他添加剂等组成。

着色剂：用于表达印品的光学密度，它直接影响印品质量。一般要求着色剂有适宜的溶解度、良好的色彩还原性、一定的耐光性和一定的耐水性。

分散着色剂的溶剂：主要是去离子水，还要配用水溶性有机溶剂，如醇、多元醇和多元醇醚等。加入有机溶剂的主要作用是提高墨水的稳定性，调节其表面张力和黏度，使墨水能适合于相应的打印方式；在起泡式打印机中，有机溶剂能使墨水起泡稳定，以打印出良好的影像；打印时可促使墨水在喷嘴处形成薄而脆的膜，防止喷头堵塞；同时溶剂中的醇类物质可使印字速干等。因此，喷墨墨水中溶剂的成分及所占的比例对墨水的性能影响非常大。

表面活性剂用于调节墨水的表面张力，墨水的表面张力对墨滴的形成和印迹质量有较大影响。墨水的表面张力越低，其与纸张的接触角越大，墨滴在纸上形成圆点直径越小，纸张与墨滴的接触角大于 $140°$ 时，可得到高质量的印迹。但表面张力过低，难以形成微小均匀的墨滴，不利于形成良好的印迹。本实验中，将阳离子表面活性剂与非离子表面活性剂配合使用，它们调节表面张力的能力较强，喷出的墨滴细小，可在纸页上形成细小的圆点。阳离子表面活性剂应用于墨水中，有利于提高印品墨色的密度和均匀性，可以加快染料分子在纸张纤维中的扩散过程，提高印迹的干燥速度。

酸性环境对墨盒金属喷头具有腐蚀作用，破坏其打印功能，因此应将墨水的 pH 调节至弱碱性。常用的 pH 调节剂有氨水、三甲胺、硫酸盐等，它们可以单独使用，也可以几种物质混合使用。本实验采用三乙醇胺调节 pH，用量为墨水质量的 $1\%\sim3\%$，即可使 pH 调节至 8.5 左右。

为满足墨水的使用要求和改善某些性能还应加入一些添加剂，主要有防腐剂、成膜剂、催干剂和紫外线吸收剂等。

三、主要仪器与试剂

仪器：电动搅拌器、恒温水浴锅、电炉、烧杯、三口烧瓶。

试剂：络合黑 B、乙醇、丙二醇、十六烷基三甲基氯化铵、乳化剂 OP-10、对苯二酚、聚乙二醇、紫外线吸收剂、水、三乙醇胺。

四、实验内容

1. 配方（表 6.24）

表 6.24　通用型喷墨打印墨水的配制实验配方　　　　　　　　　　单位：%

组分	质量分数	组分	质量分数
络合黑 B	7	对苯二酚	0.3
乙醇	17	聚乙二醇	2
丙二醇	8	紫外线吸收剂	1
十六烷基三甲基氯化铵	0.8	水	余量
乳化剂 OP-10	1	三乙醇胺	调节 pH 为 8.5

2. 操作

将带有搅拌装置的三口烧瓶放在恒温水浴锅中，加入去离子水，升温至 $60℃$，加入染料待其完全溶解后，依次加入计量的醇类物质、表面活性剂、对苯二酚等，升温至 $75℃$，保温搅拌 2h，加入三乙醇胺等调节 pH 为弱碱性，然后用膜过滤，即得产品。

3. 实验结果记录（表 6.25）

表 6.25　通用型喷墨打印用墨水的配制实验结果记录表

产品名称	形态和色泽	pH 值
打印用墨水		

五、注意事项

1. 至少选用一种低挥发溶剂和一种高挥发性溶剂，这对于打印是有利的，有些溶剂如多元醇、N-甲基吡咯烷酮等也兼有保湿剂和催干剂的作用。

2. 酸性环境对墨盒金属喷头具有腐蚀作用，破坏其打印功能，应将打印墨水调节到弱碱性。

六、思考题

1. 为什么要将打印墨水调节至弱碱性？

2. 打印墨水的组成包括哪些物质？各有何作用？

3. 配方中各种物质的作用分别是什么？

4. 应如何选择打印墨水的溶剂？

实验十五　空气清新剂的制备

一、实验目的

1. 掌握空气清新剂的制备方法。

2. 了解空气清新剂的制备原理及各组分的作用。

3. 了解卡拉胶的性质与作用。

二、实验原理

空气清新剂，带香味的半透明胶体或带色固体，是居家常用品。常见的空气清新剂由卡拉胶、海藻胶等亲水性胶体为基体，溶于热水后，添加香精、色素、聚乙二醇等冷却成型制备而成。

空气清新剂的常用基体为卡拉胶。卡拉胶在 80℃ 热水中溶解度增大，形成黏性、透明的易流动溶液（溶胶），遇到钾离子冷却后形成脆性凝胶。如果在凝胶前加入香精、聚醚和聚乙二醇，并转入一定形状的容器，可制备具有特定形状和香味的半透明脆性胶凝固体，加入色素还可获得不同的颜色。

三、主要仪器与试剂

仪器：电动搅拌器、烧杯。

试剂：卡拉胶（carrageenan），亦称为鹿角菜胶、角叉菜胶，是从某些红藻类海藻中提取的亲水性胶体。商品卡拉胶为乳白色到浅黄色的粉末，颗粒大小一般为 80～100 目；无臭、无味；口感黏滑。溶于约 80℃ 热水，形成黏性、透明的易流动溶液。目前主要的原料为红藻类海藻如麒麟菜及角叉藻、杉藻等。依其半乳糖残基上硫酸脂基团的不同，分为 κ-型、ι-型、λ-型，国内常用的是 κ-卡拉胶。κ-卡拉胶的水溶液（溶胶）遇钾离子能形成脆性凝胶，其凝胶强度除了与卡拉胶本身的品质有关之外，主要决定于阳离子的浓度和凝胶的温度。

κ-卡拉胶的胶体化学特性如下。

① 溶解性　可以在冷水中溶解，在70℃以上热水中溶解速度提高。

② 胶凝性　在钾离子存在下能生成热可逆凝胶。

③ 增稠性　浓度低时形成低黏度的溶胶，接近牛顿流体，浓度升高形成高黏度溶胶，则呈非牛顿流体。

④ 协同性　与刺槐豆胶、魔芋胶、黄原胶等胶体产生协同作用，能提高凝胶的弹性和保水性。

⑤ 健康价值　卡拉胶具有可溶性膳食纤维的基本特性，在体内降解后的卡拉胶能与血纤维蛋白形成可溶性的配合物。可被大肠细菌酵解成 CO_2、H_2、沼气及甲酸、乙酸、丙酸等短链脂肪酸，成为益生菌的能量源。

聚乙二醇（PEG）是中性、无毒且具有独特理化性质和良好的生物相溶性的高分子聚合物，也是经FDA批准的极少数能作为体内注射药用的合成聚合物之一。在日用化学工业中用作保湿剂、无机盐增溶剂、黏度调节剂；在纺织工业中用作柔软剂、抗静电剂；在造纸与农药工业中用作润湿剂。PEG还可做除臭剂和增香剂的不挥发载体、香精的中性固着剂。

四、实验内容

1. 配方（见表6.26）

表 6.26　空气清新剂配方

成　分	质　量	
卡拉胶	2.0g	2.5g
水	100g	100g
聚乙二醇 2000	5g	5g
香精	1g	1g
氯化钾	0.5g	0.5g
月桂醇聚氧乙烯醚（AEO-9）	5滴	5滴

2. 制备

按配方表称取氯化钾转入500mL的烧杯中，加水溶解。将溶液加热到90～100℃，边搅拌边逐渐加入配方量的卡拉胶粉，保温20min，充分搅拌均匀。

将卡拉胶溶胶在搅拌下冷却到60℃，加入5g聚乙二醇2000、配方量香精以及月桂醇聚氧乙烯醚（AEO-9），保温搅拌5min后转入特定容器冷却成型。

五、思考题

1. 国内常用的卡拉胶为什么型？具有哪些化学特性？

2. 空气清新剂的主要成分是什么及作用？

第7章 食品添加剂

实验一 苯甲酸的合成

一、实验目的

1. 了解食品防腐剂的一般知识。
2. 熟悉苯甲酸的性质和用途。
3. 掌握苯甲酸的制备方法。

二、实验原理

苯甲酸，别名安息香酸，因最初从安息香胶制得而得名。白色鳞片状或针状结晶，无味或微有安息香味，在100℃升华。溶于热水、乙醇、氯仿、乙醚、丙酮、二硫化碳和挥发性或非挥发性油中，熔点122.4℃，沸点249.2℃。加热至370℃分解放出苯和二氧化碳。

苯甲酸的杀菌、抑菌能力随介质酸度增高而增强，在碱性介质中失去杀菌、抑菌作用；食品工业中主要用于酱油、醋、果汁、果酱、葡萄酒、琼脂软糖、汽水、低盐酱菜、面酱、蜜饯、山楂糕等，一般最大用量不超过2g/kg。此外，也可用于制备媒染剂、增塑剂、香料等。

苯甲酸可由甲苯在二氧化锰存在下直接氧化，或由邻苯二甲酸加热脱羧，或由亚苄基三氯水解而得。本实验采用甲苯经高锰酸钾氧化、再酸化而成。化学反应方程式为：

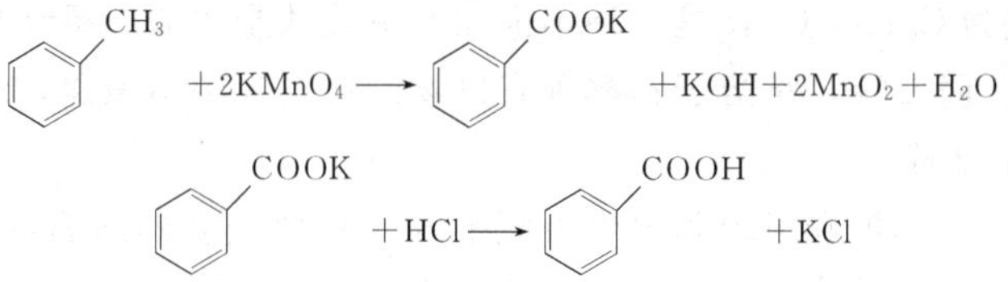

三、主要仪器与试剂

仪器：三口烧瓶、回流冷凝管、恒温油浴锅、电动搅拌器、抽滤装置一套、温度计、胶头滴管。

试剂：甲苯、高锰酸钾、亚硫酸氢钠、浓盐酸、活性炭。

四、实验内容

1. 氧化

在装有电动搅拌器、回流冷凝管和温度计的250mL三口烧瓶中加入2.7mL（0.025mol）甲苯和100mL水。加热至沸腾，分批加入8.5g（0.054mol）高锰酸钾，继续加热回流，直到甲苯层几乎消失，回流液不再出现油珠为止。

2. 酸化

将反应物趁热减压过滤，滤液如果呈紫色，可加入少量亚硫酸氢钠，使紫色退去，并重新减压过滤。将滤液在冰水浴中冷却，然后用浓盐酸酸化，直到苯甲酸全部析出为止。将析出的苯甲酸减压过滤，用少量冷水洗涤，得到苯甲酸粗品。苯甲酸颜色不纯，可在适量热水中进行重结晶提纯，并加入活性炭脱色。

五、注意事项

1. 高锰酸钾加入不宜太快，可分几次加入，避免反应过于剧烈，液体从冷凝管上端喷出。

2. 反应完毕后，滤液呈紫色是由剩余的高锰酸钾所致，可用胶头滴管慢慢滴加饱和亚硫酸氢钠溶液，亚硫酸氢钠可使高锰酸钾还原为二价的无色锰盐，边滴加边搅拌，直至紫色刚好退去。

3. 用浓盐酸酸化时，一般调节到 pH 为 3～4 即可。

六、思考题

1. 如何判断氧化反应的终点？

2. 为什么反应后要趁热过滤？

3. 氧化反应完毕后，如果滤液呈紫色，为什么要加亚硫酸氢钠？

实验二　食品防腐剂山梨酸钾的制备

一、实验目的

1. 了解山梨酸钾的性质和用途。
2. 掌握山梨酸钾的制备原理和方法。

二、实验原理

1. 性质和用途

山梨酸钾（potassium sorbate）学名 2,4 - 己二烯酸钾，结构式为 CH_3CH ═ $CHCH$ ═ $CHCOOK$，分子式为 $C_6H_7KO_2$，是一种不饱和的单羧基脂肪酸。呈无色或白色鳞片状结晶或粉末，易溶于水、丙二醇，难溶于乙醇等有机物。在空气中不稳定，能被氧化着色，有吸湿性，约 270℃熔化分解。

山梨酸（钾）是国际粮农组织和卫生组织推荐的高效安全的防腐保鲜剂，用于肉、鱼、蛋、禽类、果蔬类制品以及饮料、果冻、软糖、糕点等。我国规定最大使用量为 0.52～2g/kg。山梨酸（钾）属酸性防腐剂，在接近中性（pH＝6.0～6.5）的食品中仍有较好的防腐作用，而苯甲酸（钠）的防腐效果在 pH＞4 时，效果已明显下降，且有不良味道。

山梨酸（钾）能有效地抑制霉菌、酵母菌和好氧性细菌的活性，还能防止肉毒杆菌、葡萄球菌、沙门氏菌等有害微生物的生长和繁殖，它的防腐机理是利用双键与微生物细胞中的酶的巯基形成共价键，使其失去活力，达到破坏酶系、抑制微生物增殖的作用。其防腐效果是同类产品苯甲酸钠的 5～10 倍。由于山梨酸（钾）是一种不饱和脂肪酸（盐），它可以被人体的代谢系统吸收而迅速分解为二氧化碳和水，在体内无残留，其毒性仅为食盐的 1/2，是苯甲酸钠的 1/40。

山梨酸钾可由山梨酸和碳酸钾反应制得。因为山梨酸钾在水中的溶解度很大（67.6g/100mL），给后处理（浓缩、结晶、过滤、干燥）造成很大的困难，而山梨酸钾在乙醇中的溶解度很小（0.3g/100mL），后处理较为简单，因此选用乙醇作溶剂。因为碳酸钾不溶于水，使反应时间变长，因此加入少量水，可大大加快反应速度。

2. 合成原理

山梨酸的合成工艺路线有以下四种。

（1）以丁烯醛（巴豆醛）和乙烯酮为原料

$$H_3CHC \!=\! CHCHO + H_2C \!=\! CO \longrightarrow H_3CHC \!=\! CHCH \!=\! CHCOOH$$

（2）以巴豆醛和丙二酸为原料

$$H_3CHC \!=\! CHCHO + CH_2(COOH)_2 \xrightarrow[90\sim100℃]{吡啶} H_3CHC \!=\! CHCH \!=\! CHCOOH$$

（3）以巴豆醛与丙酮为原料

$$H_3CHC \!=\! CHCHO + CH_3COCH_3 \xrightarrow[催化剂]{缩合} H_3CHC \!=\! CHCH \!=\! CHCOCH_3$$

$$\xrightarrow[NaOH]{Cl_2} H_3CHC \!=\! CHCHCHCOONa + HCCl_3$$

（4）山梨醛为原料

$$H_3CHC \!=\! CHCH \!=\! CHCHO \xrightarrow[催化剂]{氧化} H_3CHC \!=\! CHCH \!=\! CHCOOH$$

本实验采用路线（2），制得的山梨酸再与氢氧化钾反应，制得山梨酸钾

$$CH_3CH \!=\! CH \!-\! CH \!=\! CHCOOH + KOH \longrightarrow CH_3CH \!=\! CH \!-\! CH \!=\! CHCOOK + H_2O$$

三、主要仪器与试剂

仪器：三口烧瓶、烧杯、回流冷凝管、抽滤瓶、温度计、量筒、电动搅拌器、循环水式真空泵、布氏漏斗、恒温干燥箱。

试剂：巴豆醛、丙二酸、吡啶、硫酸、乙醇、氢氧化钾、精密 pH 试纸、滤纸、冰水。

四、实验内容

1. 山梨酸的合成

向三口烧瓶中依次加入 35g 巴豆醛、50g 丙二酸和 5g 吡啶，室温搅拌 20min，待丙二酸溶解后，缓慢升温至 90℃，保温在 90~100℃ 之间，反应 3~4h。用冰水浴降温至 10℃ 以下，缓慢加入一定量质量分数为 10% 的稀硫酸，控制温度不高于 20℃，至反应物 pH 值为 4~5 为止，冷冻过夜，抽滤，结晶用冰水 50mL 分两次洗涤结晶，得山梨酸粗品。

2. 山梨酸的精制

将粗品山梨酸倒入烧杯中，用 3~4 倍量的质量分数为 60% 的乙醇重结晶，抽滤得精品山梨酸。

3. 山梨酸钾的合成

在 250mL 三口烧瓶中加入 4g 山梨酸、2.5g 氢氧化钾、25mL 工业乙醇和 1mL 蒸馏水，开动电动搅拌器，加热回流至溶液呈完全透明，停止加热和搅拌，迅速将反应液倒入烧杯中冷却，待降至室温，放入冰箱中，使山梨酸钾结晶呈白色闪光鱼鳞状，取出，抽滤，滤饼放置烘箱烘干，称重，计算产率。

五、注意事项

1. 用稀硫酸调 pH 值时注意控温。

2. 山梨酸精品结晶时，一定要控制温度在 0~5℃ 之间。

六、注释

1. 巴豆醛，学名 2-丁烯醛或 β-甲基丙烯醛。有两种异构体，顺式异构体不稳定。普通商品为反式异构体，无色透明易燃液体，剧毒，有窒息性刺激气味。与光或空气接触，变为

淡黄色液体，逐渐氧化成巴豆醛，其蒸气为极强的催泪剂。

2. 山梨酸和氢氧化钾的反应是放热反应，若温度太高，山梨酸不能全部转化为山梨酸钾，还会有大量乙醇挥发损失，因此反应温度控制在 60～70℃比较合适。

七、思考题

1. 制备山梨酸精品时，加入吡啶的目的是什么？
2. 制备山梨酸精品时，产物为什么要调整 pH 值？产物为什么要冷冻过夜？

实验三　丙酸钙的制备

一、实验目的

1. 了解防腐剂丙酸钙的性质和用途。
2. 掌握防腐剂丙酸钙的制备方法。
3. 掌握利用减压浓缩方法获得水溶性固体的操作。

二、实验原理

1. 性质和用途

丙酸钙（calcium dipropionate），分子式 $Ca(C_3H_5O_2)_2 \cdot nH_2O$（$n=0～1$），相对分子质量 186.22，熔点 300℃。白色轻质鳞片状结晶颗粒或粉末，无臭、无味或略带异味。其中一水合物为无色单斜晶系片状结晶，易溶于水（1g 约溶于 3mL 水），微溶于乙醇和甲醇，几乎不溶于丙酮和苯。丙酸钙在潮湿空气中易潮解，加热至 120℃时失去结晶水，200～210℃时发生相变，330～340℃分解为碳酸钙。10%水溶液 pH 等于 7.4。

丙酸钙对霉菌、酵母菌及细菌等具有广泛的抗菌作用。可用作食品及饲料的防霉剂，用于面包及糕点的保存剂。作为饲料添加剂可有效地抑制饲料发霉、延长饲料保存期。若与其他无机盐配合还可提高牲畜的食欲，提高奶牛的产奶量，其添加量为饲料的 0.3%以下（以丙酸计）。我国规定作为食品添加剂时按 GB 2760—86 执行，其使用范围仅限于面包、醋、酱油、豆制品，最大使用量为 2.5g/kg。

2. 原理

实验室将丙酸与氢氧化钙或碳酸钙反应制得丙酸钙，反应方程式如下：
$$CaO+H_2O \longrightarrow Ca(OH)_2$$
$$2CH_3CH_2COOH+Ca(OH)_2 \longrightarrow (CH_3CH_2COO)_2Ca+2H_2O$$

三、主要仪器与试剂

仪器：恒温水浴锅、电动搅拌器、三口烧瓶、回流冷凝管、恒压滴液漏斗、旋转蒸发仪、循环水式真空泵、抽滤瓶、布氏漏斗。

试剂：氧化钙、丙酸、蒸馏水、1：3（体积比）盐酸溶液、1：9（体积比）硫酸溶液、草酸铵溶液（40g/L）、乙酸溶液（1：20）、氢氧化钠溶液（100g/L）、乙二胺四乙酸二钠（EDTA）标准溶液（0.05mol/L）、钙试剂羧酸钠指示剂（称取 0.5g 钙试剂羧酸钠，加 50g 硫酸钾，研磨、混匀）、铂丝。

四、实验内容

1. 丙酸钙的合成

在装有电动搅拌器、回流冷凝管和恒压滴液漏斗的 250mL 的三口烧瓶中，加入 30mL

蒸馏水和 28.0g（0.5mol）氧化钙，恒压搅拌使反应完全，然后在搅拌下由恒压滴液漏斗缓慢滴加 75g（1mol）丙酸。滴加完毕，取下滴液漏斗并装上温度计，温度计下端没入液面。升温至 80～100℃并保温反应 2～3h（当反应液 pH 值为 7～8 时即为反应终点）。趁热过滤，得到丙酸钙水溶液。

2. 产物后处理

将丙酸钙水溶液移入圆底烧瓶，按如图 7.1 所示减压浓缩至有大量细小晶粒析出为止，冷却、抽滤、烘干，得到白色结晶。

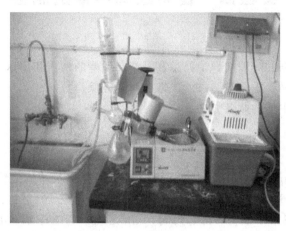

图 7.1　减压浓缩

3. 鉴定

（1）丙酸鉴定　称取试样 0.5g，置于装有 5mL 水的 100mL 烧杯中，搅拌溶解，加 5mL 硫酸溶液，加热时应有特殊臭味产生。

（2）钙盐鉴定　称取试样 0.5g，置于装有 5mL 水的 100mL 烧杯中，搅拌溶解，加草酸铵溶液即产生白色沉淀。分离沉淀，加入乙酸溶液，沉淀不溶解，再加入盐酸溶液，可完全溶解。

用盐酸润湿后的铂丝蘸取试样，在无色火焰中呈红色。

（3）丙酸钙含量的测定　试样在碱性条件下，以消耗络合剂 EDTA 的多少来计算其含量的高低，用钙试剂羧酸钠指示剂的颜色变化来判断滴定的终点。

称取经 120℃干燥 2h 的试样 1g（精确至 0.0002g），溶于水，移入 100mL 容量瓶中，稀释至刻度。量取 25.00mL，加水 75mL，用乙二胺四乙酸二钠标准溶液滴定至近终点，加氢氧化钠溶液 15mL，放置 1min，加入钙试剂羧酸钠指示剂 0.1g，用乙二胺四乙酸二钠标准滴定溶液滴定至红色完全消失而呈现蓝色，即为终点。以质量百分数表示的丙酸钙 [以 $Ca(C_3H_5O_2)_2$ 计] 的含量（X_1）按下式计算：

$$X_1 = \frac{Vc \times 0.1862}{m \times \frac{25}{100}} \times 100 = \frac{Vc \times 74.48}{m}$$

式中　V——乙二胺四乙酸二钠标准滴定溶液的体积，mL；

　　　　c——乙二胺四乙酸二钠标准滴定溶液的实际浓度，mol/L；

　　　　m——试样质量，g；

0.1862——与 1.00mL 乙二胺四乙酸二钠标准滴定溶液 [c（EDTA）=1.000mol/L] 相当

的以克表示的丙酸钙的质量。

取其算术平均值为测定结果,两次平行测定结果之差不大于 0.2%。

五、思考题

1. 简述丙酸钙的主要性质和用途。
2. 丙酸钙为什么要用减压蒸馏提纯?

实验四 富马酸二甲酯的制备

一、实验目的

1. 了解食品防腐剂的一般知识,熟悉富马酸二甲酯的性质和用途。
2. 巩固酯化、结晶、重结晶、过滤、熔点测定等操作技能。
3. 掌握富马酸二甲酯的制备方法。

二、实验原理

1. 性质和用途

富马酸二甲酯(dimethyl fumarate,简称 DMF),学名反丁烯二酸二甲酯,别名延胡索酸二甲酯,分子式 $C_6H_8O_4$,为无色或白色鳞片晶体。熔点 $101 \sim 102 \, ^\circ\!C$,常温会升华,无味,略具酯的香味,易溶于氯仿、醇、丙酮、乙酸乙酯,可溶于苯、甲苯、CCl_4,微溶于水及热水中,对光稳定。

富马酸二甲酯是一种优良的食品防腐保鲜剂,它克服了苯甲酸、丙酸、对羟基苯甲酸酯类、山梨酸等的不足,具有广谱、高效、低毒($LD_{50}=2240mg/kg$)等特点,对许多霉菌有特殊的抑制效果,并且具有抗真菌能力,富马酸二甲酯可广泛用于食品、蔬菜、水果的保鲜和防腐杀虫,也可用于皮革、化妆品、纺织品、制药等行业中,并且正在不断开发新的应用领域,其使用不受食品成分和 pH 等因素的影响,是一种很有前途的新型防腐剂,已引起国内外食品、饲料行业的高度重视。

2. 合成原理

富马酸二甲酯的合成大都以顺丁烯二酸酐或富马酸为原料,与甲醇直接酯化合成,催化剂主要有浓硫酸、浓盐酸、对甲苯磺酸等,也有人探讨了阳离子交换树脂、杂多酸等的催化活性。反应方程式为:

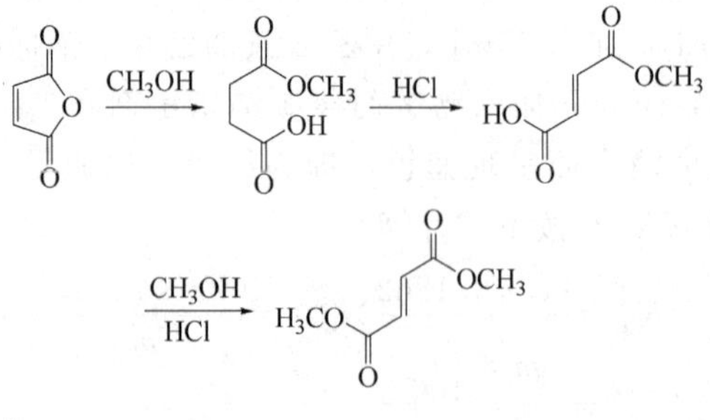

三、主要仪器与试剂

仪器:三口烧瓶、温度计(0~150℃)、电热套、回流冷凝管、电动搅拌器、循环水式真空泵、布氏漏斗、抽滤瓶、真空干燥箱、熔点仪、简单蒸馏装置一套。

试剂:顺丁烯二酸酐、甲醇、浓盐酸、液体石蜡、马来酸酐、三氯化铁、浓硫酸、浓磷酸、硫脲、溴化钠、冰水。

四、实验原理

1. 方法一

在装有电动搅拌器、回流冷凝管和温度计的 250mL 三口烧瓶中加入 24.5g 顺丁烯二酸酐和 20mL 甲醇，加热至顺丁烯二酸酐溶解。稍冷却后加入 4mL 浓盐酸，搅拌 30min，待稍微冷却后再加入 76mL 甲醇，继续搅拌 4.5h，停止加热，继续搅拌至反应液冷却，结晶析出，抽滤并水洗至中性，于 80℃ 烘干 5～10min，得富马酸二甲酯产品。

将粗品溶于约 20mL 热的甲醇中进行重结晶，得富马酸二甲酯精品，称量，计算收率，测定熔点。

2. 方法二

在装有电动搅拌器、回流冷凝管和温度计的 250mL 三口烧瓶中加入 24.5g 马来酸酐和 96mL 甲醇，搅拌至马来酸酐溶解，加入混合催化剂（三氯化铁 3.0g、浓硫酸 6.0mL、浓磷酸 12.0mL、硫脲 6.0g、溴化钠 6.0g），加热至回流，回流反应 2h。待反应结束后，将反应物转移至蒸馏装置中，蒸出过量的甲醇，剩余物倒入烧杯中，在搅拌下，将 5 倍于剩余物的冰水加入烧杯中，外部用冰盐水冷却至 5℃ 左右，继续搅拌结晶，待结晶完全后抽滤分离出结晶，经洗涤、重结晶和真空干燥得到纯品。

五、注意事项

1. 甲醇蒸气对人体或眼睛严重有害，实验操作务必在通风橱里面进行，并尽量密闭操作。

2. 向反应液中加入浓盐酸时，应注意用冷水冷却反应液。

3. 注意回收甲醇。

六、思考题

1. 甲醇在实验中起什么作用？

2. 如何防止甲醇蒸气逸出？

3. 影响收率的主要因素有哪些？

实验五　没食子酸丙酯的制备

一、实验目的

1. 了解食品抗氧剂没食子酸丙酯的性质和用途。

2. 掌握没食子酸丙酯的制备方法。

3. 熟悉恒沸分水操作。

二、实验原理

1. 性质和用途

没食子酸丙酯（propyl gallate），化学名为 3,4,5-三羟基苯甲酸丙酯，别名棓酸丙酯，简称 PG，分子式 $C_{10}H_{12}O_5$，相对分子质量 212.20。白色针状结晶，熔点 150℃，无臭，有苦味。没食子酸丙酯是通用的合成食品抗氧剂之一，加入油脂量的万分之一即能有效地阻延油脂和油基食品的氧化变质，对猪油的抗氧化效果尤其突出。

2. 原理

制备没食子酸丙酯的方法很多。第一种是以没食子酸和丙醇为原料使用不同的催化剂进行合成。例如用浓硫酸脱水，这种方法会因硫酸氧化原料没食子酸和产物没食子酸丙酯而使产率偏低，产率 68%；氯化氢催化法，产率 50%；用酸化了的阳离子交换树脂催化，产率 76%；用单宁酶催化，产率 41.4%。第二种是以单宁和丙醇为原料，浓硫酸脱水，产率 60%。第三种是以没食子酸钠盐和 1-溴丙烷为原料，用相转移催化反应制取，产率近 90%。

本实验以非氧化性强酸——对甲基苯磺酸为催化剂，用苯回流分水使没食子酸和丙醇酯化，产率近 90%。化学反应式为：

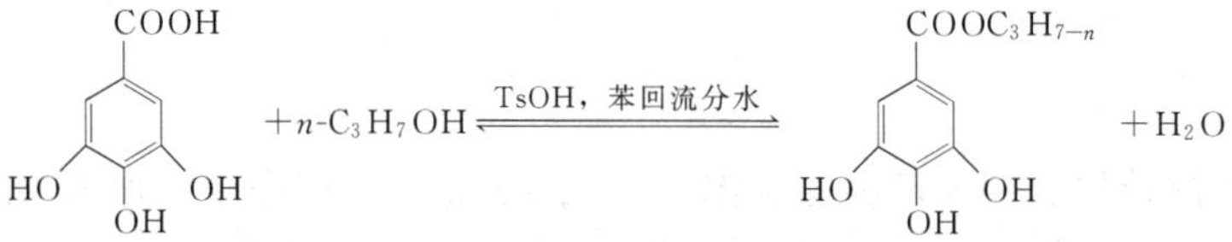

三、主要仪器与试剂

仪器：圆底烧瓶、回流冷凝管、分水器、简单蒸馏装置一套、旋转蒸发仪、烧杯、熔点仪、玻璃棒、减压抽滤装置一套、恒温干燥箱。

试剂：没食子酸、丙醇、苯、对甲基苯磺酸、活性炭。

四、实验内容

在圆底烧瓶中加入 18.8g（约 0.10mol）含一结晶水的没食子酸、18g（约 0.30mol）丙醇、20mL 苯及 2～4g 对甲基苯磺酸。瓶口装置上端连接回流冷凝管的分水器。加热回流，分水至无明显的水分出为止。反应完毕，混合物呈浅紫红色。先常压后减压蒸出过量的丙醇和苯。趁热将剩余物倒入烧杯，置冷。加入 50mL 水，搅拌，抽滤，水洗，活性炭脱色。用水重结晶。晾置，80℃下烘干，得白色针状结晶 17～19g，产率 80%～90%，熔点 147～148℃。

实验六　食品抗氧剂 TBHQ 的合成

一、实验目的

1. 了解 TBHQ 的性质和用途。
2. 掌握 TBHQ 的合成方法。

二、实验原理

食品抗氧剂 TBHQ 的化学名称是 2-叔丁基对苯二酚。它是一种低毒、高效的抗氧剂，用于油脂比其他常用的抗氧剂更有效，广泛用做国内外食用油的抗氧剂；还可以用做感光剂、化妆品添加剂；此外还用于合成食品添加剂丁基羟基茴香醚（BHA）。

反应方程式为：

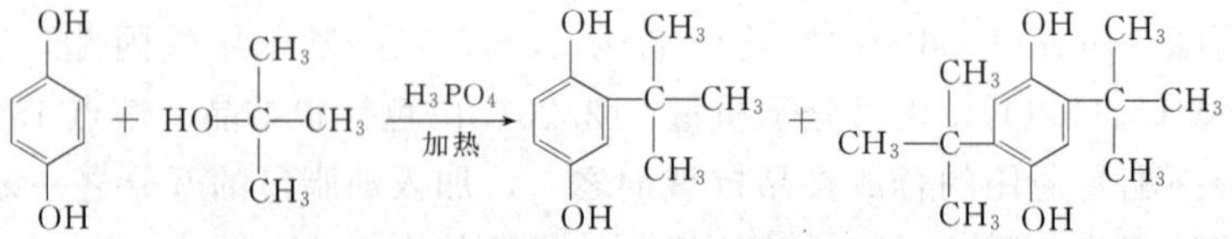

（主产物 TBHQ）　　　（副产物 DTBHQ）

三、主要仪器与试剂

仪器：四口烧瓶（100mL）、电动搅拌器、抽滤装置一套、烧杯（100mL）、恒压滴液漏斗（10mL）、回流冷凝管、温度计（0～100℃）、恒温水浴锅、耐酸漏斗、恒温干燥箱、熔点仪。

试剂：对苯二酚、叔丁醇、磷酸（质量分数85％）、锌粉、95％乙醇。

四、实验内容

在 100mL 四口烧瓶上安装恒压滴液漏斗、回流冷凝管、温度计和电动搅拌器，反应瓶中加入 5.5g（0.05mol）对苯二酚、40mL 质量分数 85％的磷酸，开动电动搅拌器，接通冷凝水，水浴加热，待瓶内混合物温度升至 90℃时，开始缓慢滴加 5mL（0.05mol）叔丁醇，控制温度 90～95℃，于 30～35min 内滴完叔丁醇，继续保温 30min，去热浴，停止搅拌，用耐酸漏斗过滤反应混合物，滤液磷酸回收，抽滤得到的固体加入约 30mL 水，加热至 90℃以上数分钟，趁热抽滤，用少量 90℃以上热水洗涤固体。将此滤液转移到烧杯重新加热至 90℃以上并加入少量活性炭脱色，趁热抽滤除去活性炭，充分冷却滤液，白色结晶出现，抽滤，用少量冷水洗涤晶体，烘干后得 TBHQ 产品，记录形态和色泽，称重，计算收率，测熔点。

五、注意事项

1. 采用磁力搅拌器，可用三口烧瓶代替四口烧瓶，搅拌速度可以稍快些。
2. 活性炭脱色时一定要趁热过滤，否则晶体析出，影响产率。

六、思考题

1. 反应过程中，磷酸起什么作用？
2. 活性炭在本实验过程中起什么作用？为什么要趁热过滤活性炭？

实验七　对羟基苯甲酸正丁酯的制备

一、实验目的

1. 掌握对羟基苯甲酸正丁酯的制备原理和方法。
2. 掌握酯化的方法和特点。

二、实验原理

1. 性质和用途

对羟基苯甲酸正丁酯又称尼泊金丁酯，为无色或白色晶体粉末，微有特殊气味，稍有涩味，熔点 69～72℃。难溶于水，易溶于乙醇、丙二醇、丙酮、乙醚、花生油中。其抗菌能力优于对羟基苯甲酸乙酯和丙酯，对酵母菌及霉菌有强烈的抑制作用。在中性介质中，它能充分发挥防腐作用。通常将其配成氢氧化钠、乙醇、醋酸溶液使用。

可用于酱油、食醋、清凉饮料、糖酱、水果调味酱、水果和蔬菜的防腐，最大用量为0.35g/L。也可用做有机合成中间体、化妆品、医药、胶片及高档产品的防腐剂、杀菌剂。

2. 合成原理

本实验以对羟基苯甲酸为原料，与正丁醇在硫酸存在下酯化制得对羟基苯甲酸正丁酯。化学反应方程式如下：

$$HO-\!\!\bigcirc\!\!-COOH + n\text{-}C_4H_9OH \longrightarrow HO-\!\!\bigcirc\!\!-COOC_4H_9 + H_2O$$

三、主要仪器与试剂

仪器：电动搅拌器、分水器、循环水式真空泵、回流冷凝管、三口烧瓶（500mL）、电子天平、pH 试纸、温度计、恒温干燥箱、布氏漏斗。

试剂：对羟基苯甲酸、正丁醇、苯、浓硫酸、5％氢氧化钠溶液、10％碳酸钠溶液、蒸馏水。

四、实验内容

在装有电动搅拌器、回流冷凝管、分水器的三口烧瓶中加入 27.8g（0.2mol）对羟基苯甲酸、51.8g（0.7mol）正丁醇、15.6g（0.2mol）苯和 0.3g（0.003mol）浓硫酸。加入苯的目的是为了共沸脱水，促使酯化反应平衡向右移动。

将混合物在搅拌下加热至回流，反应 1h，酯化反应结束。回收过量的正丁醇和苯。用质量分数为 5％的氢氧化钠溶液调至 pH 值为 6。在析出晶体之后，加入质量分数为 10％的碳酸钠溶液，使 pH 值为 7～8。抽滤、水洗，滤饼放入干燥箱于 40℃以下干燥，得到白色对羟基苯甲酸正丁酯晶体。

五、注意事项

1. 要及时排出分水器中脱出的水。
2. 干燥时温度不宜过高，否则产品要熔化。

六、思考题

1. 苯与水的共沸组成是多少？
2. 为什么要通过共沸脱水的方法脱出反应体系中的水？

实验八 葡萄糖酸锌的制备

一、实验目的

1. 了解微量元素对人体的作用。
2. 掌握利用离子交换树脂柱进行离子交换操作的方法。
3. 掌握葡萄糖酸锌的合成原理和方法。

二、实验原理

1. 性质和用途

锌是人体必需的微量元素之一，它具有多种生物作用，可参与核酸和蛋白质的合成，能增强人体免疫力，促进儿童生长发育。人体缺锌会造成生长停滞、自发性味觉减退和创伤愈合不良等严重问题，从而引发多种疾病。人体补锌过去常用硫酸锌，但硫酸锌对人体胃肠道有刺激作用，且吸收率低。葡萄糖酸锌，作为补锌药，具有见效快、吸收率高、副作用小、使用方便等优点。另外，葡萄糖酸锌作添加剂，在儿童食品、糖果、乳制品的应用也日益广泛。

葡萄糖酸锌（zincgluconate），化学式 $C_{12}H_{22}O_{14}Zn$，相对分子质量为 455.68。白色结晶或颗粒状粉末，无臭，味微涩。在沸水中极易溶解，在水中易溶，在无水乙醇、氯仿或乙醚中不溶。

2. 原理

（1）方法一 以葡萄糖酸钙、浓硫酸、氧化锌等为原料合成葡萄糖酸锌，合成路线如下：

$$Ca(C_6H_{11}O_7)_2 + H_2SO_4 \xrightarrow{\text{催化剂}} CaSO_4 \downarrow + 2HOCH_2(CHOH)_4COOH$$

$$2HOCH_2(CHOH)_4COOH \xrightarrow{\text{纯化}} \xrightarrow{\text{ZnO}} \xrightarrow{\text{结晶}} [HOCH_2(CHOH)_4COO]_2Zn$$

（2）方法二　葡萄糖酸锌由葡萄糖酸直接与锌的氧化物或盐制得。可采用葡萄糖酸钙与硫酸锌直接反应：

$$[CH_2OH(CHOH)_4COO]_2Ca + ZnSO_4 \Longleftrightarrow [CH_2OH(CHOH)_4COO]_2Zn + CaSO_4 \downarrow$$

过滤除去 $CaSO_4$ 沉淀，溶液经浓缩可得无色或白色葡萄糖酸锌结晶。

葡萄糖酸锌在制作药物前，要经过多个项目的检测。此方法只是对产品质量进行初步分析，分别用 EDTA 配位滴定和比浊法检测所制产物的锌和硫酸根含量。《中华人民共和国药典》（2005 年版）规定葡萄糖酸锌含量应在 $97.0\% \sim 102\%$。

三、主要仪器与试剂

仪器：恒温水浴锅、电动搅拌器、三口烧瓶、001×7 型阳离子交换树脂的交换柱、201×7 型阴离子交换树脂的交换柱、循环水式真空泵、布氏漏斗、抽滤瓶、蒸发皿、比色管、熔点仪、烧杯。

试剂：葡萄糖酸钙、氧化锌、浓硫酸、95% 乙醇、七水合硫酸锌、硫酸钾、精密 pH 试纸。

四、实验内容

1. 方法一

（1）葡萄糖酸的制备　在 250mL 三口烧瓶中加入 125mL 蒸馏水，再缓慢加入 6.75mL（0.125mol）浓硫酸，搅拌下分批加入 56g（0.125mol）葡萄糖酸钙，在 90℃恒温水浴中加热反应 1.5h，趁热滤去析出的硫酸钙沉淀，得到淡黄色液体。滤液冷却后，以每分钟相当于树脂体积的流量，流过装有等量的阴离子交换树脂交换柱和阳离子交换树脂交换柱，进行纯化，得到无色透明高纯度的葡萄糖酸溶液，其中溶质葡萄糖酸约 0.23mol。

（2）葡萄糖酸锌的制备　取 0.1mol 葡萄糖酸溶液，分批加入 4.1g（0.05mol）氧化锌，在 60℃水浴中，滴加葡萄糖酸溶液调节溶液的 pH 值至 5.8，搅拌反应 2h，此时溶液呈透明状态。过滤，滤液经减压蒸发，浓缩至原体积的 1/3，之后加入 10mL 95% 乙醇，放置 8h 使之充分结晶。然后真空干燥，得白色结晶状葡萄糖酸锌粉末。称重，计算收率，测熔点。

2. 方法二

（1）葡萄糖酸锌的制备　量取 40mL 蒸馏水置于烧杯中，加热至 80～90℃，加入 6.7g $ZnSO_4 \cdot 7H_2O$ 使其完全溶解，将烧杯放在 90℃的恒温水浴中，再逐渐加入葡萄糖酸钙 10g，并不断搅拌。在 90℃水浴上保温 20min 后趁热抽滤（滤渣为 $CaSO_4$，弃去），滤液移至蒸发皿中并在沸水浴上浓缩至黏稠状（体积约为 20mL，如浓缩液有沉淀，需过滤掉）。滤液冷至室温，加入 95% 乙醇 20mL 并不断搅拌，此时有大量的胶状葡萄糖酸锌析出。充分搅拌后，用倾析法去除乙醇液。再在沉淀上加 95% 乙醇 20mL，充分搅拌后，沉淀慢慢转变成晶体状，抽滤至干，即得粗品（母液回收）。再将粗品加水 20mL，加热至溶解，趁热抽滤，滤液冷却至室温，加 95% 乙醇 20mL 充分搅拌，结晶析出后，抽滤至干，即得精品，在 50℃烘干，称重并计算产率。

（2）硫酸盐的检查　取本品 0.5g，加水溶解使成约 20mL（溶液如显碱性，可滴加盐酸使成中性）；溶液如不澄清，应滤过；置 25mL 比色管中，加稀盐酸 2mL，摇匀，即得供试溶液。另取标准硫酸钾溶液 2.5mL，置 25mL 比色管中，加水使成约 20mL，加稀盐酸 2mL，摇匀，即得对照溶液。于供试溶液与对照溶液中，分别加入 25％氯化钡溶液 2mL，用水稀释至 25mL，充分摇匀，放置 10min，同置黑色背景上，从比色管上方向下观察、比较，如发生浑浊，与标准硫酸钾溶液制成的对照液比较，不得更浓（0.05％）。

（3）锌含量的测定　准确称取本品约 0.7g，加水 100mL，微热使溶解，加氨-氯化铵缓冲液（pH＝10.0）5mL 与铬黑 T 指示剂少许，用 EDTA 标准溶液（0.05mol/L）滴定至溶液自紫红色转变为纯蓝色，平行测定三份，计算锌的含量。

（4）数据记录与处理

① 硫酸盐检查

a. 现象描述

b. 检查结论

② 葡萄糖酸锌的含量测定（表 7.1）

表 7.1　葡萄糖酸锌的含量测定

测定次数	1	2	3
m（称量瓶＋葡萄糖酸锌）/g			
m（称量瓶＋剩余葡萄糖酸锌）/g			
m（葡萄糖酸锌）/g			
V（EDTA）/mL			
w（葡萄糖酸锌）			
w（葡萄糖酸锌）			
SD			
RSD			

五、思考题

1. 如果选用葡萄糖酸为原料，以下四种含锌化合物应选择哪种？为什么？

a. ZnO　　　　b. ZnCl$_2$　　　　c. ZnCO$_3$　　　　d. Zn(CH$_3$COO)$_2$

2. 葡萄糖酸锌含量测定结果若不符合规定，可能有哪些原因引起？

实验九　多功能食品添加剂——D-葡萄糖酸-δ-内酯

一、实验目的

1. 了解 D-葡萄糖酸-δ-内酯的制备、性质和用途。

2. 掌握减压浓缩和细粒结晶的过滤操作。

二、实验原理

1. 性质和用途

D-葡萄糖酸-δ-内酯（简称葡萄糖酸内酯）是以葡萄糖为原料合成的多功能食品添加剂。葡萄糖酸内酯无毒，使用安全。主要用作牛奶蛋白和大豆蛋白的凝固剂。例如，用它制作的豆腐保水性好，细腻滑嫩可口；加入鱼、禽畜的肉中作保鲜剂，可使其外观保持光泽和肉质保持弹性；它又是色素稳定剂，使午餐肉和香肠等肉制品色泽鲜艳；它还可作为疏松剂用于糕点面包，改善口感和风味；此外它还是酸味剂。

2. 原理

本实验以市售的葡萄糖酸钙为原料，用草酸脱钙生成葡萄糖酸，浓缩结晶得到内酯。

D-葡萄糖酸钙　　　　　　　　D-葡萄糖酸　　　　　　　D-葡萄糖酸-δ-内酯

三、主要仪器与试剂

仪器：恒温水浴锅、电动搅拌器、循环水式真空泵、布氏漏斗、抽滤瓶、旋转蒸发仪、熔点仪、烧杯、真空干燥箱。

试剂：葡萄糖酸钙（≥95％）、草酸（≥98％）、D-葡萄糖酸-δ-内酯（做晶种用，要求高纯度）、助滤剂（可选用硅藻土或微晶纤维素）、乙醇（95％）。

四、实验内容

1. 合成

200mL 烧杯中加入 35mL 水，加热至 60℃左右，搅拌下慢慢加入由 30g（0.07mol）葡萄糖酸钙和 9g（0.071mol）二水合草酸组成的混合物，加料完毕，在 60℃保温搅拌反应 2h。加入 2g 硅藻土搅拌，趁热抽滤，滤渣用适量的 60℃的热水洗涤两次，抽滤，合并滤液和洗涤液。

将以上水溶液移入旋转蒸发仪的圆底烧瓶中，在不超过 45℃的温度下减压浓缩，直至剩余 15～20mL 时暂停浓缩。加入 2g 葡萄糖酸内酯晶种，继续减压浓缩至瓶内出现大量细小晶粒为止，物料在 20～40℃下静置结晶。抽滤，用 20mL 95％的乙醇洗涤晶体，抽干，在不高于 40℃的温度下真空干燥得到产物。结晶后的母液仍含有内酯，可按上述方法重复操作得第二批产物，共约 16～18g，产率 64％～72％。

2. 产品检测

纯净的 D-葡萄糖酸-δ-内酯为白色粉状结晶，有甜味，熔点 150～152℃，不溶于乙醇、乙醚和氯仿，溶于水且被水解为 D-葡萄糖酸。

产品纯度可用测熔点的方法进行评价。

五、注意事项

1. 反应产生的草酸钙沉淀颗粒很细，过滤困难，加入助滤剂硅藻土能加速过滤。
2. 在较高温度下，葡萄糖酸及其内酯可能会发生其他变化，影响产品的质量和产率。
3. 葡萄糖酸内酯在水中结晶比较困难，加入晶种可加速结晶。
4. 最好能缓慢降温静置过夜，使晶体粗大和结晶完全。
5. 由于内酯的水溶解度大且结晶困难，所以产率不稳定。

六、思考题

1. 用微晶纤维素代替硅藻土，你认为效果如何？
2. 观察产品颜色，试分析颜色与产品纯度的关系。

实验十　果胶的提取

一、实验目的

1. 学习从柑橘皮中提取果胶的方法。

2. 了解果胶质的有关知识。

3. 掌握果胶的提取方法及操作。

二、实验原理

果胶（pectin）属多糖类植物胶，以原果胶的形式存在于高等植物的叶、茎、根等细胞壁内，与细胞彼此黏合在一起，由水溶性果胶和纤维素结合而成不溶于水的成分。未成熟水果因果实细胞壁中有原果胶存在，因此组织坚实。随着果实不断生长成熟，原果胶在酶的作用下分解为（水溶性）果胶酸和纤维素。果胶酸再在酶的作用下继续分解为低分子半乳糖醛酸和 α-半乳糖醛酸，原果胶含量逐渐减少，因而果皮不断变薄变软。果胶在果实及叶中的含量较多。不同的果蔬含果胶的量不同，山楂约为 6.6%，柑橘为 0.7%～1.5%，南瓜含量较多，为 7%～17%。

果胶为白色或浅黄色粉末，微甜且稍带酸味，无固定的熔点，是一种高分子聚合物，相对分子质量介于 5 万～30 万之间。能溶于 20 倍水中呈黏稠状液体，不溶于乙醇等有机溶剂。果胶在酸性条件下稳定，但遇强酸、强碱性易分解，在室温下可与强碱作用生成果胶酸盐。

果胶是由半乳糖组成的一种天然复合多糖大分子化合物，具有良好的胶凝化和乳化稳定作用。

它的结构式为：

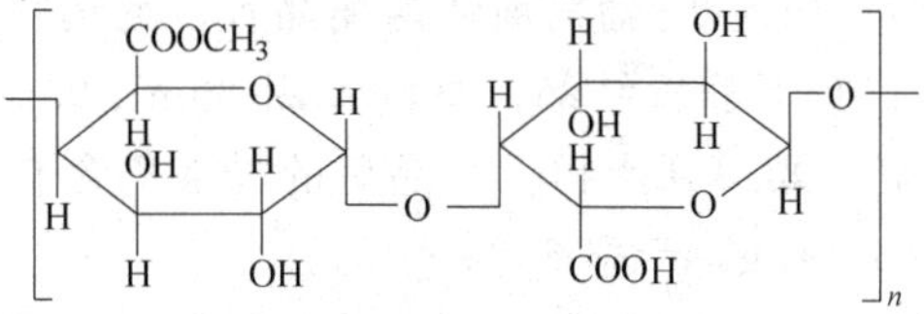

果胶最重要的特性是具有胶凝性，这在食品工业中和医药行业中有重要意义。从柑橘皮中提取的果胶是高酯化度的果胶，在食品工业中是制造果酱、果冻的稳定剂，软糖、酸奶等饮料的乳化剂；在医药工业中，果胶可用来制造轻泻剂、止血剂、毒性金属解毒剂、血浆代用品等；在纺织工业中可代替淀粉，而且不需要其他辅助剂；可代替琼脂用于化妆品的生产等。

在果蔬中，尤其是在未成熟的水果和果皮中，果胶多数以原果胶存在，原果胶不溶于水，用酸水解，生成可溶性果胶，然后在果胶液中加入乙醇（果胶不溶于乙醇，在提取液中加入乙醇至体积分数为 50% 时，可使果胶沉淀下来而与其他杂质分离）或多价金属盐类，使果胶沉淀析出，经漂洗、干燥、精制而得到最终产品。

本实验采用酸提法提取果胶，具有快速、简便、易于控制、提取率较高等特点。但因柑橘皮中钙、镁等离子含量比较高，这些离子对果胶有封闭作用，影响果胶转化为水溶性果胶，同时也因果皮中杂质含量高，而影响胶凝度，从而导致提取率较低，果胶质量也较差，故可按照浸提酸液质量加入质量分数为 0.3%～0.4% 的六偏磷酸钠溶液来解决。

三、主要仪器与试剂

仪器：恒温水浴锅、布氏漏斗、抽滤瓶、循环水式真空泵、玻璃棒、尼龙布（100 目）、表面皿、精密 pH 试纸、烧杯、电子天平、小刀、恒温干燥箱、移液管、锥形瓶、滴定管、容量瓶。

试剂：柑橘皮（新鲜）、乙醇（95%）、无水乙醇、盐酸溶液（0.2mol/L）、氨水

(6mol/L)、活性炭、六偏磷酸钠、蔗糖、柠檬酸、氯化钙（质量分数 11.1％）、硝酸银（质量分数 2％）、EDTA（0.02mol/L）、钙指示剂（1g 钙指示剂与 97g 硫酸钾研成粉末）、乙酸水溶液（约为 1mol/L，用质量分数 36％醋酸 16mL，加水 84mL）、氢氧化钠。

四、实验内容

1. 果胶的提取

（1）原料预处理　称取新鲜柑橘皮 20g（干品为 8g），用清水洗净后，放入 250mL 烧杯中，加 120mL 水，加热至 90℃保温 5～10min，使酶失活。用水冲洗后切成边长 3～5mm 大小的块状，用 100mL 50℃左右的热水漂洗，直至水为无色，果皮无异味为止。每次漂洗后都要把果皮用尼龙布包好后挤干，再换水进行下一次漂洗。

（2）酸法提取　将处理过的果皮粒放入烧杯中，加入 0.2mol/L 的盐酸以浸没果皮为度，搅拌均匀，按浸提液质量加入质量分数为 0.3％的六偏磷酸钠溶液，以除去柑橘皮中的钙、镁离子，保证果胶的质量和提取率。用 0.2mol/L 的盐酸调节溶液的 pH 至 2.0～2.5 之间。加热至 90℃，在恒温水浴中保温 40min，保温期间要不断地搅动，趁热用垫有尼龙布的布氏漏斗抽滤，收集滤液。

（3）脱色　在滤液中加入 0.5％～1％的活性炭，加热至 80℃，脱色 20min，趁热抽滤（如橘皮漂洗干净，滤液清澈，则可不脱色）。

（4）乙醇沉淀果胶　滤液冷却后，用 6mol/L 氨水调 pH 至 3～4，在不断搅拌下缓缓地加入 95％乙醇，加入乙醇的量为原滤液体积的 1.5 倍（使其中乙醇的质量分数达 50％～60％）。乙醇加入过程中即可看到絮状果胶物质析出，静置 20min 后，用尼龙布过滤，得湿果胶。

（5）将湿果胶转移于 100mL 烧杯中，加入 30mL 无水乙醇洗涤，再用尼龙布过滤、挤压。将脱水的果胶放入表面皿中摊开，在 60～70℃烘干。将烘干的果胶磨碎过筛，制得干果胶。称重，计算产率。

2. 果胶的检测

（1）果胶的鉴定　取试样 0.4g 加水 30mL，加热并不断搅拌，使其完全溶解。加蔗糖 35.6g，继续加热浓缩至 54.7g，倒入含有 0.8mL 质量分数 12.5％柠檬酸溶液的烧杯中，冷却后即呈柔软而有弹性的胶胨（高酯果胶）。

（2）果胶含量的测定　称取干样品 0.45～0.50g 于 250mL 烧杯中，加水约 150mL，搅拌下在 70～80℃水浴中加热，使之完全溶解。冷却后移入 250mL 容量瓶中，用水稀释至刻度，充分振摇均匀。

吸取制备的样品溶液 25mL 于 500mL 烧杯中，加入 0.1mol/L 氢氧化钠溶液 100mL，放置 30min，使果胶皂化，加 1mol/L 醋酸溶液 50mL，5min 后加质量分数 11.1％氯化钙溶液 50mL，搅拌，放置 30min，煮沸约 5min，立即用定性滤纸过滤，用沸水洗涤沉淀，直至滤液对硝酸银不起反应为止，将滤纸上沉淀用沸水冲洗于锥形瓶中，加入质量分数 10％氢氧化钠溶液 5mL，用小火加热使果胶酸钙完全溶解，冷却，加入 0.4g 钙指示剂，以 0.02mol/L EDTA 标准液滴定，溶液由紫红色变为蓝色为终点。

$$w(果胶酸) = (V \times c \times 40.08 \times 92)/8 \times m \times 100\%$$

式中　V——EDTA 的体积，L；

$\quad c$——EDTA 的浓度，mol/L；

$\quad$ 40.08——钙的摩尔质量，g；

$92/8$——根据果胶酸钙中钙的质量分数为 8% 推算出的果胶酸含量系数；

  m——样品质量，g。

五、注意事项

1. 脱色中如抽滤困难，可加入 $2\% \sim 4\%$ 的硅藻土作助滤剂。

2. 湿果胶用无水乙醇洗涤，可进行 2 次。

3. 滤液可用分馏法回收酒精。

4. 用乙醇沉淀果胶时必须快速冷却滤液，这样可减少因果胶脱脂而受到的破坏，又可减少沉淀剂的用量。应尽量缩短加酸提取到乙醇沉淀之间的时间，因为酸对果胶分子的酯键具有破坏作用，随着作用时间的延长，其破坏性增大，结果会使果胶分子量逐渐变小，导致果胶的胶凝度下降，质量变差。

六、思考题

1. 从橘皮中提取果胶时，为什么要加热使酶失活？

2. 沉淀果胶除用乙醇外，还可用什么试剂？

实验十一 叶绿素铜钠盐的制备

一、实验目的

1. 了解叶绿素铜钠盐的用途。

2. 掌握叶绿素铜钠盐的制备方法。

二、实验原理

叶绿素铜钠盐是一种稳定性很高的金属卟啉，广泛用做食品添加剂、化妆品添加剂、着色剂、药品、光电转化材料等。

叶绿素可以从天然产物，如蚕沙、树叶、茶叶中提取。叶绿素卟啉类化合物在植物和微生物光合反应中起重要作用，有 a、b 两种结构。叶绿素的结构式如下：

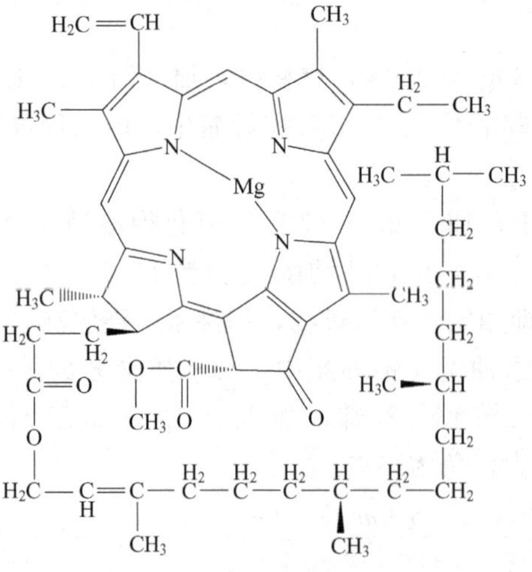

叶绿素 a

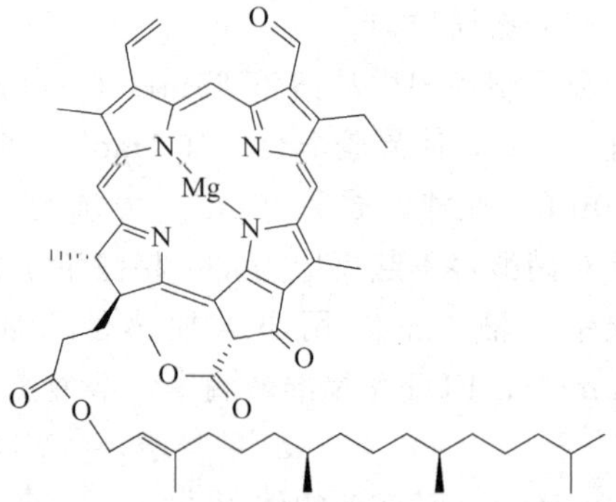

叶绿素 b

叶绿素不稳定，难溶于水，将叶绿素中的镁用铜替代，制成叶绿素铜钠盐，反应如下。

1. 皂化

$$C_{32}H_{30}ON_4Mg\begin{matrix} COOCH_3 \\ \\ COOC_{20}H_{39} \end{matrix} +NaOH \longrightarrow C_{32}H_{30}ON_4Mg\begin{matrix} COONa \\ \\ COONa \end{matrix} +CH_3OH+C_{20}H_{39}OH$$

2. 酸化

$$C_{32}H_{30}ON_4Mg\begin{matrix} COONa \\ \\ COONa \end{matrix} +2H_2SO_4 \longrightarrow C_{32}H_{30}ON_4Mg\begin{matrix} COOH \\ \\ COOH \end{matrix} +MgSO_4+Na_2SO_4$$

3. 铜代

$$C_{32}H_{30}ON_4Mg\begin{matrix} COOH \\ \\ COOH \end{matrix} +CuSO_4 \longrightarrow C_{32}H_{30}ON_4Cu\begin{matrix} COOH \\ \\ COOH \end{matrix} +MgSO_4$$

4. 成盐

$$C_{32}H_{30}ON_4Cu\begin{matrix} COOH \\ \\ COOH \end{matrix} +2NaOH \longrightarrow C_{32}H_{30}ON_4Cu\begin{matrix} COONa \\ \\ COONa \end{matrix} +2H_2O$$

三、主要仪器与试剂

仪器：索氏提取器、恒温水浴锅、恒温干燥箱、循环水式真空泵、旋转蒸发仪、分液漏斗、研钵、布氏漏斗、抽滤瓶。

试剂：蚕沙或绿茶叶、95％乙醇、丙酮、氢氧化钠、石油醚、硫酸铜。

四、实验内容

将蚕沙或绿茶叶于 40～50℃ 烘干，研细成粉末，加 3 倍粉末量的乙醇、丙酮混合液（1∶1）于 40～50℃ 提取 1.5h，抽滤，滤渣用等体积乙醇、丙酮混合液再提取一次。合并 2 次提取液加氢氧化钠调节 pH 为 11，加热（50℃）皂化 30min。皂化完后蒸馏浓缩回收混合液（60℃）至体积为原来的 1/4～1/3，再用石油醚萃取 4 次。下层用盐酸调至 pH 为 7，加硫酸铜后调至 pH 为 2，并在 50℃ 铜代 1h，静置冷却，颗粒状沉淀形成。室温下收集沉淀，用 50～60℃ 水洗涤，用 30％～40％ 乙醇洗涤至乙醇层浅绿色，再用石油醚洗涤至油层为浅绿色。滤饼用丙酮溶解，用 5％氢氧化钠乙醇溶液沉淀，pH 为 12，收集沉淀，用无水乙醇洗涤，得产品，称重，计算收率。

五、注意事项

1. 皂化是否完全可以用石油醚萃取判断，上层液呈黄色为皂化完全。
2. 在提取过程中反应温度不宜过高，pH 不宜过大，否则会使叶绿素分解。

六、思考题

1. 叶绿素铜钠盐与叶绿素相比有什么优点？
2. 如何判断皂化是否完全？

实验十二　食品色素苋菜红的合成

一、实验目的

1. 掌握食品色素苋菜红的合成原理和方法。

2. 熟悉硝化、还原、磺化、重氮化反应的特点。

二、实验原理

1. 性质与用途

食品色素又叫食品着色剂，是使食品具有一定颜色的添加剂。食品的颜色与香、味、型一样是评价食品感官质量的因素之一。

常用的食品色素有 60 种左右，按来源不同可分为天然和合成两大类。天然色素主要是由动、植物和微生物制取的，品种繁多，色泽自然，无毒性，使用范围及限用量都比合成色素宽。合成色素具有色泽鲜艳、着色力强、稳定性高、无臭、无味、易溶解、易调色、成本低等优点，但有一定毒性。

合成色素按其化学结构可分为偶氮和非偶氮两类。按溶解特性的不同，食品色素又可以分为油溶性和水溶性。水溶性合成色素易排除人体外，在人体内残留少，毒性低。

苋菜红（Amaranth）学名为 1-(4′-磺基-1′-萘偶氮)-2-萘酚-3,6-二磺酸三钠盐，又名 C. I. 食品红 9 号、食用赤色 2 号。苋菜红为红褐色或暗红褐色粉末或颗粒，无臭，耐光、耐热性强（105℃），对氧化还原反应敏感，易溶于水，溶液呈蓝光的红色，可溶于甘油、丙二醇及稀糖浆中，稍溶于乙醇及溶纤素中，不溶于油脂等其他有机溶剂，对柠檬酸及酒石酸等稳定，遇碱则变为暗红色。遇铜、铁易褪色，易被细菌分解，不适用于发酵食品。

本品可用于高糖果汁（味）或果汁（味）饮料、碳酸饮料、配制酒、糖果、糕点上彩装、青梅、山楂制品，自制小菜，最大使用量 0.05g/kg；用于绿色丝、绿色樱桃，最大用量 0.10g/kg。使用时可采取与食品混合法或刷涂法着色。

2. 合成原理

苋菜红一般是由 1-氨基-4-萘磺酸重氮与 2-萘酚-3,6-二磺酸偶合而成的。本实验以萘为原料，经硝化、还原、磺化、重氮与偶氮化反应制取。化学反应方程式如下。

（1）硝化反应

$$\text{萘} + HNO_3 \longrightarrow \text{硝基萘} + H_2O$$

（2）还原反应

$$\text{硝基萘} + 3Fe + 6HCl \longrightarrow \text{氨基萘} + 3FeCl_2 + 2H_2O$$

（3）磺化反应

$$\text{氨基萘} + H_2SO_4 \longrightarrow \text{氨基萘磺酸} + H_2O$$

（4）重氮化与偶氮化反应

$$\text{氨基萘磺酸钠} + 2HCl + NaNO_2 \longrightarrow \text{重氮盐} \quad 2NaCl + 2H_2O$$

三、主要仪器与试剂

仪器：三口烧瓶、电动搅拌器、回流冷凝管、温度计、恒压滴液漏斗、循环水式真空泵、布氏漏斗、抽滤瓶、水蒸气蒸馏装置、旋转蒸发仪、圆底烧瓶、恒温干燥箱。

试剂：浓硝酸、浓硫酸、萘、铁屑、无水乙醇、稀盐酸、30％盐酸、二苯砜、氢氧化钠稀溶液、活性炭、淀粉碘化钾试纸、碳酸钠、食盐、对硝基苯胺重氮盐、2-羟基萘-3,6-二磺酸钠。

四、实验内容

1. 硝化反应

在装有电动搅拌器、回流冷凝管、温度计的 250mL 三口烧瓶中加入 20g 浓硝酸，搅拌下加入 40g 浓硫酸配成混酸。在 40～50℃，将 25g（0.2mol）磨细的萘粉分次加入后，在 60℃下反应 1h。倒入 250mL 水中，分去酸层，得到粗品 α-硝基萘。粗品 α-硝基萘与水煮沸数次，每次用 100mL 水，直到水层不呈酸性。将熔化的 α-硝基萘在搅拌下滴入 250mL 冷水中，析出橙黄色固体。减压抽滤，干燥，用稀乙醇重结晶得到二硝基萘 30g，收率为 89％。

2. 还原反应

将 10g 铁屑放入 1mL 浓硫酸与 37.5mL 水的混合液中，加热至 50℃，将 8.7g（0.05mol）α-硝基萘溶解于 25mL 无水乙醇中，在 60min 内滴入混合液中，温度不超过 75℃。反应到达终点时，取少量样品，应完全溶于稀盐酸中。将料液再加热 15min，用碳酸钠中和至呈碱性。用等体积的水稀释，水蒸气蒸馏，冷却析出 α-萘胺结晶，抽滤得到粗品。将粗品减压蒸馏，得到 5.5g α-萘胺无色结晶，熔点 50～51℃，收率 75％。

3. 磺化反应

在反应烧瓶中加入 5g α-萘胺、7.5g 二苯砜，再向混合物中滴加 3.4g 浓硫酸，生成 α-萘胺硫酸盐的白色沉淀。加热使反应混合物成为均一溶液，然后减压开始反应，生成氨基萘磺酸和水。析出的氨基萘磺酸凝为固体，反应 7h。熔融物冷却后，用 2.5g 氢氧化钠的稀热溶液处理，转移至圆底烧瓶中进行水蒸气蒸馏，以除去未反应的 α-萘胺。从蒸馏后的残渣中滤出二苯砜，用水洗涤，二苯砜可重复使用。

将含有氨基萘磺酸钠盐的滤液冷却至室温，加少量活性炭。搅拌，过滤，盐酸中和，析出粉白色结晶。过滤，冷水洗涤，130℃下干燥，制得不含结晶水的氨基萘磺酸 6.5g，收率为 90％。

4. 重氮化与偶合反应

将 2.5g（0.01mol）氨基萘磺酸钠溶于 17.5mL 水及 2.5mL 质量分数 30％的盐酸中。加热至 30℃，用 0.85g（0.013mol）亚硝酸钠在 5mL 水中制成溶液，于 2h 内缓慢加入，进行重氮化反应。用淀粉碘化钾试纸检测反应终点，过量的亚硝酸用氨磺酸破坏，将重氮液冷却至 8～10℃。

将 3.6g（0.011mol）R 盐（2-羟基萘-3,6-二磺酸钠）、2.9g 碳酸钠、22.5g 食盐和

82.5mL 水配成偶合组分液，冷却至 10℃。在 1h 内将重氮液滴入，用对硝基苯胺重氮盐来检验 R 盐是否存在。重氮液加完后，搅拌 1.5～2h，加入 10g 食盐进行盐析，过滤，滤饼放入干燥箱中，在 45℃下干燥，得到苋菜红色素 3.8g，收率为 68%。

五、注意事项

1. 配制混酸时要在低温，以免硝酸分解。

2. 还原时用铁屑，也可用还原铁粉。

六、思考题

1. 混酸硝化有何特点？

2. 还原后为何要水蒸气蒸馏分离产品？

3. 磺化反应有几种方式？

4. 如何用对硝基苯胺重氮盐检验 R 盐的存在？

5. 磺化时为何要加入二苯砜？

第8章 香料与香精

实验一 香蕉水的制备

一、实验目的

1. 掌握酯化反应制备香蕉水的原理和方法。
2. 掌握带有分水器的回流装置的安装与操作。
3. 熟悉分液漏斗的使用方法,掌握利用萃取与蒸馏精制液体有机物的操作技术。

二、实验原理

1. 性质和用途

香蕉水又名天那水,学名为乙酸异戊酯,分子式 $C_7H_{14}O_2$,相对分子质量 130.19,熔点 $-73.5℃$,沸点 $142℃$,d_4^{20} 为 0.876,n_D^{20} 为 1.4003。无色透明易挥发液体,有类似香蕉、生梨的气味。溶于乙醇、戊醇、乙酸乙酯、乙醚、苯,不溶于水和甘油,易燃,低毒,刺激眼睛和气管黏膜。

主要用做喷漆用的溶剂和稀释剂,也是许多化工产品、涂料、胶黏剂生产过程中的溶剂。

在香料工业中主要用于配制梨和香蕉型香精、酒和烟叶用香精、苹果、菠萝、可可、樱桃、葡萄、草莓、桃、奶油、椰子等型香精。

2. 原理

本实验采用冰醋酸和异戊醇在浓硫酸催化下发生酯化反应制取乙酸异戊酯。反应方程式如下:

$$\underset{\text{乙酸}}{\text{H}_3\text{C}-\overset{\text{O}}{\overset{\|}{\text{C}}}-\text{OH}} + \underset{\text{异戊醇}}{\text{HO}-\text{CH}_2\text{CH}_2-\overset{\text{CH}_3}{\underset{}{\overset{|}{\text{CH}}}}-\text{CH}_3} \xrightarrow{\text{H}_2\text{SO}_4} \underset{\text{乙酸异戊酯}}{\text{H}_3\text{C}-\overset{\text{O}}{\overset{\|}{\text{C}}}-\text{OCH}_2\text{CH}_2-\overset{\text{CH}_3}{\underset{\text{CH}_3}{\overset{|}{\text{CH}}}}} + \text{H}_2\text{O}$$

由于酯化反应是可逆的,本实验中除了让反应物之一冰醋酸过量外,还采用了带有分水器的回流装置,使反应中生成的水被及时分出,以破坏平衡,使反应向正方向进行。

三、主要仪器与试剂

仪器:恒温油浴锅、三口烧瓶、分液漏斗、移液管、量筒、简单蒸馏装置一套、电子天平、分水器、电热套、锥形瓶。

试剂:异戊醇、冰醋酸、浓硫酸、沸石、饱和氯化钠溶液、10%碳酸钠溶液、无水硫酸镁。

四、实验内容

1. 酯化

在干燥的三口烧瓶中加入 21.7mL 异戊醇和 25mL 冰醋酸,慢慢加入 1mL 浓硫酸和几粒沸石。安装带有分水器的回流装置。分水器中事先充水至比支管口略低处，并放出比理论出水量稍多些的水。加热回流至无水分出时为止。

2. 洗涤

反应完毕，冷却，放出分水器下层的水。上层有机物连同反应液倒入分液漏斗中，振荡分液漏斗，乙酸异戊酯积累在水层上面。加入 50mL 饱和氯化钠溶液，旋转分液漏斗加速分层，将水层放掉。再向分液漏斗中加入 50mL 质量分数为 10% 的碳酸钠水溶液洗涤乙酸异戊酯，静置，放掉水层。

3. 干燥

向盛有粗产物的锥形瓶中加入少量无水硫酸镁，配上塞子，振摇至液体澄清透明，放置 20min。

4. 蒸馏

安装一套干燥的普通蒸馏装置。将干燥好的粗酯小心地滤入烧瓶中，放入几粒沸石，用电热套加热蒸馏，用干燥并事先称量其质量的锥形瓶收集 138～142℃ 馏分，称量质量并计算产率。

五、注意事项

1. 反应烧瓶要干燥，不能有水。
2. 旋转分液漏斗，可使油、水分层加速。

六、思考题

1. 除浓硫酸外，还有什么化合物可作为酯化的催化剂？
2. 为什么要用饱和食盐水洗涤产物？
3. 用碳酸钠洗涤的目的是什么？
4. 酯化时有哪些副反应？为什么要蒸馏纯化？

实验二　肉桂酸的制备

一、实验目的

1. 理解珀金反应机理及其在有机合成中的应用。
2. 熟练掌握利用重结晶和水蒸气蒸馏方法精制固体有机物的操作技术。
3. 掌握肉桂酸的制备方法。

二、实验原理

1. 性质和用途

肉桂酸（3-phenyl-2-propenoic acid, cinnamic acid），又称 β-苯丙烯酸，别名桂酸、桂皮酸，化学名 3-苯基-2-丙烯醛，分子式 $C_9H_8O_2$，相对分子质量 148.16，熔点 133℃（反式），沸点 300℃，闪点 100℃，相对密度 1.2450。白色或淡黄色微细针状结晶粉末，具有桂皮香味和蜂蜜花香，有顺式和反式两种异构体，天然品为反式。溶于热水、乙醇、甲醇、乙醚、丙酮、氯仿、冰乙酸、苯和大多数非挥发性油类，难溶于冷水。易燃，可随蒸气挥发。天然肉桂酸存在于苏合香酯、桂皮油、秘鲁香酯、妥卢香脂中。

肉桂酸是重要的有机合成工业中间体之一。在医药工业中，用来制造"心可安"、局部麻醉剂、杀菌剂、止血药等；在农药工业中作为生长促进剂和长效杀菌剂用于果蔬的防腐；

肉桂酸是负片型感光树脂的主要合成原料；它具有很好的保香作用，通常被用作配香原料和香料中的定香剂。肉桂酸在食品、化妆品、食用香精等领域都有广泛的应用。

2. 原理

肉桂酸的合成方法大体上有三种。

（1）苯基二氯甲烷法　苯基二氯甲烷和无水醋酸钠在 $180\sim200℃$ 反应生成肉桂酸。

$$\text{C}_6\text{H}_5\text{CHCl}_2 + \text{CH}_3\text{COONa} \xrightarrow{180\sim200℃} \text{C}_6\text{H}_5\text{CH}=\text{CHCOOH} + \text{NaCl}$$

该法合成路线较短，苯基二氯甲烷价廉易得，反应条件温和，但转化率低，副产物多，产物中易含氯离子，影响在香料工业中的应用。

（2）苯甲醛-丙酮缩合法

$$\text{C}_6\text{H}_5\text{CHO} + \text{CH}_3\text{COCH}_3 \xrightarrow{\text{OH}^-} \text{C}_6\text{H}_5\text{CH}=\text{CHCOCH}_3 + \text{H}_2\text{O}$$

$$\text{C}_6\text{H}_5\text{CH}=\text{CHCOCH}_3 + 3\text{NaOCl} \longrightarrow \text{C}_6\text{H}_5\text{CH}=\text{CHCOONa} + \text{CHCl}_3 + 2\text{NaOH}$$

$$2\,\text{C}_6\text{H}_5\text{CH}=\text{CHCOONa} + \text{H}_2\text{SO}_4 \longrightarrow 2\,\text{C}_6\text{H}_5\text{CH}=\text{CHCOOH} + \text{Na}_2\text{SO}_4$$

该法合成路线长、能耗大、成本较高。

（3）珀金（perkin）法　芳香醛和酸酐在碱性催化剂作用下，可以发生类似于羟醛缩合反应，生成 α,β-不饱和芳香醛，称为珀金反应。催化剂通常是用相应的羧酸钾或羧酸钠盐，有时也可用碳酸钾或叔胺代替。

本实验用苯甲醛和乙酸酐在无水乙酸钾（或乙酸钠）存在下制备肉桂酸，反应方程式如下：

$$\text{C}_6\text{H}_5\text{CHO} + (\text{CH}_3\text{CO})_2\text{O} \xrightarrow[150\sim170℃]{\text{CH}_3\text{COOK}} \text{C}_6\text{H}_5\text{CH}=\text{CHCOOH} + \text{CH}_3\text{COOH}$$

该法具有原料易得、反应条件温和、分离简单、产率高、副产物少、产物纯度高、不含氯离子、成本低等优点，缺点是操作步骤较多。工业上多采用此法。反应产物中少量未反应的苯甲醛可通过水蒸气蒸馏除去。

三、主要仪器与试剂

仪器：恒温油浴锅、三口烧瓶、空气冷凝管、干燥管、温度计、pH 试纸、水蒸气蒸馏装置一套、球形冷凝管、抽滤装置一套、锥形瓶、移液管、电子天平。

试剂：苯甲醛、乙酸酐、无水碳酸钾、无水氯化钙、氢氧化钠溶液（10%）、活性炭、浓盐酸、乙醇。

四、实验内容

1. 缩合反应

在干燥的三口烧瓶中加入新蒸馏过的苯甲醛 5mL（0.05mol）、新蒸馏过的乙酸酐 14mL 和研细的无水碳酸钾 7g，摇匀后，在三口烧瓶中口安装一支空气冷凝管，在空气冷凝管上方装上带有无水氯化钙的干燥管，并在三口烧瓶的一侧口装温度计，另一侧口加上塞子。用油浴加热，使反应液温度缓慢上升至产生回流，并在此温度下加热回流约 30min，由于有二氧化碳生成，反应初期会有泡沫产生。

2. 水蒸气蒸馏

反应完毕，用 pH 试纸测试反应液的酸碱性。若呈酸性，可加入适量的固体碳酸钾，使溶液呈微碱性（pH＝8～9）。然后进行水蒸气蒸馏，去除未反应的苯甲醛，直到馏出液中无油珠为止。冷却后分批加入 10％氢氧化钠溶液并振摇，直至瓶中固体全部溶解，共需氢氧化钠溶液约 33.3mL。

3. 后处理

向反应瓶中加入少许活性炭，装上球形冷凝管（其余各口加塞）煮沸数分钟，然后趁热抽滤。待滤液冷至室温后，在搅拌下往滤液中小心加入浓盐酸 12～14mL，使溶液呈酸性（pH＝3～4）。冷却、结晶、抽滤，用少量冷水洗涤、抽干、干燥即得粗产品。

4. 重结晶

将粗产品转入 250mL 锥形瓶中，用 1∶5 的乙醇-水溶液进行重结晶。冷却、抽滤、洗涤、干燥即得肉桂酸精品。称重，计算产率。

五、注意事项

1. 缩合反应宜缓慢升温，以防苯甲醛氧化。

2. 在进行水蒸气蒸馏前，若反应瓶中的液体体积过少或产物结块，可向瓶中加入 30～40mL 水浸泡几分钟，并用玻璃棒或不锈钢刮刀轻轻捣碎瓶中的固体，然后进行水蒸气蒸馏。

六、思考题

1. 缩合反应操作中，为什么采用空气冷凝管而不采用球形冷凝管？

2. 水蒸气蒸馏前为何要将溶液调为碱性？能否用氢氧化钾代替无水碳酸钾？

3. 用水蒸气蒸馏的目的是什么？为什么必须用水蒸气蒸馏？

4. 苯甲酸的存在会给反应带来什么影响？

5. 本实验中用丙酸酐代替乙酸酐，预期产物是什么？

实验三　β-萘甲醚的制备

一、实验目的

1. 掌握制取烷基芳基醚的合成原理和方法。

2. 掌握减压蒸馏和重结晶等分离技术的原理和方法。

二、实验原理

1. 性质和用途

β-萘甲醚（β-naphthol methyl ether），别名甲基-β-萘基醚、2-甲氧基萘、2-萘甲醚、橙花醚，商品名为耶拉耶拉（yarayara）。其结构式为：

$$\text{（萘环）}O\text{-}CH_3$$

β-萘甲醚是白色片状晶体，具有浓郁的橙花香气。熔点 72～73℃，沸点 274℃，易升华。它广泛用于花香型香精中，尤其在皂用香精和花露水中常常使用。

2. 合成原理

醚可以看作是水的两个氢原子被羟基取代所得到的化合物，可以说是两分子醇之间失去一分子水生成的化合物。因而也可以说羟基化合物（醇、酚、萘酚等）中羟基的氢被烃基取代的衍生物。若醚中的两个基团相同，则该醚称为单醚或对称醚；若两个基团不同，则称为混醚或不对称醚。

醚的制备方法有以下三种。

① 威廉森（A. W. Willamson）合成法。此法是指醇盐和卤代烷的反应，其反应式如下：

$$ROM + R'X \longrightarrow R\text{—}O\text{—}R' + MX$$

式中，R、R'为烷基或芳基；X 为 I、Br、Cl；M 为 K 或 Na。

② 在酸催化下醇分子间失水，即指在浓硫酸作用下，由醇制备对称醚的方法，如：

$$2ROH \xrightarrow{H_2SO_4} R\text{—}O\text{—}R + H_2O$$

③ 烷氧汞化-去汞法。

本实验采用方法②，即在硫酸存在下，由 β-萘酚和甲醇相互作用而得。反应方程式如下：

三、主要仪器与试剂

仪器：三口烧瓶、温度计、球形冷凝管、布氏漏斗、抽滤瓶、旋转蒸发仪、空气冷凝管、电吹风机、电热套、循环水式真空泵、烧杯、恒压滴液漏斗、玻璃棒、pH 试纸、刚果红试剂。

试剂：β-萘酚、甲醇、浓硫酸、氢氧化钠溶液（质量分数 10%）。

四、实验内容

在装有温度计、球形冷凝管、恒压滴液漏斗的 250mL 三口烧瓶中加入 30mL 无水甲醇和 24.2g β-萘酚，微热。待 β-萘酚溶解后，用滴液漏斗滴入 5.4mL 的浓硫酸，从滴加开始注意三口烧瓶内温度的变化。当浓硫酸加完后，加热回流，从回流开始每 5min 记录一次温度（注意回流的气液面高度要一致），当回流到 4～6h，回流温度变化较小时，即可认为反应结束。此时，将反应液倒入已经预热到 50℃ 左右的盛有 90mL 质量分数为 10% 的氢氧化钠溶液的烧杯中，在热的碱水中物料呈油状物，在冷却过程中，要用玻璃棒充分搅拌，尤其是当一出现凝固的砂粒状时，要快速搅拌，否则固体的颗粒过大。将凝固成均匀砂粒状的反应混合物冷至室温，用抽滤瓶抽滤。然后用 90mL 质量分数为 10% 的氢氧化钠溶液冲洗砂粒状固体，并用去离子水冲洗，抽滤至滤液呈中性，然后将固体放在小烧杯中在 40～45℃ 下干燥（温度较高时，固体熔化）。

将充分干燥的粗产品放入旋转蒸发仪中，进行减压蒸馏，收集沸点 160～180℃/2.66× 10^3 Pa（20mmHg）的馏分。注意用热风机吹空气冷凝管。馏出液凝固后为浅黄色的固体，可加热溶解于 100mL 乙醇中重结晶精制得白色片状晶体。称重，并计算产率。

五、注意事项

1. 甲醇毒性大，操作要注意安全，在通风橱中进行。

2. 易燃药品要注意安全，远离明火。

3. 浓硫酸加入要缓慢，并使之均匀。

4. 无论用乙醇还是甲醇，加热的温度都要在沸点以下。

5. 未反应的 β-萘酚可以部分回收。将分出粗产品后的碱性滤液用硫酸小心酸化至刚果红试纸变紫色（此时呈酸性），析出 β-萘酚的沉淀，过滤、干燥、称重，并从原料中减去。产率计算时不要包括回收的 β-萘酚。未反应原料的回收对工业生产非常重要。

六、思考题

1. 制备 β-萘甲醚还有哪些方法？写出反应式。
2. 后处理为什么用热的氢氧化钠稀溶液？其目的何在？
3. 为什么用热风机吹空气冷凝管？
4. 回收未反应的 β-萘酚对产率是否有影响？

实验四　香豆素的合成

一、实验目的

1. 掌握珀金（W. Perkin）反应制备芳香族羟基内酯的方法。
2. 熟练掌握减压蒸馏和重结晶操作技术。

二、实验原理

1. 性质和用途

香豆素（coumarin）又名可买林，学名为邻羟基桂酸内酯（1，2-benzopyrone）。香豆素为无色棱状晶体，具有黑香豆浓重香味及巧克力气息，熔点 $68\sim70℃$，沸点 $297\sim299℃$，d_4^{20} 为 0.935，溶于乙醇、乙醚、氯仿及热水中，不溶于冷水。

香豆素主要用于香皂及各种洗涤剂的调和香料中，为调和香料的主要成分，也可作为电镀光亮剂、抗血凝剂等。

2. 合成原理

芳香醛与脂肪酸酐在碱性催化剂作用下缩合，生成 β-芳香基丙烯酸类化合物的反应，称为珀金缩合反应。所使用的碱催化剂一般是与所用脂肪酸酐相应的脂肪酸碱金属盐。香豆素就是利用珀金缩合反应，用水杨醛与乙酸酐在乙酸钠存在下一步反应得到的，它是香豆酸的内酯，反应方程式如下：

香豆素是由顺式香豆酸反应得到的。一般在香豆酸反应中，产物为反式，两个大的基团 HOC_6H_4—和—COOH 分别位于双键两侧，但反式的不能生成内酯，因此环内酯的形成是促使反应产生顺式异构体的原因。事实上，该反应也得到了少量反式香豆酸，但不进行内酯环化反应：

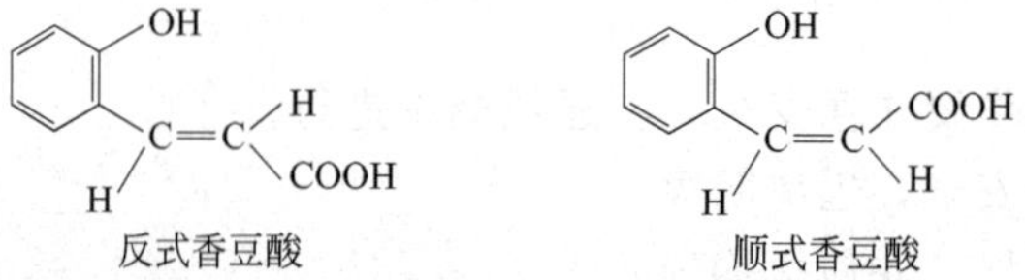

反式香豆酸　　　　　顺式香豆酸

制取香豆素的反应历程如下：

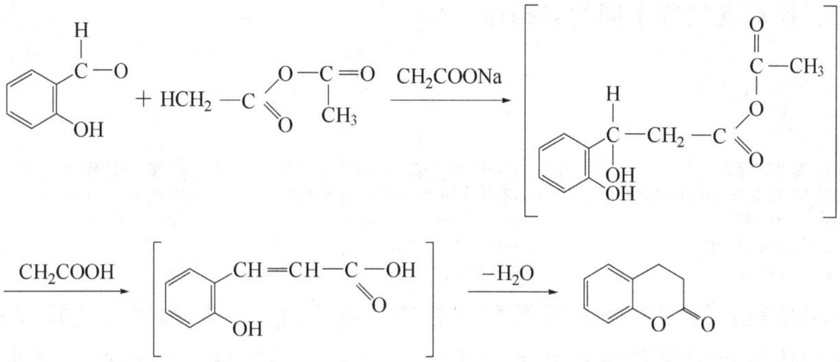

三、主要仪器与试剂

仪器：三口烧瓶、电动搅拌器、恒温油浴锅、温度计、直形冷凝管、分馏柱、恒压滴液漏斗、减压蒸馏装置、空气冷凝管、电吹风、烧杯等。

试剂：58%水杨醛溶液、乙酸酐、碳酸钾、碳酸钠、沸石。

四、实验内容

在装有电动搅拌器、温度计、分馏柱的 250mL 三口烧瓶加入 30mL 58%水杨醛溶液、50g 乙酸酐、2g 碳酸钾及沸石后加热沸腾，控制馏出物温度在 120～125℃，此时反应物温度在 180℃左右。当无馏出物时，稍冷却，取 25℃乙酸酐分三次加入，加热，馏出温度仍控制在 120～125℃，当反应物温度升至 210℃时停止加热，反应结束。趁热将反应物倒入烧杯，用 10%碳酸钠溶液洗至中性。蒸出前馏分后再减压蒸馏，收集 140～150℃/1.33kPa（10～15mmHg）的馏分，即为香豆素。再将香豆素用 1∶1 乙醇热水溶液重结晶两次，得白色晶体。称重，计算产率。

五、注意事项

1. 实验前玻璃仪器要烘干。
2. 空气冷凝管要短，并用电吹风机吹干。

六、思考题

1. 制备香豆素有几种方法？
2. 本实验中反应物温度对产物有何影响？
3. 副反应产生什么物质？
4. 用什么方法可提高香豆素的收率？

实验五　酮类香料——紫罗兰酮的合成

一、实验目的

1. 了解香料的基本知识。
2. 掌握交叉羟醛缩合的实验技术。

二、实验原理

1. 性质与用途

紫罗兰酮存在于多种花精油和根茎油中，分子式 $C_{13}H_{20}O$，相对分子质量 192.29。天然产物中存在三种双键位置不同的异构体。

α-紫罗兰酮
沸点 121～122℃/1.3kPa
d_4^{20}: 0.931
UV_{max}228.5nm
(ε=14300)

β-紫罗兰酮
沸点 128～129℃/1.3kPa
d_4^{25}: 0.940
UV_{max}293.5nm
(ε=8700)

γ-紫罗兰酮
沸点 80℃/1.3kPa
d_4^{20}: 0.942

α-紫罗兰酮是在乙醇溶液中高度稀释时有紫罗兰香气，β-异构体的花香气较清淡，有柏木香气，γ-异构体具有质量最好的紫罗兰香气。它们都是液体，与绝对（无水）乙醇混溶，溶于2～3倍体积的70%乙醇、乙醚、氯仿或苯中，极微溶于水。

紫罗兰酮都是用合成方法得到的。市售的紫罗兰酮，几乎都是α-体和β-体的混合物。所谓α-型紫罗兰酮，酮含量在90%以上，α-体在60%以上；β-型紫罗兰酮商品的酮含量在90%以上，β-体在85%以上。商品紫罗兰酮为淡黄色液体，是重要的合成香料之一。广泛用于调制化妆品用香精和用于香皂。β-紫罗兰酮的重要用途是用于制取维生素A的中间体。

2. 合成原理

紫罗兰酮的合成，是以柠檬醛为原料，首先与丙酮进行缩合，制成假紫罗兰酮（ψ-紫罗兰酮）。再用65%的硫酸水溶液作催化剂，使假紫罗兰酮闭环，制得紫罗兰酮。由此制得的产物，含γ-异构体的量极微，基本上由α-异构体和β-异构体组成，以α-异构体为主。

柠檬醛

ψ-紫罗兰酮

ψ-紫罗兰酮   α-紫罗兰酮   β-紫罗兰酮

三、主要仪器与试剂

仪器：电动搅拌器、恒压滴液漏斗、温度计、三口烧瓶、简单蒸馏装置一套、分液漏斗、旋转蒸发仪、精馏装置一套、烧杯。

试剂：柠檬醛（沸程100～103℃/933Pa，含量90%）、丙酮（K_2CO_3干燥后重蒸）、金属钠、碳酸钠（15%）、无水乙醇、酒石酸、乙醚、无水硫酸钠、硫酸（60%）、甲苯、饱和食盐水。

四、实验内容

1. 假紫罗兰酮的制备

在装有电动搅拌器、恒压滴液漏斗和温度计的250mL三口烧瓶中，加入13.5g（15.3mL，0.08mol）的柠檬醛和54g（66.7mL，0.93mol）丙酮。用冰-盐冷却至−10℃，搅拌下由恒压滴液漏斗滴入事先已配制好的含0.61g金属钠与13.3mL无水乙醇反应得到的乙醇钠-乙醇溶液。控制反应温度在−5℃以下。加完后，继续搅拌3min，然后再快速加入含有2g酒石酸的13.5mL水溶液。搅拌均匀后，蒸出丙酮及其他低沸物，直到馏出液为约70mL为止（注意在蒸馏期间要使反应保持微酸性）。残余物冷却后，分出油层，水层以乙醚萃取 2 次，每次 15mL 乙醚。合并醚层，用无水硫酸钠干燥后，蒸去溶剂。残留物减压蒸馏，收集 123～124℃/330Pa 馏分；得到淡黄色液体 11.85g，收率为理论量的 70％。

2. 紫罗兰酮的合成

在装有电动搅拌器，恒压滴液漏斗和温度计的 50mL 三口烧瓶中，放 12g 60％的硫酸溶液，在不断搅拌下，依次加入 12g 甲苯和滴加 10g（0.052mol）假紫罗兰酮。保持反应温度在 25～28℃间搅拌 15min。反应结束后，加 10mL 水搅拌。分出有机层。有机层用 15％碳酸钠溶液中和后，再用饱和食盐水洗涤。常压下蒸除甲苯。残留物在 4～5 个理论塔板的分馏柱上，以（3～4）:1 的回流比，将粗制紫罗兰酮进行精馏。收集沸点范围为 125～135℃/267Pa 的馏分，得到浅黄色油状液体紫罗兰酮 7～8g，$n_D^{20} = 1.499～1.504$，产率 70％～80％。

实验六　食用樱桃香精的配制

一、实验目的

1. 了解水性与油性香精的不同特点。

2. 学习食用樱桃香精的配制。

二、实验原理

香料包括合成香料、天然香料和调和香料，调和香料也称香精。香精是由几种甚至几十种香料按一定香型调配而成的，具有愉悦人或适合口味的香料混合物。由于合成香料和天然香料的香气比较单一，多数不能直接用于加香产品中。为满足人们对香气或香味的需求，往往将多种香料混合配制成香精。香精分为水溶性香精、油溶性香精、乳化香精和粉末香精四大类。根据香型和用途，又可分为花香型香精、非花香型香精、肉味香精、果味香精、奶味香精或日用香精、烟用香精、酒用香精、药用香精等。虽然香精在加香产品中的用量只有百分之几，但对加香产品的品质却有很大影响。

食用樱桃香精为水溶性香精，呈淡黄色，易挥发。在水中可溶 0.2％（质量分数）左右，不溶于油脂，具有樱桃的香味。主要用于汽水等冷饮食品中。一般用量 0.05％～0.1％（质量分数）。由乙酸乙酯、丁酸乙酯、乙酸异戊酯、丁酸异戊酯、庚酸乙酯、大茴香醚、苯甲醛、桂醛、香兰素、丁香油、苯甲酸乙酯、洋茉莉醛、乙基麦芽酚、乙醇和蒸馏水混配而成。

三、主要仪器与试剂

仪器：烧杯、电动搅拌器、玻璃棒。

试剂：乙酸乙酯、丁酸乙酯、乙酸异戊酯、丁酸异戊酯、庚酸乙酯、大茴香醚、苯甲醛、桂醛、香兰素、丁香油、苯甲酸乙酯、洋茉莉醛、乙基麦芽酚、乙醇、蒸馏水。

四、实验内容

称取乙酸乙酯 4.0g、丁酸乙酯 1.0g、乙酸异戊酯 1.0g、丁酸异戊酯 2.0g、庚酸乙酯 0.2g、大茴香醚 0.2g、苯甲醛 0.6g、桂醛 0.1g、香兰素 0.4g、丁香油 0.4g、苯甲酸乙酯 0.2g、洋茉莉醛 0.3g、乙基麦芽酚 0.1g、乙醇 140g、蒸馏水 49.2g，放于烧杯中，搅拌混合均匀，静置。混合液应澄清透明，无悬浮杂质，香气纯正，无异杂气味。若有悬浮或不溶物，可过滤除去固体杂质。

五、注意事项

1. 配方中所用原料较多，要仔细称量，不要遗漏。

2. 称量及配制过程应在通风橱中进行，以免空气中香气太浓。

六、思考题

1. 了解配方中主要原料的应用特性。
2. 配方中为什么要加入大量的乙醇？

实验七　酶法水解奶油制备奶味香精

一、实验目的

1. 了解并掌握无菌操作。
2. 了解微生物发酵生产 2,3-丁二酮酸的机理。

二、实验原理

1. 性质与用途

奶味香精是食品工业中应用最为广泛的香精之一，主要用于冷食、糖果、饮料等的增香。奶味香精还可用于饲料的加香，可以显著改善饲料的适口性，提高动物采食，在饲料行业具有很好的推广应用前景。因此，奶味香精系列产品的开发具有广阔的市场前景。

目前奶味香精的制备大致有以下几种：用单体香料原料进行人工调配；利用相关微生物水解奶油，再经修饰调配而成奶味香精；采取天然萃取物调配花色香精。酶法水解制备奶味香精是以奶油（或稀奶油）做原料，利用酶解技术将奶油在一定条件下进行水解以增香 $150\sim250$ 倍，产生具有奶香特征的化合物。它是天然的食品添加剂，香气自然、柔和，对加香产品内在质量有明显的改善和提高，赋予加香产品天然奶香口味，这是单体香料调配而成的同类奶味香精所达不到的。奶香组分一般包括醇类、醛类、酸类、酮类、酯类、内酯、硫化物等，其香气来源一是鲜奶中的天然香气成分，二是乳品加工中形成的香气成分，主要包括双乙酰（2,3-丁二酮）、乙偶姻、丁位内酯类、丁位癸内酯、丁位十二内酯和牛奶内酯等。

2. 反应原理

酶法奶香料的生产方法基于选择适宜的奶油品种，通过它们的作用使奶油中的脂肪酸（饱和与不饱和的）甘油三酯、酮酸和羟酸的甘油三酯酶解成饱和及不饱和脂肪酸、酮酸和羟酸。脂肪酸中偶数碳的香气贡献较大，羟酸进一步脱水环化生成不同碳数的丙、丁位内酯，尤其是偶数碳丁位内酯，其含量虽少，香气贡献却很大。酮酸进一步脱 CO_2，生成甲基酮类化合物，起到增香作用。

三、主要仪器与试剂

仪器：电动搅拌器、恒温水浴锅、回流冷凝管、巴氏杀菌机、烧杯。

试剂：奶油、脂肪酶、丙酮、乙醇。

四、实验内容

奶油→加水→搅拌、乳化→巴氏杀菌（85℃、5min）→降温至 50℃→添加脂肪酶→50℃水解 4h→灭菌（85℃、30min）→干燥→感官评定

1. 奶油的乳化

将奶油与水按 1∶0 进行混合，进行搅拌，乳化。

2. 奶油的灭菌

巴氏杀菌时间为 5min，温度为 85℃。

3. 脂肪酶水解奶油

降温到 50℃，添加 1.5％的脂肪酶，水解 4h。

4. 水解液的灭菌

在 85℃下，杀菌时间 30min。

5. 产品的感官评定

灭菌后的水解液干燥后，对其进行感官评定。

五、注意事项

1. 奶油的乳化液必须进行灭菌。

2. 脂肪酶水解奶油的温度在 50℃左右，不同来源的脂肪酶作用温度有些差别，基本上是在 40～60℃。

3. 实验原料奶油也可用奶酪或牛奶代替。

六、思考题

1. 目前生产奶味香精有哪些方法？

2. 脂肪酶水解奶油时间过长会出现什么后果？

3. 这个实验利用生物技术生产奶味香精有什么优点？

第9章　医药中间体

实验一　乙酰水杨酸的合成

一、实验目的

1. 掌握乙酰水杨酸的制备原理和方法。
2. 了解酚羟基的性质。
3. 巩固减压过滤、重结晶、干燥等基本操作。

二、实验原理

乙酰水杨酸，俗称阿司匹林，白色针状或片状晶体，熔点 135～136℃，微溶于水，易溶于乙醇、乙醚、氯仿等有机溶剂。在干燥空气中稳定，在潮湿空气中则逐渐水解成水杨酸和乙酸。

早在 18 世纪，人们已从柳树皮中提取到了水杨酸，并注意到它可以作为止痛、退热和抗炎药，不过对肠胃刺激作用较大。19 世纪末，人们终于成功合成了可以替代水杨酸的有效药物——乙酰水杨酸。直到目前，阿司匹林仍是一个广泛使用的具有解热、止痛作用，治疗感冒的药物。近年来还发现阿司匹林能抑制血小板凝聚，可防止血栓的形成。

乙酰水杨酸由水杨酸（邻羟基苯甲酸）与乙酸酐进行酯化反应制得。水杨酸是无色针状结晶，熔点 159℃，pK_a 为 2.98，酸性比苯甲酸强。是具有双官能团的化合物：一个是酚羟基，一个是羧基。羟基和羧基都会发生酯化，而且还可以形成分子内氢键，阻碍酰化和酯化反应的发生。反应方程式如下：

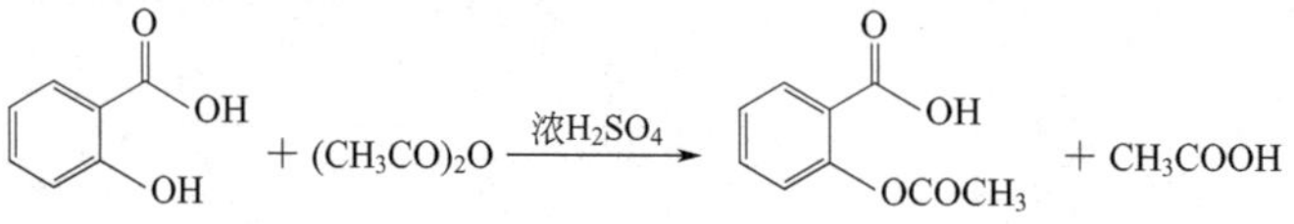

副反应：

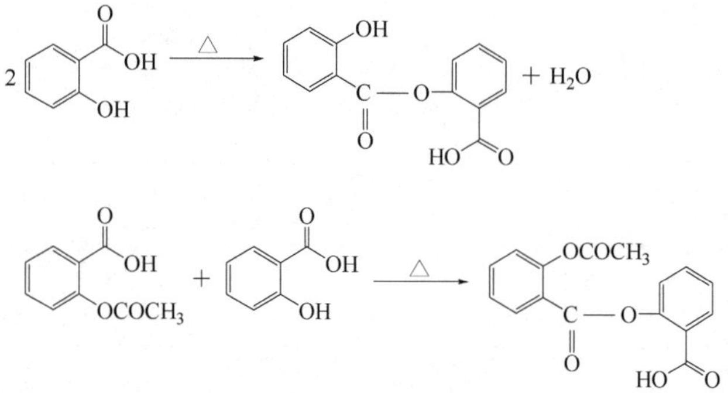

三、主要仪器与试剂

仪器：锥形瓶、恒温水浴锅、玻璃棒、量筒、移液管、短颈漏斗、抽滤装置一套、温度计、简单蒸馏装置一套、烧杯、试管、电子天平、熔点仪、表面皿、恒温干燥箱。

试剂包括以下几种。

（1）水杨酸　邻羟基苯甲酸，相对分子质量138。为白色结晶性粉末，无臭，味先微苦后转辛。熔点157～159℃，在光照下逐渐变色。相对密度1.44。沸点约211℃/2.67kPa。76℃升华。常压下急剧加热分解为苯酚和二氧化碳。水杨酸可溶于乙醇、丙酮、乙醚和沸水，但在冷水中溶解度很小。水杨酸水溶液的pH值为2.4。水杨酸与三氯化铁水溶液生成特殊的紫色。

（2）乙酸酐　无色透明液体。分子式$C_4H_6O_3$，相对分子质量102.09，有强烈的乙酸气味，味酸。有吸湿性。溶于氯仿和乙醚，缓慢地溶于水形成乙酸。相对密度1.080，熔点−73℃，沸点139℃，折射率1.3904，闪点54℃，自燃点400℃。低毒，半数致死量（大鼠，经口）1780mg/kg。易燃，有腐蚀性，勿接触皮肤或眼睛，以防引起损伤，有催泪性。

（3）浓硫酸、三氯化铁溶液、浓盐酸、饱和碳酸氢钠溶液、冰水、酚酞指示剂、0.1mol/L氢氧化钠溶液。

四、实验内容

1. 酯化

依次将3.2g水杨酸（0.045mol）、5.4g乙酸酐（0.053mol）加入到干燥的锥形瓶中，滴入5滴浓硫酸，轻轻摇荡锥形瓶使其溶解，将锥形瓶置于80～90℃水浴中加热约15min，移出锥形瓶，冷却至室温，即有乙酰水杨酸晶体析出，如不结晶可用玻璃棒摩擦瓶壁并将锥形瓶置于冰水浴中促使晶体析出。再向锥形瓶中加入50mL水，继续在冰水浴中冷却，并用玻璃棒不停搅拌，使结晶完全。抽滤，用滤液反复淋洗锥形瓶，再用少量冰水洗涤2次，用玻璃塞压干，得乙酰水杨酸粗产品。

将乙酰水杨酸的粗产品移至另一锥形瓶中，搅拌下加入25mL饱和碳酸氢钠溶液，继续搅拌，直至无气泡产生。抽滤，用5～10mL水洗涤，将洗涤液与滤液合并，弃去滤渣。

2. 后处理

先在烧杯中放大约5mL浓盐酸并加入10mL水，配好盐酸溶液，再将上述滤液倒入烧杯中，乙酰水杨酸沉淀析出，用冰水冷却结晶完全，抽滤，用玻璃塞压干滤饼，再用少量冷水洗涤2次，压干，将晶体转移到表面皿上干燥。要得到更纯的乙酰水杨酸，可在少量乙酸乙酯溶液中热回流，再过滤，滤液在冰水浴中结晶，抽滤得产品。

3. 检测

取几粒结晶加入盛有3mL水的试管中，加入1～2滴1%三氯化铁溶液，观察有无颜色变化（紫色）。

用显微熔点测定仪测定样品的熔点，与文献值比较。

产品结构经红外光谱确认。谱图特征峰数据：在$1762cm^{-1}$处有C＝O吸收峰，$1192cm^{-1}$处有C—O—C吸收峰，可见酯基已生成。

4. 含量测定

准确称取试样0.2～0.25g，置于干燥的锥形瓶中，加20mL中性乙醇，使乙酰水杨酸溶解，加入2～3滴酚酞指示剂，用氢氧化钠标准溶液（0.1mol/L）滴定，当溶液的颜色从无色变为淡红色时，即为终点。平行测定3次。计算乙酰水杨酸的纯度。

五、注意事项

1. 水杨酸应当是完全干燥的，实验前放在烘箱中在105℃下干燥1h。乙酸酐应重新蒸馏，收集 139~140℃馏分。

2. 水杨酸易形成分子内氢键，阻碍酚羟基酰化作用。水杨酸与酸酐直接作用须加热至150～160℃才能生成乙酰水杨酸，如果加入浓硫酸（或磷酸），氢键被破坏，酰化作用可在较低温度下进行，同时副产物大大减少。

3. 产品乙酰水杨酸易受热分解，因此熔点不明显，它的分解温度为 128～135℃。因此重结晶时不宜长时间加热，控制水温，产品采取自然晾干。用毛细管测熔点时宜先将溶液加热至 120℃左右，再放入样品管测定。

六、思考题

1. 制备乙酰水杨酸时为什么使用新蒸馏的乙酸酐？加入浓硫酸的目的是什么？
2. 酯化时为什么控制反应温度在 80～90℃？
3. 测定乙酰水杨酸熔点时需要注意什么问题？
4. 本实验可能有哪些副产物？应采取什么措施控制？如何除去？

附：阿司匹林的绿色合成

一、实验目的

1. 学习阿司匹林的制备方法。
2. 在掌握相关的实验技术的同时，通过对维生素 C 催化剂的认识树立绿色化学的理念。

二、实验原理

传统的阿司匹林制备工艺，反应时间长，需要能耗大，且催化剂浓硫酸对设备的腐蚀性较大，存在废酸排放等缺点。其他可以使用的酸催化剂包括磷酸、对甲苯磺酸、草酸等。

改进的方法是使用固体催化剂代替酸，例如强酸性阳离子交换树脂、酸性膨润土、固体超强酸、杂多酸、分子筛等。总体来说反应收率不是很理想。

近年的工艺改进是不用酸碱作催化剂，取而代之的是维生素 C。维生素 C（vitamin C，ascorbic acid，抗坏血酸）是一内酯，由于分子中 2，3 位连烯二醇结构中的羟基极易游离而释放出 H^+，所以维生素 C 虽不含自由羧基但仍具有有机酸的性质。这种特殊的烯醇结构也使它非常容易释放氢原子，并使许多物质还原，具有广泛的反应性能。

三、主要仪器与试剂

仪器：三口烧瓶、恒温水浴锅、电动搅拌器、玻璃棒、量筒、锥形瓶、减压抽滤装置、温度计、烧杯、电子天平、熔点仪。

试剂包括以下几种。

维生素 C：又称抗坏血酸（ascorbic acid）。分子式为 $C_6H_8O_6$，相对分子质量为176.13，系己糖的衍生物，并具有酸性，故称之为己糖醛酸。在本实验中作为催化剂使用，具有反应速率快、操作简单、催化剂无需回收、反应条件温和、不腐蚀仪器设备、环境无污染等特点。为方便操作，直接使用口服维生素 C 片，每片含维生素 C 100mg。

水杨酸、乙酸酐、乙醇-水溶液（1∶4）。

四、实验内容

称取 6.9g（0.05mol）水杨酸置于 100mL 三口烧瓶中，加入 15.5g（0.15mol）乙酸酐和 2 片维生素 C（含维生素 C 200mg）。

开动搅拌，水浴加热到 70℃进行反应，同时开始计时。30min 后结束反应，将锥形瓶从水浴中取下，使其慢慢冷却至室温。在冷却过程中，有部分阿司匹林渐渐从溶液中析出。

待结晶形成后加入 50mL 水，搅拌均匀，然后将该溶液放入冰水浴中冷却。待大量固体析出，抽滤，固体用冰水洗涤并尽量压紧抽干，得到阿司匹林粗品。

用乙醇-水（1∶4）重结晶提纯，得到白色片状结晶。测定熔点。

五、注意事项

水杨酸可与三氯化铁溶液发生明显的颜色变化，在其他反应体系中可以依据这一现象取样检验水杨酸是否作用完毕。但是在本反应中不能用该现象来确定反应的终点，原因是维生素 C 为内酯，分子中有双烯醇结构，呈酸性和还原性。在橙黄色的 $FeCl_3$ 溶液中加入维生素 C，溶液颜色逐渐减退生成极浅的绿色 Fe^{2+}。水杨酸的变色与维生素 C 的变色互相干扰，无法判别反应终点。只能用计时来结束反应。

实验二　乙酸丁酯的制备

一、实验目的

1. 掌握有机酸酯的制备原理和乙酸丁酯的制备方法。

2. 学习用恒沸混合物除去酯化产物中水的方法。

3. 学习分水器的原理及其在有机合成中的应用。

4. 巩固回流、洗涤、干燥与蒸馏等基本操作。

二、实验原理

1. 主要性质和用途

乙酸丁酯（Butyl acetate），亦称乙酸正丁酯，分子式 $C_6H_{12}O_2$，相对分子质量 116.16，相对密度 0.8826（20℃），沸点 126.3℃，凝固点 −77℃，折射率 1.3591（20℃）。无色液体，具有水果香味，微溶于水，能溶于乙醇、乙醚和烃类。

乙酸丁酯是良好的有机溶剂，工业上主要用于人造革、医药、塑料及香料等领域，对乙基纤维素、乙酸丁酸纤维素、聚苯乙烯、甲基丙烯酸树脂、氯化橡胶以及多种天然树胶均有较好的溶解性能，并可用作萃取剂和脱水剂。

2. 合成原理

有机酸酯通常用醇和羧酸在少量催化剂（如浓硫酸）的存在下，通过酯化反应制得。酯化反应是一个典型的酸催化可逆反应，使平衡向右移动，除作为催化剂与脱水剂的浓硫酸可提高转化率之外，该反应过程中还可利用乙酸丁酯-正丁醇-水三者形成恒沸物的特点，通过分水器将反应过程中生成的水分出，促使酯化反应平衡右移，从而提高反应的转化率。反应方程式如下：

$$CH_3-\overset{O}{\overset{\|}{C}}-OH + CH_3CH_2CH_2CH_2OH \rightleftharpoons CH_3-\overset{O}{\overset{\|}{C}}-OCH_2CH_2CH_2CH_3 + H_2O$$

副反应：

$$2CH_3CH_2CH_2CH_2OH \underset{}{\overset{浓\ H_2SO_4}{\rightleftharpoons}} CH_3CH_2CH_2CH_2OCH_2CH_2CH_2CH_3 + H_2O$$

$$CH_3CH_2CH_2CH_2OH \underset{}{\overset{浓\ H_2SO_4}{\rightleftharpoons}} CH_3CH_2CH = CH_2\uparrow + H_2O$$

三、主要仪器与试剂

仪器：恒温油浴锅、三口烧瓶、球形冷凝管、分水器、移液管、量筒、锥形瓶、简单蒸馏装置一套、电子天平。

试剂：正丁醇、冰醋酸、浓硫酸、沸石、碳酸钠、无水硫酸镁。

四、实验内容

在干燥的三口烧瓶中加入 29mL 正丁醇和 14mL 冰醋酸，再加入 10 滴浓硫酸，投入沸石，混合均匀，装上分水器和球形冷凝管，如图 9.1，并在分水器中预先加入一半体积的水。加热回流，反应一段时间后把水逐渐分去，保存于小量筒内，保持分水器中水层液面在原来的高度。约 40min 后不再有水生成，表示反应完全。停止加热，记录分出的水量。

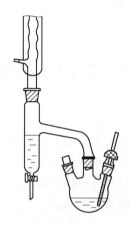

图 9.1　带分水器的回流装置

冷却后将分水器中分出的酯层和三口烧瓶中的反应液一起倒入分液漏斗中。

用 20mL 水洗涤，振荡、静置，分出下层水层。然后将酯层用 25mL 10% 的碳酸钠溶液洗涤，洗至中性，分去水层。将酯层再用 20mL 水洗涤一次，分去水层。将酯层倒入干燥的锥形瓶中，加少量无水硫酸镁干燥。

将干燥后的产品倒入干燥的蒸馏烧瓶中（注意不要将硫酸镁倒进去），加入沸石，常压加热蒸馏，收集 124~126℃ 的馏分。

五、注意事项

1. 浓硫酸起催化作用，只需少量。加入硫酸后要混合均匀，否则硫酸局部过浓，加热会碳化。

2. 本实验利用恒沸混合物除去反应中生成的水。含水的恒沸混合物冷凝为液体时，分为两层，上层为含少量水的酯和醇，下层主要是水（表 9.1）。

表 9.1　乙酸丁酯、水、丁醇形成二元或三元恒沸液的组成及沸点

沸点/℃	组成（质量分数）/%		
	丁醇	水	乙酸丁酯
117.6	67.2	—	32.8
93	55.5	45.5	—
90.7	—	27	73
90.5	18.7	28.6	52.7

3. 分水器中的水一定不能流入反应瓶中。冷凝管基端尖头应远离分水器支管处，保证在分水器中有效分离，若滴在侧管处，在分层前就溢到反应瓶中，达不到良好的分离效果。

4. 根据分出的总水量（注意扣除预先加到分水器中的水量），可以粗略地估计酯化反应

完成的程度。反应应进行完全，否则未反应的正丁醇只能在最后一步蒸馏时与酯形成共沸物，以前馏分的形式除去，会降低酯的产率。

六、思考题

1. 本实验采用什么方法来提高酯的产率？
2. 浓硫酸在反应中的作用是什么？
3. 反应产物用水和碳酸钠洗涤的目的是什么？

实验三　蛋黄卵磷脂的提取

一、实验目的

掌握鸡蛋中卵磷脂的提取工艺和方法。

二、实验原理

1. 性质与用途

卵磷脂（Lecithin）又称磷脂酰胆碱，是由磷脂酸分子中的磷酸基与胆碱中的羟基酯化而成的化合物。结构式如下：

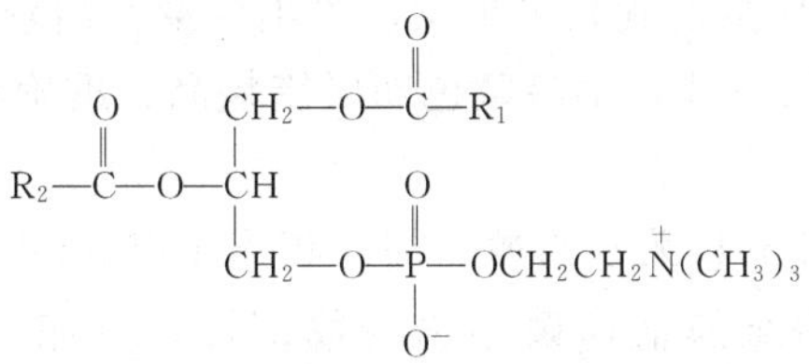

$$R_2-C-O-CH \quad CH_2-O-C-R_1$$

卵磷脂新鲜制品是白色蜡状物质，但由于卵磷脂分子中含有不饱和脂肪酸，所以在空气中易逐渐氧化变黄色或棕色。天然的卵磷脂是几种不同脂肪酸的磷脂酰胆碱的混合物，相对密度为 1.305，熔点 150～200℃，碘值为 95，皂化值为 196，不溶于水但能溶胀，在氯化钠溶液中呈胶体悬浮液。溶于氯仿、乙醚、石油醚、矿物油和脂肪酸中，难溶于丙酮，具有良好的乳化作用。

卵磷脂广泛存在于动植物中，在植物种子和动物的脑、神经组织、肝脏、肾上腺以及红细胞中含量较高，其中蛋黄中含量最高，为 8%～10%。可根据它溶于乙醇、氯仿而不溶于丙酮的性质，从蛋黄中分离得到。

卵磷脂可在碱性溶液中加热水解，得到甘油、脂肪酸、磷酸和胆碱，可从水解液中检查出这些组分。卵磷脂中的饱和脂肪酸通常是硬脂酸和软脂酸，不饱和脂肪酸为油酸、亚油酸和花生四烯酸。

卵磷脂具有良好的乳化特性，可以用作静脉注射脂肪乳的乳化剂，胆固醇结石的防治药物，也被用在人工血浆酯乳剂，β-内酰胺抗菌素，抗腹泻吸收剂和维生素上，临床上用于治疗动脉粥样硬化、脂肪肝、神经衰弱及营养不良，还广泛用于色拉油、奶油巧克力、冰淇淋、饮料的加工中。

2. 合成原理

目前，卵磷脂的提取方法主要为有机溶剂萃取法（有的采用单一溶剂，有的采用二元混合溶剂）和超临界 CO_2 萃取法，且通常认为后者较理想，但其原料需用蛋黄粉，而蛋黄粉的制备常用喷雾干燥法，使卵磷脂处于 50℃ 以上的高温环境中，降低了生物活性。此外，

采用超临界 CO_2 萃取法仅能从蛋黄粉中提取出中性脂肪，卵磷脂的提取仍需乙醇作夹带剂才能提取。

三、主要仪器与试剂

仪器：烧杯、恒温磁力搅拌器、离心机、真空干燥箱、旋转蒸发仪、GF250 硅胶板（20cm×20cm）、色谱展开缸、玻璃毛细管（内径 0.9～1.1mm，壁厚 0.1～0.15mm，管长 100mm）。

试剂：鲜鸡蛋、95％乙醇、石油醚、无水乙醇、$ZnCl_2$ 溶液（10％）、丙酮、氯仿、甲醇、200g/L 氢氧化钠、硝酸、100g/L 醋酸铅、10g/L 硫酸铜、碘化铋钾、钼酸铵、氨基萘酚磺酸。

四、实验内容

1. 蛋黄收集

将鸡蛋打入 500mL 烧杯中，去除蛋清，分离出整个蛋黄。

2. 卵磷脂的提取

取 100g 鸡蛋蛋黄于 500mL 烧杯中，加入 200mL 95％乙醇，用磁力搅拌器室温下搅拌 1h，3000r/min 离心分离 10min，取上清液，将沉淀物再加入 95％乙醇，重复以上步骤 3 次。合并上清液，45℃下减压蒸馏到几乎干燥，再用少量石油醚溶液，并加入适量丙酮，分离出沉淀物，减压真空干燥 2～4h，得淡黄色卵磷脂粗品，准确称量，计算提取率。

3. 卵磷脂的纯化

将 2.5g 粗卵磷脂溶于 27mL 无水乙醇，加入相当于卵磷脂质量 10％的 $ZnCl_2$ 的水溶液 3mL，室温下搅拌 0.5h，得金属盐卵磷脂络合物沉淀，过滤，收集沉淀物。加入冷丙酮 50mL 洗涤沉淀物，搅拌 1h，过滤，收集沉淀物，减压真空干燥 2～4h，得淡黄色蜡状的精制卵磷脂，准确称量，计算收率。

4. 卵磷脂的水解及其组成鉴定

（1）水解　取一支干燥大试管，加入提取的一半量的卵磷脂，并加入 5mL 200g/L 氢氧化钠溶液，放入沸水浴中加热 10min，并用玻璃棒加以搅拌，使卵磷脂水解（加热时，会促使胆碱分解，产生三甲胺的臭味）。冷却后，在玻璃漏斗中用棉花过滤。滤液供下面检查用。

（2）检查

① 脂肪酸的检查　取棉花上沉淀少许，加 1 滴 200g/L 氢氧化钠溶液与 56mL 水，用玻棒搅拌使其溶解，在玻璃漏斗中用棉花过滤得透明液，以硝酸酸化后加入 100g/L 醋酸铅 2 滴，观察溶液的变化（加硝酸酸化，脂肪酸析出，溶液变浑浊，加醋酸铅有脂肪酸铅盐生成，浑浊进一步增强）。

② 甘油的检查　取试管一支，加入 1mL 10g/L 硫酸铜溶液，2 滴 200g/L 氢氧化钠溶液，振摇，有氢氧化铜沉淀生成，加入 1mL 水解液振摇，观察所得结果（生成的氢氧化铜沉淀，因水解液中的甘油与之反应，生成甘油酮，沉淀溶解）。

③ 胆碱的检查　取水解液 1mL，滴加硫酸使其酸化（以石蕊试纸试之）加入 1 滴碘化铋钾溶液，有砖红色沉淀生成。

④ 磷酸的检查　取试管一支，加 10 滴水解液，滴加硫酸使其酸化，5 滴钼酸铵试剂，20 滴氨基萘酚磺酸溶液，振摇后，水浴加热，观察颜色的变化（钼酸铵经硫酸酸化为钼酸，它与磷酸结合为磷钼酸，磷钼酸再与还原剂氨基萘酚磺酸作用，生成蓝色钼的氧化物）。

五、注意事项

1. 卵磷脂提取时应注意提取温度，卵磷脂中常含有不饱和脂肪酸，易氧化，使颜色变深，故需严格控制提取温度在 45℃以下。

2. 薄层色谱法定性检测时要注意展开剂的极性，要小心仔细配制。

六、思考题

1. 单一溶剂在蛋黄卵磷脂提取中的缺陷是什么？

2. 用金属盐沉淀纯化卵磷脂，除此之外，还可以用什么方法提纯？

实验四　苯丙酮的制备

一、实验目的

1. 了解傅-克（C. Friedel-J. M. Crafts）反应的机理。

2. 掌握苯丙酮的制备方法。

3. 掌握分离、中和、减压蒸馏等操作技术。

二、实验原理

1. 性质和用途

苯丙酮（Propiophenone），又称乙基苯基酮或苯基乙基酮，分子式 $C_9H_{10}O$，相对分子质量 134.17。叶片状结晶或无色至琥珀色液体，有持久的香气。熔点 20～21℃，相对密度 1.0105，沸点 218℃/101.32 kPa，折射率 1.5269，闪点 99℃。能溶于甲醇、无水乙醇、乙醚、苯、甲苯，不溶于水、乙二醇、丙二醇、甘油。

苯丙酮是合成利胆药利胆醇的中间体，可促进胆汁分泌，排除小结石，也用于其他有机合成及香料定香剂。

2. 合成原理

Friedel-Crafts 酰基化是制备芳香酮的主要方法。在无水三氯化铝催化下，酰氯或酸酐与芳香化合物反应，可得到高产率的烷基芳基酮或二芳香酮。

酰化反应由于羰基的致钝作用，阻碍了进一步的取代反应，故产物纯度高，不存在烷基化得多元产物。反应方程式如下：

$$\bigcirc \xrightarrow[\text{AlCl}_3]{\text{CH}_3\text{CH}_2\text{COCl}} \bigcirc\text{—COCH}_2\text{CH}_3$$

三、主要仪器与试剂

仪器：电动搅拌器、恒压滴液漏斗、循环水式真空泵、回流冷凝管、三口烧瓶、分液漏斗、pH 试纸、旋转蒸发仪、布氏漏斗、抽滤瓶。

试剂：丙酰氯、苯、无水三氯化铝、氢氧化钠、氯化钠、冰块、沸石。

四、实验内容

在三口烧瓶中，先加入 56g 苯和 10g 无水三氯化铝，搅拌冷却至 10℃，滴加 67g 丙酰氯与无水苯的混合物，滴加完毕，缓慢升温至 20℃保温反应 1 h，将反应物料加入冰水中，于 30℃以下搅拌水解。静置，取油层，油层用碱液洗涤，再用水洗涤至中性，减压蒸馏，收集 112～120℃/30×133.3 Pa 馏分，得苯丙酮。

五、注意事项

1. 无水三氯化铝暴露在空气中极易吸水分解而失效。要用新升华过的或包装严密的试剂，称取要迅速。块状的无水三氯化铝在称取前要研细。

2. 仪器和药品不干燥，将使反应难于进行或严重影响实验结果。

六、思考题

1. 酰化反应为什么要保持无水？

2. 在本反应中，什么是酰化剂？

实验五　扁桃酸的制备

一、实验目的

1. 掌握扁桃酸的制备方法。

2. 了解加成和重排的反应原理。

3. 学习掌握重结晶的实验方法。

二、实验原理

1. 性质和用途

DL-扁桃酸（DL-Mandelic acid），化学名为 α-羟基苯乙酸，别名苦杏仁酸、苯羟乙酸，分子式 $C_8H_8O_3$，相对分子质量 152.15。白色结晶性粉末，相对密度 1.30，易溶于乙醇、乙醚。其天然左旋体熔点为 130℃，而一般工业品的熔点为 115～118℃，含量大于 98%，是一种重要的医药中间体，用于合成环扁桃酯、乌洛托品等药物的中间体，同时临床上也可单独作为治疗尿路感染药物。

2. 合成原理

合成方法采用在 TEBA 和氢氧化钠作用下，氯仿生成二氯卡宾，二氯卡宾与苯甲醛的醛基加成，经重排、水解得到扁桃酸。反应方程式如下：

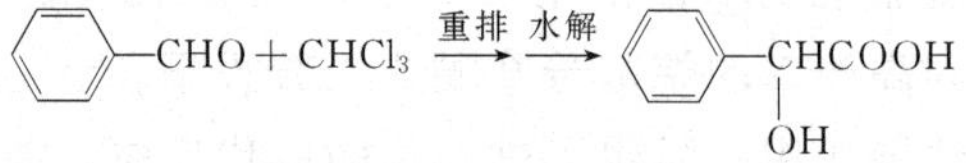

三、主要仪器与试剂

仪器：电动搅拌器、三口烧瓶、恒温水浴锅、恒压滴液漏斗、球形冷凝管、分液漏斗、简单蒸馏装置一套。

试剂：苯甲醛、三乙基苄基氯化铵、氯仿、50%氢氧化钠溶液、乙醚、50%硫酸、无水硫酸钠、甲苯。

四、实验内容

将 10.6g 苯甲醛、1.1g 三乙基苄基氯化铵在三口烧瓶混合后，再加入 16mL 氯仿，水浴加热，于搅拌下慢慢滴加质量分数为 50% 的氢氧化钠水溶液 25mL [每分钟 1～2 滴，浴温维持在（56±2）℃，约需 2h]，加完后，在此温度下继续搅拌 1h。反应液冷却后用水稀释。水溶液用乙醚提取 2 次，分出的水层用质量分数为 50% 的硫酸酸化后，再用乙醚提取。合并提取液，用无水硫酸钠干燥，蒸除乙醚，剩余油状物冷却固化，用甲苯重结晶，得到产物。

五、思考题

1. 为什么要慢加氢氧化钠？
2. 为什么采用甲苯重结晶？

实验六　美多心安的制备

一、实验目的

1. 掌握甲基化、硝化、还原、重氮化、醚化等制备原理和制备方法。
2. 学习减压蒸馏的实验方法。

二、实验原理

1. 性质与用途

美多心安，化学名 1-异丙胺基-4-[4-(2-甲氧乙基)苯氧基]丙醇-2-盐酸盐，分子式 $C_{15}H_{25}NO_5$，相对分子质量 303.83。白色粒状结晶，易溶于水，溶于乙酸和乙醇，不溶于丙酮。熔点 $80\sim81℃$。

美多心安是一种 β-受体阻滞剂，用于轻、中度高血压的治疗，同时也可用于心律失常和心绞痛的治疗。

2. 合成原理

苯乙醇与硫酸二甲酯发生甲基化反应后，经硝化、还原、重氮化、水解得到 4-羟基-β-甲氧基乙苯，然后与氯代环丙烷醚化，与异丙胺加成，成盐得到美多心安。反应方程式如下：

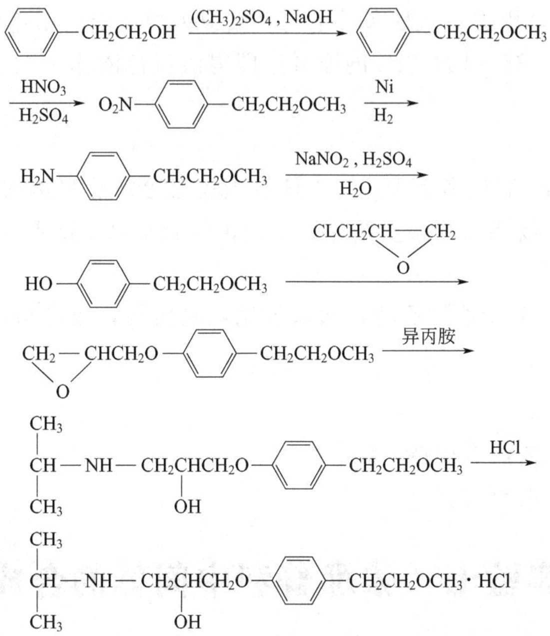

三、主要仪器与试剂

仪器：电动搅拌器、恒温水浴锅、旋转蒸发仪、三口烧瓶、氢气瓶、循环水式真空泵、烧杯、分液漏斗、恒温干燥箱。

试剂：苯乙醇、氢氧化钠、硫酸二甲酯、乙醚、无水硫酸钠、硫酸、硝酸、95％乙醇、镍、稀硫酸、亚硝酸钠、环氧氯丙烷、异丙胺、异丙醇、乙酸乙酯、氯化氢气体、冰水。

四、实验内容

1. 甲基化

向三口烧瓶中加入苯乙醇 75g，在氢氧化钠存在下，于 95℃ 缓缓滴入硫酸二甲酯 90mL，继续保温搅拌 2h，反应毕加水水解，放冷后，用乙醚提取，提取液用无水硫酸钠干燥，回收乙醚，将残留液减压蒸馏，收集 84～86℃/22×133.3Pa 的馏分，即得无色透明液体苯乙基甲醚。

2. 硝化

将苯乙基甲醚 18g 于 0℃ 以下，缓缓加入 50mL 硫酸及硝酸的混合液中，加完后继续搅拌 1h，然后将反应液倒入冰水中析出固体，过滤得 4-硝基苯乙基甲醚粗品，重结晶得微黄色针状结晶，熔点为 61～62℃。

3. 还原

将 4-硝基苯乙基甲醚溶于 5～10 倍体积的 95％（质量分数）乙醇，加入镍氢化。将反应液过滤，滤液减压蒸馏，收集 117～122℃/8×133.3Pa 的馏分，即得无色透明液体 4-氨基苯乙基甲醚。

4. 重氮化与水解

将 4-氨基苯乙基甲醚溶于 20 倍体积的稀硫酸，降温至 0℃，加入亚硝酸钠溶液，进行重氮化反应。结束后将产品水解，用乙醚提取酚，干燥，减压蒸馏，收集 127℃/8×133.3Pa 的馏分，即得黄色液体 4-羟基苯乙基甲醚。

5. 缩合

将 10g 4-羟基苯乙基甲醚在碱性条件下与环氧氯丙烷反应，用乙醚提取，干燥，减压蒸馏，收集 118～128℃/0.35～133.3Pa 的馏分，即得淡黄色液体 3-[4-(2-甲氧乙基)苯氧基]-1,2-环氧丙烷。

6. 胺化

将 12g 3-[4-(2-甲氧乙基)苯氧基]-1,2-环氧丙烷及 20mL 异丙胺溶于异丙醇，100℃ 反应 5h，蒸去溶剂，残留物用石油醚重结晶，得白色针状结晶，熔点 52～53℃。

7. 成盐

将 9g 白色针状结晶溶于乙酸乙酯，通入氯化氢呈酸性，放冷析出白色粒状结晶即为美多心安，熔点 80～81℃。

五、思考题

1. 为什么胺化反应要注意保持干燥？
2. 请阐述硝化反应的机理。

实验七　依那普利中间体的合成

一、实验目的

1. 掌握缩合和还原反应的原理。
2. 掌握苯亚甲基乳酸和 2-苯丁酮酸的制备方法。

3. 学习重结晶的实验方法。

二、实验原理

1. 性质和用途

2-苯丁酮酸为白色晶体,分子式 $C_{10}H_{10}O_3$,相对分子质量178,熔点48～50℃。2-苯丁酮酸是合成依那普利的中间体,依那普利为血管紧张素转化酶抑制剂,临床用于治疗高血压和充血性心力衰竭。

2. 合成原理

丙酮酸与苯甲醛于碱性条件下缩合,然后用硼氢化钾还原,得到2-苯丁酮酸。反应方程式如下:

$$C_6H_5-CHO+CH_3COCOOH \longrightarrow C_6H_5-CH=CHCOCOOH$$

$$C_6H_5-CH=CHCOCOOH \longrightarrow C_6H_5-CH_2\overset{\overset{\displaystyle O}{\|}}{C}COOH$$

三、主要仪器与试剂

仪器:三口烧瓶、温度计、电动搅拌器、恒温水浴锅、恒压滴液漏斗、分液漏斗、抽滤装置一套、简单蒸馏装置一套。

试剂:丙酮酸、10%的氢氧化钠溶液、苯甲醛、硼氢化钾、盐酸、乙醚、无水硫酸镁。

四、实验内容

在0℃下将51.5g丙酮酸与240mL质量分数为10%的氢氧化钠溶液混合,再加入苯甲醛62.2g,然后在10℃下慢慢滴加质量分数为10%的氢氧化钠120mL。加毕,于5～10℃、0℃分别搅拌15min、10min。加6mol/L盐酸使pH=9左右,再分次加入硼氢化钾100g,室温搅拌5h后放置过夜。过滤,滤液用乙醚洗涤,水溶液酸化,再反复用乙醚提取,水洗数次,醚液用无水硫酸镁干燥,蒸除乙醚后继续用乙醚重结晶,得苯亚甲基乳酸37.8g,熔点136～137℃。将苯亚甲基乳酸12.0g与质量分数为5%的氢氧化钠120mL混合,于沸水浴加热45min,冷却,酸化,乙醚提取3次后干燥,蒸除乙醚,再用水重结晶,得4.0g 2-苯丁酮酸。

五、注意事项

1. 乙醚易燃,实验中应注意防火。
2. 无水硫酸镁干燥剂加入应适量。

六、思考题

1. 为什么先用乙醚重结晶,后用水重结晶?
2. 选择重结晶溶剂的原则是什么?

第 10 章　胶　黏　剂

实验一　聚醋酸乙烯酯乳液的制备

一、实验目的

1. 了解自由基型加聚反应的原理。
2. 掌握聚醋酸乙烯酯乳液的制备方法。
3. 理解聚醋酸乙烯酯乳液中各组分的作用。

二、实验原理

1. 性质和用途

聚醋酸乙烯（PVAC）乳液又称白乳胶，为乳白色黏稠浓厚液体，是一种应用广泛的胶黏剂。具有良好的黏结能力，可在 5～40℃ 的温度范围内使用；有良好的成膜性，且无毒、无臭、无腐蚀性，但耐水性差；这种乳液稳定性好，由于使用水作分散介质，具有经济、安全和环保等优点。

聚醋酸乙烯酯乳液胶黏剂主要用于木材、纸张、纺织等材料的粘接以及渗入水泥中提高强度，也是聚醋酸乙烯酯乳胶涂料的原料。

2. 原理

醋酸乙烯酯聚合是自由基型聚合反应，醋酸乙烯酯为单体，过硫酸钾为引发剂，在一定的温度条件下，使单体醋酸乙烯酯聚合生成聚醋酸乙烯酯。反应方程式如下：

$$n\mathrm{CH_3COOCH}{=\!=}\mathrm{CH_2} \xrightarrow{\mathrm{K_2S_2O_8}} \begin{array}{c} -\mathrm{[CH\!-\!CH_2]}_n- \\ | \\ \mathrm{OOCCH_3} \end{array}$$

本实验采用乳液聚合的方法，乳液聚合的主要成分有单体、引发剂、乳化剂及分散介质，引发剂为水溶性引发剂，分散介质一般为水。乳化剂通常为阴离子型表面活性剂，也可采用非离子型表面活性剂或两者的复配体系，阴离子型表面活性剂有 SDS、LAS 等，用量为单体质量分数的 0.5%～2%，制得的乳液黏度较低，与盐混合时稳定性较差。非离子表面活性剂如环氧乙烷的各种烷基醚或缩醛，用量较多，一般为单体质量分数的 1%～5%，制得的乳液黏度大，与盐类、颜料等配合稳定性好。乳液聚合也可以在保护胶体的作用下进行，有提高乳液稳定性和调节乳液黏度的作用。

本实验以聚乙烯醇为保护胶体、OP-10 为乳化剂、水为分散介质、过硫酸钾为引发剂，在乳液体系中进行聚合。

三、主要仪器与试剂

仪器：电子天平、烧杯、量筒、电动搅拌器、恒温水浴锅、四口烧瓶（500mL）、恒压滴液漏斗、回流冷凝管、温度计（100℃）、pH 试纸、表面皿、恒温干燥箱、NDJ-79 型旋转式黏度计。

试剂：醋酸乙烯酯（精制）、聚乙烯醇 1788、乳化剂 OP-10、过硫酸钾、碳酸氢钠、邻苯二甲酸二丁酯。

(1) 聚乙烯醇　通常有 1788 和 1799 两种规格（17 表示聚合度为 1700，88 和 99 分别表示醇解度为 88％和 99％）白色粒状粉末，用于乳液聚合时，一般采用 1788。

(2) 乳化剂 OP-10　黄色至橙黄色半流动状液体，溶于水，pH 为 5～7，HLB15.0，浊点 85～90℃，耐酸碱。

(3) 醋酸乙烯酯　无色易燃液体，有甜的醚香味，ρ 为 0.9317（20/20℃），熔点 −93.2℃，沸点 72.2℃，闪点 −1℃，折射率 1.3959，与乙醇混溶，能溶于乙醚、丙酮、氯仿、四氯化碳等有机溶剂，不溶于水。

(4) 过硫酸钾　$K_2S_2O_8$ 白色细小或大片晶体。相对密度 2.477。在 100℃ 以下分解。

四、实验内容

1. 聚乙烯醇的溶解

将 6.0g 聚乙烯醇 1788 和 100mL 水加入到装有电动搅拌器、球形冷凝管、温度计和恒压滴液漏斗的四口烧瓶中，如图 10.1，开启搅拌，加热升温，温度控制在 90～95℃，充分搅拌，直至聚乙烯醇全部溶解。

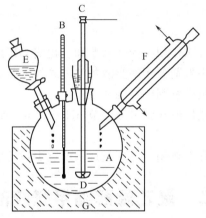

图 10.1　乳液聚合反应装置

A—四口瓶；B—温度计；C—搅拌机；D—搅拌器；E—滴液漏斗；

F—回流冷凝管；G—恒温水槽

2. 乳液聚合

在上述已溶解的聚乙烯醇溶液中加入 2.0g 乳化剂 OP-10，搅拌降温至 60℃，再向上述乳液中加入 22mL 醋酸乙烯酯单体和 5％的过硫酸钾溶液（将 0.5g 过硫酸钾溶于 10mL 水中配制而成）总量的 1/4，保持温度在 68～72℃反应。

待温度升至 78～82℃，回流减少时，开始用恒压滴液漏斗缓慢滴入 86mL 醋酸乙烯酯，控制滴加速度，在 2h 内滴完，在滴加醋酸乙烯酯过程中，分三到四次加入引发剂溶液总量的 1/2。

单体滴加完毕，将余下的引发剂溶液一次加入，待反应温度升至 90～95℃，保温 30min，降温至 50℃，用 10％的碳酸氢钠溶液调节 pH＝5～6，加入邻苯二甲酸二丁酯 5.0g，搅拌均匀，冷至室温，出料，即得产品。

3. 产品检验

(1) pH 值测定　用 pH 试纸测定乳液 pH 值。

（2）固含量测试　将干净的表面皿准确称量后，加入 1.0～1.5g 产品，再准确称量后放入恒温干燥箱，在 110℃ 条件下烘 24h 后，取出置于干燥器中冷却，再称其质量，计算其含固量。

固含量计算公式如下：固含量＝固体质量/乳液质量×100%

（3）黏度测试　以 NDJ-79 型旋转式黏度计测试乳液黏度。选用×1 号转子，测试温度 25℃。

五、注意事项

1. 引发剂不能一次加入太多，否则聚合速度太快，所放出的大量反应热来不及散发，使物料温度迅速上升。

2. 聚合反应开始后，有一自动升温过程。应控制反应温度和滴加速度。聚合过程中液面边缘应有淡蓝色现象出现，否则产物的稳定性不好，最好重新开始实验。

3. 醋酸乙烯酯是有刺激性臭味的透明液体，稍有毒性，易燃易爆、易挥发、易自聚，使用时注意安全，并避免吸入蒸气。

4. 乳液聚合对水质要求较高。若聚合不能正常进行，或产物稳定性不好，应检查水质是否符合要求。

六、思考题

1. 聚乙烯醇在反应中起什么作用？为什么要和乳化剂 OP-10 混合使用？

2. 为什么大部分单体和引发剂要用逐步滴加的方式加入？

3. 单体加完后，加入大量引发剂的目的何在？

4. 为什么反应结束后要用碳酸氢钠溶液调节 pH＝5～6？加入邻苯二甲酸二丁酯的作用是什么？

5. 过硫酸钾在反应中起什么作用？其用量过多或过少对反应有何影响？

实验二　聚乙烯醇缩甲醛胶的合成

一、实验目的

1. 掌握聚乙烯醇缩甲醛胶的合成原理和方法。
2. 熟悉聚乙烯醇缩甲醛胶的分析检验方法。
3. 学习涂-4 黏度计的使用方法。

二、实验原理

聚乙烯醇缩甲醛（polyvinyl formal），又叫 107 胶，也称"文化水"，为无色透明或微黄的黏稠液体，易溶于水，性能优良，工艺简单，价格低廉。

广泛应用于建筑业，有"万能胶"之称，可用于粘接瓷砖、壁纸、外墙饰面等，还可以用作鞋业粘贴皮鞋衬和文具胶水等。

聚乙烯醇（PVA）分子中含有羟基（—OH），是一种亲水性基团，因此聚乙烯醇是溶于水的，它的水溶液可以作为黏结剂使用。聚乙烯醇按其聚合度和醇解度的不同可分为多种型号。本实验使用的是 PVA 平均聚合物为 1700 左右，醇解度约为 99%（摩尔分数）的型号。

为了提高聚乙烯醇的耐水性，可以对其进行缩醛化反应改性。聚乙烯醇缩甲醛胶就是聚乙烯醇在盐酸催化下，部分羟基与甲醛进行缩醛化反应（一种消去反应或缩合反应）生成的热塑性树脂，其反应方程式为：

因为聚乙烯醇缩甲醛分子中，缩醛基是疏水性基团，所以控制一定的缩醛度（聚乙烯醇缩甲醛中含缩醛基的程度，常以百分比表示）。这样可以使生成的聚乙烯醇缩甲醛胶黏剂既有较好的耐水性，又具有一定的水溶性。为了保证产品的质量，缩醛化反应结束后需用 NaOH 溶液中和至中性。

聚乙烯醇缩甲醛胶黏剂的黏度与聚乙烯醇的用量有关，要获得适宜的缩醛度，必须严格控制反应物的配比、催化剂的用量、反应时间和反应温度。

黏度的测定采用涂-4 黏度计。在 20℃时，测定 100mL 胶黏剂从规定直径（4mm）的孔中流出所需的时间（s），并以该流出时间表示黏度的大小。本实验合成的胶黏剂要求黏度在 70s 以上。

对于聚乙烯醇缩甲醛胶黏剂的检验，除了要测定黏度，还要测缩醛度，但由于缩醛度的测定操作麻烦而且费时间，因而，常借助测胶黏剂中的游离甲醛量来了解缩醛化反应完成情况，以及在该反应条件下缩醛度的大小。可以看出，水中游离的甲醛量越少，缩醛度越高；反之，缩醛度越低。本实验合成的胶黏剂要求水中的游离甲醛约在 1.2% 以下。

游离甲醛量的测定是通过亚硫酸钠与甲醛的反应，使之生成羟甲基磺酸钠和氢氧化钠：

然后用玫红酸（变色范围 pH＝6.2～8.0）做指示剂，用标准 HCl 溶液滴定上述反应所生成的 NaOH，溶液由红色变为无色即为滴定终点。根据滴定所需的标准 HCl 溶液的量，可以算出胶黏剂中游离的甲醛含量（%），计算公式如下：

$$HCHO\% = \frac{(V-V_0)c_{HCl} \times 30.03}{1000W} \times 100\%$$

式中　V——滴定胶黏剂消耗的标准 HCl 溶液的体积，mL；

$\quad\quad V_0$——空白滴定（不加胶黏剂）消耗的标准 HCl 溶液的体积，mL；

$\quad c_{HCl}$——标准 HCl 溶液的浓度，mol/L；

$\quad\quad W$——胶黏剂的质量，g；

$\quad$ 30.03——甲醛的摩尔质量，g/mol。

三、主要仪器与试剂

仪器：电子天平、锥形瓶、胶头滴管、量筒、酸式滴定管、白瓷板、洗瓶、玻璃棒、温度计、三口烧瓶、电动搅拌器、秒表、涂-4 黏度计、恒压滴液漏斗、称量瓶、恒温干燥箱。

试剂：0.2mol/L 标准 HCl 溶液、6mol/L NaOH 溶液、0.5mol/L Na₂SO₃ 溶液、36% 甲醛溶液、聚乙烯醇 17-99（PVA17-99）、0.5% 玫红酸、pH 试纸、浓 HCl、尿素、淀粉。

四、实验内容

1. 聚乙烯醇缩甲醛胶黏剂的合成

（1）聚乙烯醇的溶解　在三口烧瓶中加入 13.5g PVA，150mL 水，搅拌，加热，控温在 90℃ 左右，直至完全溶解（40min）。反应装置图如图 10.2 所示。

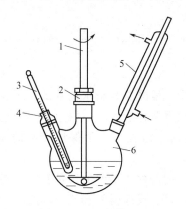

图 10.2 反应装置图

1—搅拌器；2—密封套；3—温度计；4—温度计套管；5—冷凝管；6—三口瓶

（2）聚乙烯醇的缩甲醛化反应　向三口烧瓶中滴加浓 HCl 溶液，将 PVA 水溶液的 pH 调为 2。

量取 5mL 36% 甲醛水溶液，用恒压滴液漏斗缓缓滴入三口烧瓶中，30min 滴完，继续搅拌 30min，停止加热。滴加 6mol/L NaOH 溶液至聚乙烯醇缩甲醛溶液的 pH 为 7 左右。

（3）出料　停止搅拌，取下三口烧瓶，用自来水淋瓶外壁，冷却至室温。倒入干净的烧杯中，待分析使用。

2. 产品的分析测定

（1）黏度的测定　按图 10.3 装置。

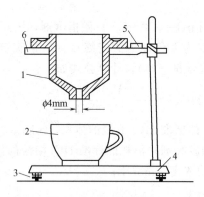

图 10.3 涂-4 黏度计

1—涂-4 黏度计；2—承接杯；3—水平调节螺丝；4—黏度计座；5—水平仪；6—固定架

将洁净、干燥的涂-4 黏度计置于固定架上，用水平调节螺丝调节固定架，使其处于水平状态。用手指按住黏度计下部小孔，将冷至室温的待测胶黏剂倒入涂-4 黏度计至满后，用玻璃棒沿水平方向抹去多余试样。将承受杯置于黏度计下方，松开手指，记下胶水由细流流出变成滴流状流出所需要的时间。

（2）游离甲醛量的测定　用分析天平称取 5g 所测胶黏剂，置于 250mL 有塞锥形瓶中，加入 30mL 0.5mol/L Na_2SO_3 溶液，数秒内迅速摇匀，加入 3 滴 0.5% 玫红酸指示剂，立即用 0.2mol/L 标准 HCl 溶液滴定至溶液由红色变成无色为止。

按同样步骤再进行一个不加胶黏剂的空白实验。

利用本实验给出的公式，计算游离甲醛量。

（3）测定产品固含量 将干净的称量瓶准确称量后，加入 1～1.5g 产品，再准确称量后，放入恒温干燥箱，在 110℃的条件下烘 25h，取出置于干燥器中冷却，再准确称重。

$$固含量 = \frac{干燥后样品质量}{干燥前样品质量} \times 100\%$$

五、注意事项

1. 玫红酸指示剂的配置：0.5g 玫红酸，溶于 50mL 乙醇中，用去离子水稀释至 100mL 摇匀。

2. 注意 PVA 的溶解，即要温度控制稍高一些，并且要不断控制，当 PVA 水溶液为透明，表明 PVA 已经溶解。

3. 涂-4 黏度计只能测定低黏度的黏性物质。对于黏度较大的物质，需用旋转黏度计测定黏度。

六、思考题

1. 聚乙烯醇缩甲醛胶是怎么合成的？如何提高聚乙烯醇缩甲醛的耐水性？

2. 本实验中盐酸和氢氧化钠，各发挥什么作用？

3. 测定聚乙烯醇缩甲醛中游离甲醛的原理是什么？为什么这样测定？

实验三　水溶性酚醛树脂胶的制备

一、实验目的

1. 了解酚醛树脂的合成原理。

2. 掌握水溶性酚醛树脂胶黏剂的制备方法。

二、实验原理

1. 性质和用途

水溶性酚醛树脂胶黏剂为棕色透明黏稠液体，固含量为 45%±2%，游离酚不大于 2.5%，碱度小于 3.5%，黏度 100～200Pa·s（20℃）。

水溶性酚醛树脂胶黏剂主要用作刨花板胶黏剂、建筑胶黏剂、型砂胶黏剂、层压塑料的浸渍剂、纤维胶黏剂、研磨剂等。

2. 原理

酚醛树脂可分为热塑性酚醛树脂和热固性酚醛树脂，此外还有改性酚醛树脂。热塑性酚醛树脂是在酸性催化剂作用下，由酚（过量）与醛加成缩合而成，酚间由亚甲基桥相连接，因而热塑性酚醛树脂自身不能发生固化。热固性酚醛树脂是在碱性催化剂作用下，由酚与醛（过量）加成缩合而成，热固性酚醛树脂分子中存在亚甲基桥、羟甲基官能团、二亚甲基醚桥。由于羟甲基官能团转化为二亚甲基醚桥不需要催化剂，升高温度就可完成转化，所以升高温度，热固性酚醛树脂即可自身固化。根据热固性酚醛树脂反应程度与凝胶点的比较，可将其反应过程分为甲、乙、丙三个阶段，对应甲、乙、丙阶树脂，甲阶酚醛树脂为低分子量线型缩合物，可溶可熔；乙阶酚醛树脂为支化型缩合物，可溶胀而不溶解，可软化而不熔融；丙阶酚醛树脂为体型酚醛树脂，不溶不熔。改性酚醛树脂是为克服未经改性酚醛树脂的脆性大，剥离强度低，不耐冲击等缺点，向酚醛树脂中加入树脂、橡胶等进行共混、共聚或接枝改性，改性酚醛树脂中除含酚羟基官能团外，还含有双键、酯键和羧基官能团。

胶黏剂用酚醛树脂为线型热塑性酚醛树脂、甲阶酚醛树脂和改性酚醛树脂，作为胶黏剂使用较多的是甲阶酚醛树脂，对胶黏剂改性也多选用甲阶酚醛树脂做原料。

常用酚醛树脂胶黏剂有四类。①水溶性酚醛树脂胶系苯酚和甲醛以碱为催化剂，缩聚而成的胶黏剂。由于碱性催化剂种类、数量及生产工艺条件的不同，又可分为涂胶的单板需经低温干燥的酚醛树脂胶和涂胶的单板不需低温干燥的酚醛树脂胶两类，主要用作木材或木板胶黏剂、有机和无机纤维胶黏剂及粒状材料胶黏剂。②醇溶性酚醛树脂胶系苯酚和甲醛在氢氧化铵存在下，缩聚而成的胶黏剂。主要用于纸板或单板的浸渍，以生产船舶板、层积塑料和高级胶合板。③常温固化型酚醛树脂胶系苯酚和甲醛在氢氧化钠作用下进行缩聚反应，经减压脱水，用乙醇稀释的红棕色黏稠液体。加入苯磺酸或石油磺酸在常温下即可固化，广泛用于建筑、交通、家具等方面胶合板的生产。④钡酚树脂胶黏剂系苯酚和甲醛在氢氧化钡作用下进行缩聚反应，经减压脱水，用乙醇或丙酮稀释成黏稠液体。加入苯磺酸或石油磺酸在常温下即可固化，缺点是粘接强度不稳定，含有大量游离苯酚，对人体有害。

本实验采用苯酚与甲醛在氢氧化钠存在下缩聚制备低温水溶性酚醛树脂胶，反应方程式为：

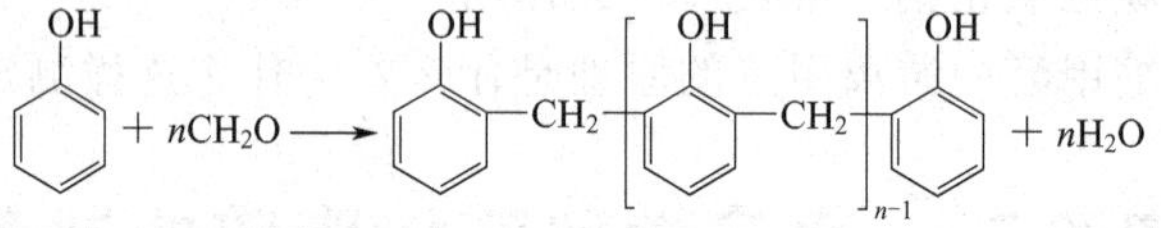

三、主要仪器与试剂

仪器：恒温水浴锅、电动搅拌器、三口烧瓶、回流冷凝管、恒压滴液漏斗、黏度计、电子天平。

试剂：苯酚、氢氧化钠、甲醛水溶液（37％）、对氯苯磺酸。

四、实验内容

1. 水溶性酚醛树脂的制备

将95g苯酚加入到装有电动搅拌器、回流冷凝管和恒压滴液漏斗的三口烧瓶中，水浴加热，待其熔化后，开启搅拌，加入25g 40％的氢氧化钠溶液和42.4g水，控制温度在42~45℃，保温30min。

滴加97.3g 37％甲醛溶液，30min内滴完，控制温度在45~50℃，在80min内由50℃升至87℃，再在25min内由87℃升至95℃，在95℃保温20min。

保温后，在25min内由95℃冷却至82℃，在82℃保温15min，加入24.3g 37％甲醛水溶液，在30min内升温至92℃，并在92~95℃下继续反应20min后取样测其黏度，至符合要求（20℃，黏度为100--200Pa·s为合格），冷却至40℃，出料，即得产品。

2. 酚醛树脂胶的配制及应用

酚醛树脂胶的配方见表10.1。

表 10.1 酚醛树脂胶的配方

组 分	用量/g
水溶性酚醛树脂(基料)	100
对氯苯磺酸(固化剂)	12

加压下室温固化8~12h，可粘接木材。

五、注意事项

1. 热固性酚醛树脂结构与原料种类和配比、催化剂类型和浓度、反应温度有关。
2. 注意严格控制每步反应温度和反应时间。
3. 实际加水量应按配方计算的水量减去甲醛和氢氧化钠的含水量。

六、思考题

1. 常用酚醛树脂胶有哪些类型？各种类型的特点如何？
2. 水溶性酚醛树脂胶黏剂有哪些主要性质和用途？
3. 制备热固性酚醛树脂胶黏剂时如何控制反应停留在甲阶段？

实验四　脲醛树脂胶的合成

一、实验目的

1. 了解脲醛树脂胶的合成原理。
2. 掌握脲醛树脂胶的合成方法。

二、实验原理

1. 性质和用途

脲醛树脂胶（urea-formal dehyde resin adhesives）又名尿素甲醛树脂胶，是无色到浅色（与原料的纯度、来源和制备工艺有关）的流体或固体，由尿素和甲醛缩聚而成。液体脲醛树脂胶是乳白色或微黄色的黏稠液体，固体质量分数 $53\%\sim57\%$，黏度 $60\sim80s$（涂 4 号杯，$25℃$），pH 值 $7.5\sim8.0$，游离甲醛质量分数 $\leqslant2.5\%$。可溶于水，可以水代替有机溶剂，成本低，环境污染较小。其特点是黏结力较强，可在室温或加热时固化，使用方便，工艺性能良好，耐光性好，价格便宜；但耐水性较差，性脆，强度较酚醛树脂胶低，贮存期短。

主要用于竹木胶接，胶合板制造，细木工板和中、高密度板及刨花板等木制品胶合。

2. 合成原理及固化原理

（1）合成原理　由于尿素与甲醛的反应相当复杂，脲醛树脂的形成机理目前尚无定论。一般认为与酚醛树脂相似，先由尿素与甲醛在中性或弱碱性介质中进行亲核加成反应生成羟甲脲。

$$N_2NC{-}NH_2 + HCHO \xrightarrow{\text{碱性或中性介质}} H_2NC{-}NHCH_2OH(\text{一羟甲脲}) + HOCH_2NHC{-}NHCH_2OH(\text{二羟甲脲})$$

反应是放热的，pH 值以 $7.5\sim8.0$ 为宜，$pH>9$，则加快甲醛的歧化反应。

$$HCHO \cdot \xrightarrow{OH^-} CH_3OH + HCOOH$$

加成反应生成的一羟甲脲、二羟甲脲在酸性介质中互相缩聚成线型结构的初期脲醛树脂。

$$\text{（结构式略）}$$

（2）固化机理　脲醛树脂胶的催化是在酸性条件下进行的，而酸性条件往往是加入酸性催化剂后形成的，可用做酸性催化剂的有硫酸、盐酸、甲酸、氯化铵、硫酸铵等。硫酸、盐酸对木材的纤维素有破坏作用，很少使用，最常使用的是氯化铵，氯化铵在水中可水解或与游离甲醛反应产生微量的 H^+，因此使体系呈酸性。

$$NH_4Cl + H_2O \longrightarrow NH_3 \cdot H_2O + HCl$$

$$NH_4Cl + HCHO \longrightarrow (CH_2)_6N_4 + HCl + H_2O$$

$$NH_4Cl \longrightarrow NH_3 + HCl$$

在酸性介质中，这种线型树脂还可进一步缩合成体型结构的树脂，这就是脲醛树脂胶黏剂的固化过程，固化产物可简示为：

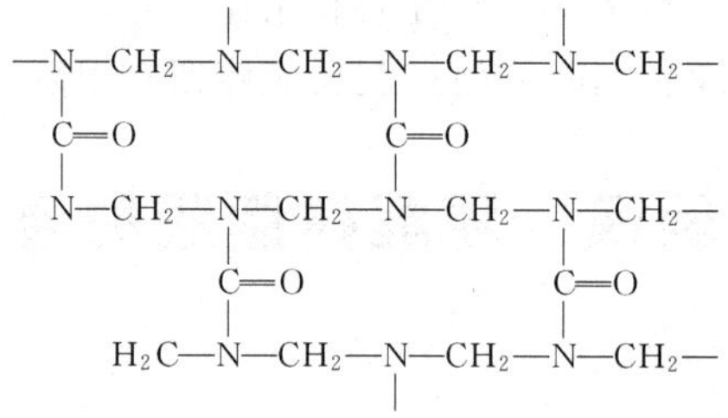

三、主要仪器与试剂

仪器：四口烧瓶（250mL）、温度计（0～100℃）、量筒（100mL）、烧杯（50mL、200mL）、恒温水浴锅、电动搅拌器、球形冷凝管、恒压滴液漏斗（60mL）、电子天平、电热套。

试剂：氢氧化钠、尿素、甲醛（质量分数37%）、氯化铵、甲酸。

四、实验内容

将56g甲醛加入四口烧瓶中，边搅拌边用氢氧化钠或甲酸调节pH值为6.9～7.1，加入21g尿素（质量分数75%），于1h内升温至93～96℃，保温反应30min后，用氯化铵调整pH值至4.7，继续反应30min，用恒压滴液漏斗于30min内滴加尿素溶液（总质量分数的20%，5.6g尿素用4g水溶解），观察黏度的变化和测定反应的终点，其测定方法是，用小烧杯盛一定量的蒸馏水，滴入少量反应物后，如产生白色的雾状黏丝时，视为终点已到。再用氯化铵调整pH值至6.8～7.0。再在真空度为0.08MPa左右至相对密度1.25～1.26时，冷却，待胶液温度降至60℃时，再加入最后1.4g尿素，待尿素溶解完全后，调整pH至7.0～7.5，胶液降温至40℃以下出料。

五、注意事项

1. 严格控制合成时体系的pH值。

2. 缩聚时的反应温度应严格控制，不能过高。

3. 要想制得游离甲醛含量低的脲醛树脂胶、尿素与甲醛的物质的量比应在0.55～0.60之间，这样才能制得游离甲醛质量分数低于2.5%的脲醛树脂胶。

4. 脲醛树脂胶的固化时间与尿素、甲醛的物质量的比有关，控制尿素与甲醛的物质量的比在0.55～0.60之间，可得到固化时间为90～120s和150～180s的脲醛树脂胶。

六、思考题

1. 根据脲醛树脂的合成原理，说明体系的pH值对产物性能的影响。

2. 为什么要严格控制合成反应的温度？温度过高有什么影响？

3. 脲醛树脂胶中游离甲醛含量与什么有关？如何降低游离甲醛的含量？

实验五　双组分聚氨酯胶黏剂的制备

一、实验目的

1. 了解聚氨酯的合成原理和固化机理。
2. 掌握双组分聚氨酯胶黏剂的制备方法。
3. 熟悉聚氨酯胶黏剂的粘接工艺。

二、实验原理

1. 性质和用途

聚氨酯是由多异氰酸酯与含有活泼氢的化合物经聚加成制备而成,主链上含有氨基甲酸酯基单元的一大类聚合物的总称。

聚氨酯分子中因含极性基团—NCO,因此对含有活性氢的材料,如泡沫塑料、木材、皮革、织物、纸张、陶瓷等多孔材料和金属、玻璃、橡胶、塑料等表面光洁的材料都有很强的化学黏结力。此外,聚氨酯胶黏剂还具有韧性可调、黏结工艺简单、耐低温性能和稳定性优良等优点而广泛用于包装、纺织、汽车、飞机制造、建筑、制鞋以及家具等领域。

2. 原理

聚氨酯胶黏剂品种较多,按其形态不同可分为溶剂型、水基型和热熔型聚氨酯胶黏剂,按包装形式不同可分为单组分和双组分聚氨酯胶黏剂,按其反应组成不同可分为多异氰酸酯型、封闭型异氰酸酯和预聚体型聚氨酯胶黏剂。

聚氨酯由二异氰酸酯与多羟基化合物经聚加成制备而成,在不同物质的量比下可得到不同端基不同长短的分子链。合成原理如下:

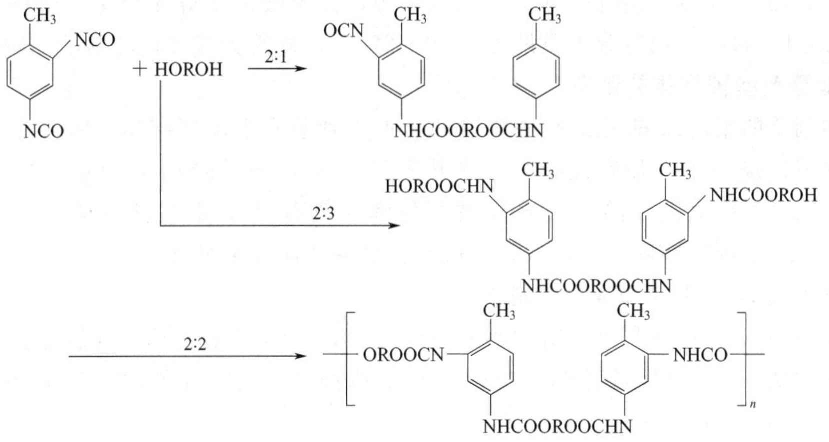

多异氰酸酯胶黏剂主要是吸潮固化,机理如下:

$$RNCO + H_2O \longrightarrow RNH_2 + CO_2 \xrightarrow{+RNCO} RNHCNHR$$

预聚体异氰酸酯胶黏剂有单组分和双组分两类。单组分聚氨酯胶黏剂由异氰酸酯和两端含羟基的聚酯或聚醚反应,得到端—NCO 基的弹性体胶黏剂,再加入适量的催化剂、填料制得,固化机理同多异氰酸酯胶黏剂,遇到空气中的潮气即可固化。

双组分聚氨酯胶黏剂由含—NCO 基的预聚体和聚酯或聚醚树脂组成,其中—NCO 组分为硬链段,调节—NCO/—OH 的比例,可得到不同相对分子质量和不同—NCO 含量的预聚体，反应方程式如下：

$$OCN-R-NCO + HO-R^1-OH \longrightarrow \left[\overset{O}{\underset{}{C}}-\overset{H}{\underset{}{N}}-R-\overset{H}{\underset{}{N}}-\overset{O}{\underset{}{C}}-O-R^1O\right]_n$$
$\qquad$（Ⅰ）$\qquad\qquad$（Ⅱ）

（1）过量时生成端基为—NCO 的预聚体

$$OCN-R-NH\overset{O}{\underset{}{C}}O-R^1-O\overset{O}{\underset{}{C}}NH-R-NCO$$

（2）过量时生成端基为—OH 的预聚体

$$HO-R^1-O\overset{O}{\underset{}{C}}NH-R-NH\overset{O}{\underset{}{C}}O-R^1-OH$$

固化机理主要是—NCO 基与—OH 基在催化剂作用下发生反应，从而形成良好的粘接。

三、主要仪器与试剂

仪器：恒温油浴锅、电动搅拌器、三口烧瓶、回流冷凝管、恒压滴液漏斗、减压蒸馏装置一套。

试剂：己二酸、乙二醇、甲苯二异氰酸酯、三羟甲基丙烷、乙酸乙酯、丙酮。

四、实验内容

1. 聚己二酸-乙二醇酯的合成

将 372.4g（6.0mol）乙二醇和 730.7g（5.0mol）己二酸加入到装有电动搅拌器、回流冷凝管和恒压滴液漏斗的三口烧瓶中，开启搅拌，逐步升温至 200～210℃，移除水分，并测其质量。当水量达到 185g 时，测试烧瓶中反应物的酸值，当酸值达到 40mg KOH/g 时，减压至 0.048MPa，控制温度在 210℃，减压脱醇，控制酸值 2mg KOH/g 出料，制得羟值为 50～70mg KOH/g（相对分子质量为 1600～2240），外观为浅黄色的聚己二酸-乙二醇酯。

2. 聚酯聚氨酯预聚体的制备

将上述制得的聚己二酸-乙二醇酯称取 60g 加入到装有电动搅拌器、回流冷凝管和恒压滴液漏斗的三口烧瓶中，开启搅拌，加热升温至 60℃，开始滴加 4～6g 甲苯二异氰酸酯（80/20，加入量根据聚己二酸-乙二醇酯的羟值和酸值而定），继续升温至 110～120℃。最后加入 134～139g 丙酮溶解，制得浅黄色或茶色黏稠液体（甲组分）。

3. 三羟甲基丙烷-TDI 加成物的制备

在烧瓶中加入 246.5g 甲苯二异氰酸酯（80/20），212g 乙酸乙酯，开启搅拌，滴加熔融的三羟甲基丙烷 60g，控制温度 65～70℃，在 2h 内滴完；滴完后在 70℃保温 1h，冷却到室温，得浅黄色黏稠液体（乙组分）。

4. 通用型双组分聚氨酯胶黏剂的配制（见表 10.2）

表 10.2　通用型双组分聚氨酯胶黏剂的配方

配　方	用量/g
甲组分：聚酯聚氨酯预聚体的丙酮溶液（固含量 30%）	100
乙组分：三羟甲基丙烷与 TDI 加成物的乙酸乙酯溶液（固含量 60%）	10～50

甲：乙＝100：（10～50）。粘接橡胶等软材料时，甲：乙＝100：（10～30）；粘接金属、陶瓷等硬材料时，甲：乙＝100：（30～50），室温固化 24h 即可。

该胶黏剂用于橡胶、木材、金属、陶瓷、硬塑料的自粘和互粘，抗冲击性好，剪切强度可达 12MPa。

五、注意事项

1. 双组分聚氨酯胶黏剂属反应型胶黏剂，由甲乙两组分构成，甲组分为端羟基组分，如聚酯或聚醚多元醇，或其与二异氰酸酯、扩链剂形成的聚氨酯型端羟基产物；乙组分为端异氰酸酯基组分，如多异氰酸酯预聚体或多异氰酸酯。使用时，按一定比例将两组分混合即发生交联反应形成固化产物而实现粘接目的。

2. 扩链剂三羟甲基丙烷能与过量异氰酸酯进行二次反应，生成脲基甲酸酯或缩二脲结构而成为交联剂。

六、思考题

1. 聚氨酯树脂有哪些主要性质和用途？聚氨酯胶黏剂合成原理和固化机理如何？
2. 如何确定聚己二酸-乙二醇酯的反应程度？
3. 制备聚氨酯胶黏剂有哪些基本原料？

实验六 环氧树脂胶黏剂的制备与应用

一、实验目的

1. 了解环氧树脂胶黏剂的组成、结构及相对分子质量与黏结性能的关系。
2. 了解环氧树脂胶黏剂的固化机理。
3. 掌握环氧树脂胶黏剂的配制方法和使用胶黏剂粘接两物体的操作方法。

二、实验原理

1. 性质和用途

环氧树脂是分子中至少带有两个环氧端基的线型高分子化合物，属热固性树脂。环氧树脂胶黏剂是浅黄色或棕色高黏稠透明液体或固体，可不用溶剂直接黏结，具有黏结强度高、固化收缩小、耐高温、耐腐蚀、耐水、电绝缘性能高、易改性、低毒、适用范围广等优点。

环氧树脂胶黏剂应用范围广泛，在航空航天、导弹、造船、兵器、机械、电子、电器、建筑、轻工、化工、农机、汽车、铁路、医疗等领域都有应用，故有"万能胶"之称。

2. 原理

环氧树脂种类很多，但以双酚 A 和环氧氯丙烷缩聚制得的环氧树脂产量最大，用途最广，其合成途径如下。

胶黏剂用环氧树脂的平均相对分子质量为 300~7000。固化前为热塑性树脂，使用时必须加入固化剂，不同固化剂的固化反应有所不同。环氧树脂的固化反应主要发生在环氧基上。环氧基上的氧原子在诱导效应下存在较多的负电荷，其邻近的碳原子上留有较多的正电荷，致使亲电试剂如酸酐等，亲核试剂如伯胺、仲胺等均以加成反应方式使环氧基开环聚合，生成高分子聚合物。其电子效应和进攻方向如下图所示：

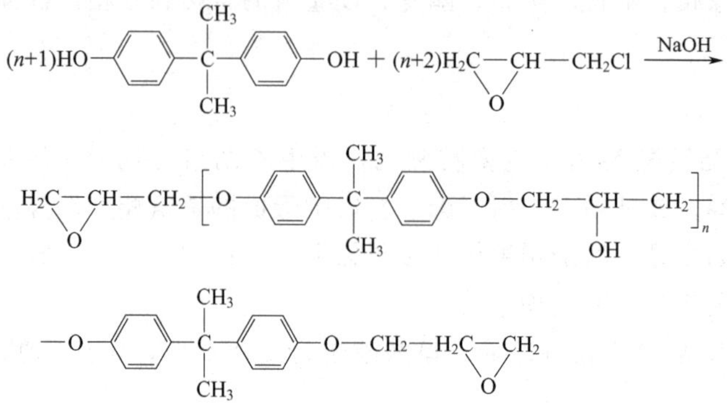

多元胺的胺基与环氧预聚体的环氧端基发生加成反应，该反应无需加热，可在室温下进行，又称冷固化。多元胺的固化机理如下：

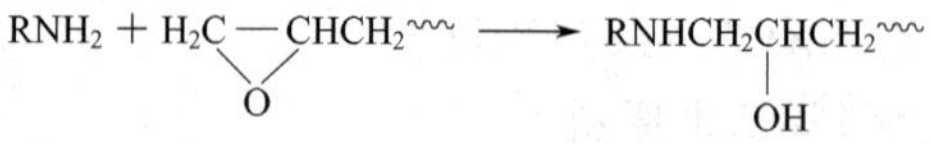

多元羧酸和酸酐的固化时羧基与预聚体上的仲羟基及环氧基之间的反应，该反应需在加热条件下进行，又称热固化。酸酐的固化机理如下：

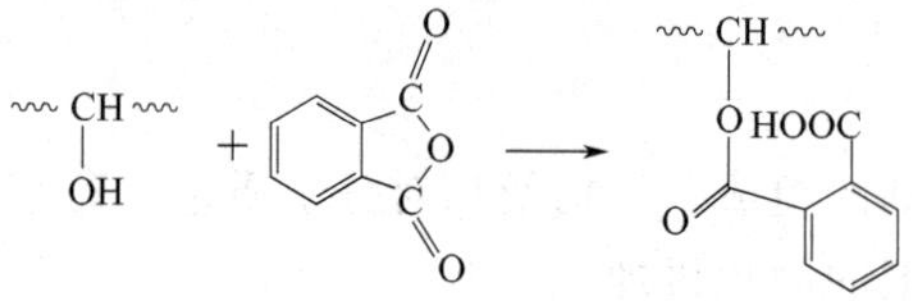

三、主要仪器与试剂

仪器：恒温水浴锅、电动搅拌器、三口烧瓶、回流冷凝管、恒压滴液漏斗、减压蒸馏装置一套、分液漏斗、电子天平简单蒸馏装置一套。

试剂：双酚 A、环氧氯丙烷、氢氧化钠、苯、乙二胺、邻苯二甲酸二丁酯、轻质碳酸钙。

四、实验内容

1. 环氧树脂的制备

将 22.8g 双酚 A、28g 环氧氯丙烷加入到装有电动搅拌器、回流冷凝管和恒压滴液漏斗的三口烧瓶中，水浴加热，开启搅拌，加热升温至 70℃，待双酚 A 全部溶解后，缓慢滴加 28g 30％的氢氧化钠溶液，控制温度在 70℃左右，30min 内滴完。控制温度在 75～80℃继续反应 1.5～2h，可观察到反应混合物呈乳黄色。

停止加热，将反应混合物冷至室温，向烧瓶中加入 30mL 水和 60mL 苯，充分搅拌后，倒入分液漏斗，静置，分去水层，油层用去离子水洗涤数次，直至分出的水相呈中性无氯离子（用 pH 试纸和 $AgNO_3$ 溶液检测）。

将油层先常压蒸馏除出苯，然后减压蒸馏除出残余的苯、水及未反应的环氧氯丙烷，得到淡黄色透明黏稠液。

2. 胶黏剂的配制与应用

本实验制得的低分子量环氧树脂配制的胶黏剂可用于各种金属、玻璃、聚氯乙烯塑料、瓷片等的粘接。粘接工艺主要包括被粘物的表面处理、胶黏剂的配制、涂胶、晾置、叠合、固化等。

（1）被粘物的表面处理　表面处理的目的是使被粘物的表面通过适当的处理达到表面无灰尘、无水分、无油污、无锈蚀，并用机械方法适当粗化，用物理或化学方法活化表面，改变被粘物表面的化学结构，以利于胶黏剂的湿润和黏合力的形成，从而获得良好的效果。

将两块铝片在表 10.3 所述配方的处理液中煮沸 2～7h，然后将其表面打磨，使其粗糙，最后水洗干燥。

表 10.3　配方　　　　　　　　　　　　　　　　单位：g

组分	用量
磷酸三钠	25
硅酸钠	12
肥皂	3
重铬酸钾	3
水	1800

（2）胶黏剂的配制　按表 10.4 所示配方配制胶黏剂。

表 10.4　胶黏剂的配方　　　　　　　　　　　单位：g

组分	用量
环氧树脂（基料）	100
邻苯二甲酸二丁酯（增塑剂）	9.0
乙二胺（固化剂）	60
轻质碳酸钙（填料）	8.0

先将环氧树脂和增塑剂混匀，再加入填料混匀，最后加入乙二胺混匀即可涂胶。注意该胶黏剂配制好后，要立即使用，放置过久会固化变质。

（3）涂胶、晾置、叠合、固化　取少量配制好的胶黏剂涂于已经表面处理过的两块铝片端面，胶层要薄而均匀，胶层厚度一般控制在 0.08～0.15mm 为宜。稍许晾置后将两块铝片胶合面对准叠合，使用适当的夹具使粘接部位在固化过程中保持定位，室温下放置 8～24h 即可完全固化，1～4 滴后可达到最大粘接强度。

五、注意事项

1. 滴加氢氧化钠溶液要慢，以防局部浓度过大形成固体而难以分散。

2. 环氧值是指每 100g 树脂中所含环氧基的物质的量。环氧值是环氧树脂质量的重要指标之一，也是计算固化剂用量的依据。环氧树脂的分子量越高，其环氧值越低，相对分子质量小于 1500 的环氧树脂，其环氧值的测定可采用盐酸-丙酮法。

3. 配胶时固化剂的加入量与其性质、环氧树脂的环氧值等有关，若以胺为固化剂，其用量可按下式进行计算：

$$G = ME/H$$

式中　G——每 100g 环氧树脂所需胺的质量，g；

M——胺的摩尔质量，g/mol；

E——环氧树脂的环氧值，mol/100g；

H——胺中活泼氢原子个数。

六、思考题

1. 环氧树脂有哪些主要性质和用途？其合成原理和固化机理如何？
2. 简述合成环氧树脂的主要工艺。
3. 使用胶黏剂粘接两物体时有哪些主要工序？

实验七 丙烯酸酯系压敏胶的制备

一、实验目的

1. 了解丙烯酸酯系压敏胶的主要性质和用途。
2. 掌握丙烯酸酯系压敏胶的制备方法。
3. 熟悉乳液性能的测试方法。

二、实验原理

1. 性质和用途

丙烯酸酯系压敏胶在常温下具有优良的压敏性和粘接性，而且具有耐老化、耐光、耐水、耐油等优良性能。

丙烯酸酯系压敏胶主要用于制造聚酯薄膜基压敏胶带和可剥离性标签，大量用于包装、标签、结扎、绝缘、防腐、防爆等方面。

2. 原理

丙烯酸酯系压敏胶主要包括溶剂型、非溶剂型、乳液型、热熔型、水溶胶型、微球再剥型、辐射固化型等多种类型，其中以乳液型、热熔型压敏胶为主，主要由基料、增黏剂、增塑剂、填料、黏度调节剂、防老剂等组成。

丙烯酸酯系压敏胶基料通常很少采用丙烯酸酯均聚物，而是将几种丙烯酸酯单体共聚以获得良好的综合性能。合成丙烯酸酯系压敏胶的单体可分为三类：黏性单体（软单体）、内聚单体（硬单体）和改性单体（官能团单体）。其中黏性单体贡献黏附性和柔软性，用作合成丙烯酸酯共聚物的黏性单体常见的有丙烯酸乙酯、丙烯酸丁酯、丙烯酸-2-乙基己酯。内聚单体贡献内聚力和强度，常见的内聚单体有丙烯酸甲酯、甲基丙烯酸甲酯、丙烯腈、苯乙烯、醋酸乙烯酯等。改性单体（带有如环氧基、酰胺基、羟基、羧基等活性官能基团的乙烯基类单体）的引入可赋予聚合物膜一些特殊的反应特性，常见的改性单体有丙烯酸、甲基丙烯酸、丙烯酸羟乙酯、甲基丙烯酸羟乙酯、丙烯酸羟丙酯、甲基丙烯酸羟丙酯、甲基丙烯酸缩水甘油酯、丙烯酰胺、甲基丙烯酰胺、N-羟甲基丙烯酰胺、衣康酸等。少量改性单体能通过其官能基团将共聚物进行化学交联，从而使共聚物内聚强度、力学性能、耐热性和耐老化性大大提高。

丙烯酸酯系压敏胶的乳液聚合有单体滴加法、种子聚合法和预乳化法三种聚合工艺。其中种子聚合法更适合于纸用压敏胶的制备，而单体滴加法更适合于胶带压敏胶的制备。乳液压敏胶的单体包括70％以上的软单体，20％的硬单体，5％以下的改性单体。

三、主要仪器与试剂

仪器：恒温水浴锅、电动搅拌器、三口烧瓶、回流冷凝管、恒压滴液漏斗、锥形瓶、移液管、电子天平、真空干燥箱、网布（80～100 目）、称量瓶。

试剂：十二烷基硫酸钠、丙烯酸、丙烯酸-2-乙基己酯、丙烯酸甲酯、醋酸乙烯酯、十二烷基硫醇、碳酸氢钠、过硫酸钾、乙醇胺、N-羟甲基丙烯酰胺、氨水、去离子水。

四、实验内容

1. 丙烯酸酯乳液的制备

（1）单体预乳化 在装有电动搅拌器、回流冷凝管和恒压滴液漏斗的三口烧瓶中，加入一定量的去离子水、0.4g 十二烷基硫酸钠和 3g 丙烯酸，搅拌均匀后加入 86g 丙烯酸-2-乙基己酯、5g 丙烯酸甲酯、4g 醋酸乙烯酯和 0.1g 十二烷基硫醇，室温下充分搅拌制得单体预乳液。

（2）乳液聚合 向另一装有电动搅拌器、回流冷凝管和恒压滴液漏斗的三口烧瓶中，加入一定量的去离子水、0.1g 十二烷基硫酸钠和 0.3g 碳酸氢钠，开启搅拌，同时升温至 84℃左右，加入上述 1/10 的单体预乳液，并滴加 1.5mL 10% 过硫酸钾溶液。待乳液出现蓝色荧光时，开始滴加剩余的单体预乳液和过硫酸钾溶液，温度控制在 80～85℃，3h 内滴完，滴加完毕保温 1h。降至室温，加入 1g 的乙醇胺，室温下搅拌 6h 以上，脱去游离单体，最后在室温下加入 3g N-羟甲基丙烯酰胺搅拌均匀，用氨水调节 pH＝9 后，用 80～100 目网布过滤即为压敏胶。

2. 性能测试

（1）乳液外观 外观采用目测，取 20～50g 乳液置于 100mL 玻璃烧杯中，用玻璃棒将液体提取到距杯口 2cm 处，观察乳液流动状态及色泽。

（2）凝聚率的测定 乳液聚合结束后，将聚合物乳液过滤出的残渣和反应器壁、搅拌棒叶片上的凝聚物收集起来，水洗、烘干至恒重后称重，计算凝聚物占反应物总质量的百分数（即凝聚率）。以凝聚率表示聚合稳定性，该值越大表示聚合稳定性越差。

（3）单体转化率的测定 称取 2.000～4.000g 乳液，置于已称重的称量瓶中，在 60℃，真空度为 0.095MPa 的真空干燥箱中，干燥至恒重，并按下式计算转化率 $X\%$：

$$X\% = (G_1 - G_0 W)/(G_0 M) \times 100\%$$

式中 G_0——试样质量，g；

$\quad\quad G_1$——试样干燥后恒质量，g；

$\quad\quad W$——聚合配方中除单体外不挥发组分百分含量；

$\quad\quad M$——配方中单体百分含量。

五、注意事项

1. 乳液聚合中，很多因素会对乳液聚合过程和产品质量产生影响，主要影响因素有乳化剂的种类和用量、引发剂的种类和浓度、单体种类和用量、链转移剂、pH 值调节剂、反应温度、搅拌强度和加料方式等。操作过程中必须严格控制工艺条件，才能制得均匀细腻、性能稳定的乳液。

2. 实际加水量应视反应情况而定。

附：双向拉伸聚丙烯压敏胶带用丙烯酸酯系乳液压敏胶配方和工艺

（1）配方（见表 10.5）

表 10.5 双向拉伸聚丙烯压敏胶带用丙烯酸酯系乳液压敏胶配方　　　单位：g

组分	用量
丙烯酸丁酯	50～80
丙烯酸-2-乙基己酯	10～30
甲基丙烯酸甲酯	5～20
丙烯酸	1～4
丙烯酸-β-羟丙酯	0.5～5
乳化剂 A(非离子型)	1～5
乳化剂 B(阴离子型)	0.1～1.0
过硫酸胺	0.1～0.8
碳酸氢钠	0～1
十二烷基硫醇	0～0.2
氨水	适量
去离子水	80

（2）工艺

在装有电动搅拌器、回流冷凝管和恒压滴液漏斗的三口烧瓶中，加入配制好的乳化剂混合液（乳化剂 A、乳化剂 B、碳酸氢钠、过硫酸胺、十二烷基硫醇、去离子水）的 1/3。另外将单体混合液（丙烯酸丁酯、丙烯酸-2-乙基己酯、甲基丙烯酸甲酯、丙烯酸、丙烯酸-β-羟丙酯）与余下的乳化剂混合液在另一个三口瓶中于室温下快速搅拌乳化 15min，取其五分之四注入恒压滴液漏斗中，同时将余下的五分之一注入三口烧瓶内。开启搅拌并升温，控制搅拌速度约 120r/min，在 80℃下反应 0.5h 后，开始滴加单体混合液，1.5h 内滴完，继续在 80～85℃反应 1～1.5h。温度降至 60℃以下，用氨水调节 pH＝9 后出料；放置过夜或数天后乳液 pH 值自然下降至 7.2 左右。

六、思考题

1. 什么叫压敏胶？丙烯酸酯系压敏胶主要包括哪些类型？
2. 影响乳液聚合的主要因素有哪些？它们是如何影响聚合过程的？
3. 制备丙烯酸酯系乳液压敏胶最后加入乙醇胺的目的是什么？

第11章 涂 料

实验一 苯丙乳液的合成及苯丙乳胶漆的制备

一、实验目的

1. 了解乳液聚合原理。
2. 掌握苯丙乳液的合成方法。
3. 掌握苯丙乳胶漆的制备方法。

二、实验原理

1. 性质和用途

苯丙乳液是苯乙烯、丙烯酸酯类、丙烯酸类多元共聚物的简称，是一大类制备简便、性能优良、应用广泛的聚合物乳液。苯丙乳液具有粒径细小、涂膜坚硬、耐碱性好、抗污性高等优点，广泛用于生产内、外墙乳胶漆，地板上光剂，彩砂涂料，凹凸底漆和仿真石漆。

2. 原理

乳液聚合的主要组分有单体、引发剂、乳化剂和水。单体通常占配方量的40%～50%，个别情况可超过50%，单体决定着乳液及乳胶漆膜的理化及力学性能。引发剂一般为水溶性过硫酸盐，用量通常为单体总量的0.2%～0.5%。乳化剂为表面活性剂，作用有二：聚合前形成胶束增溶单体乳化；聚合过程和聚合后使乳胶粒分散稳定。阴离子型乳化剂机械稳定性强，乳胶粒直径小，化学稳定性差；阳离子型乳化剂乳化能力稍差，并可能影响引发剂的分解，一般不为常规乳液聚合所采用；非离子型乳化剂化学稳定性好，乳胶粒直径大。苯丙乳液聚合通常采用阴离子型和非离子型乳化剂的复配体系，制得的产物兼有粒细、低泡和稳定的特点，用量通常为单体总量的0.2%～0.5%。水的多少决定着乳液固含量的高低、乳液的黏度及乳胶漆的黏度。由于普通水中含有多种离子，其中金属离子易与乳化剂作用使其效能衰减，故乳液聚合采用去离子水或蒸馏水，其用量一般占单体总量的50%～70%。

本实验以苯乙烯、甲基丙烯酸甲酯、丙烯酸丁酯、丙烯酸为共聚单体，过硫酸钾为引发剂，OP-10和十二烷基硫酸钠为复合乳化剂进行乳液聚合。

三、主要仪器与试剂

仪器：电子天平、烧杯、量筒、电动搅拌器、恒温水浴锅、四口烧瓶（500mL）、恒压滴液漏斗、球形冷凝管、温度计（100℃）、高速分散机、称量瓶、恒温干燥箱、试管（带刻度）。

试剂：苯乙烯、甲基丙烯酸甲酯、丙烯酸丁酯、丙烯酸、OP-10、十二烷基硫酸钠、过硫酸钾、碳酸氢钠、氨水、去离子水、醋酸苯汞、乙二醇、六偏磷酸钠、磷酸三丁酯、有机硅油、钛白粉、碳酸钙、云母粉、氯化钙。

四、实验内容

1. 苯丙乳液的合成

（1）单体预乳化 在500mL四口烧瓶中，加入200mL水、3.0g碳酸氢钠、6.8g十二烷基硫酸钠、6.8g OP-10，搅拌溶解后再依次加入 5.4g 丙烯酸、25.4g 甲基丙烯酸甲酯、55.0g 丙烯酸丁酯、56.6g 苯乙烯，按图 10.1 组装乳液聚合反应装置图，室温下搅拌 30min 制得单体预乳液。

（2）乳液聚合　在装有电动搅拌器、回流冷凝管、温度计和恒压滴液漏斗的四口烧瓶中，加入 80mL 单体预乳液，开启搅拌，加热升温至 78℃后滴加 16mL 引发剂溶液（3.0g 过硫酸钾溶于 60mL 水配制而成），20min 滴完。同时分别滴加剩余的单体预乳液和 28mL 引发剂溶液，2.5h 内滴完。然后在 30min 内滴完剩余的 16mL 引发剂溶液。缓慢升温至 90℃，保温 1h。冷却反应液至 60℃，用氨水调节 pH=8 后，用 80~100 目网布过滤即得苯丙乳液。

2. 苯丙乳胶漆的配制

先将 90 份水放入高速分散机中，在低速下依次加入 1 份醋酸苯汞（防霉剂）、20 份乙二醇（成膜助剂）、5 份六偏磷酸钠（分散剂）、3 份磷酸三丁酯（消泡剂）、3 份有机硅油（润湿剂）混合均匀后，缓慢加入 225 份钛白粉（着色颜料）、200 份碳酸钙（体质颜料）、25 份云母粉（体质颜料），加料完毕，提高转速，随时测定刮片细度，当细度合格时，在低速下逐渐加入 329.5 份 50%苯丙乳液，搅拌均匀后过筛出料。

五、性能检测

1. 固含量测定

准确称量干净的称量瓶，加入约 2g（准确至 1mg）乳液，再准确称量后，于 110℃烘箱中烘约 2h，取出放入干燥器中冷却至室温后再准确称量。

2. 化学稳定性测定

在 20mL 的刻度试管中，加入 16mL 乳液，再加 4mL 5‰CaCl$_2$ 溶液，摇匀，静置 48h，若不出现凝胶，且无分层现象，则化学稳定性合格。若有分层现象，量取上层清液和下层沉淀高度，清液和沉淀高度越高，则钙离子稳定性越差。

六、注意事项

乳胶漆的制造工艺有色浆法、干着色法、高速搅拌法。色浆法适合于制造薄层涂料，干着色法适合于制造厚层涂料。本实验用高速搅拌法配制苯丙乳胶漆。

七、思考题

1. 乳液聚合中 OP-10 和十二烷基硫酸钠的作用是什么？
2. 乳液聚合过程中为什么要控制单体预乳液和引发剂溶液的滴加速度？

实验二　聚乙烯醇-水玻璃内墙涂料的制备

一、实验目的

1. 了解建筑涂料及内墙涂料的基本知识。
2. 了解聚乙烯醇-水玻璃涂料的特点。
3. 掌握聚乙烯醇-水玻璃涂料的制备。

二、实验原理

1. 性质和用途

建筑涂料是一种用于建筑物，起装饰、防护或其他作用的涂料，包括内墙涂料、外墙涂料、防水涂料、地坪涂料等。内墙涂料是用于建筑物内部的涂料，主要起装饰和保护内室墙面作用，使其美观整洁。内墙涂料一般要求色彩丰富、细腻、调和。特别重要的是，内墙涂料应该没有毒性的颜料、助剂和溶剂等，保证人体健康。

聚乙烯醇-水玻璃涂料是以聚乙烯醇和水玻璃为基料的内墙涂料。该涂料原料易得、制备容易、设备简单、价格低廉、无毒无味，而且有阻燃作用。使用这类涂料时操作方便，施工中干燥快，目前已广泛应用于居民住宅和公共场所的内墙饰面。但内墙涂料耐候性差，一般不适宜用于外墙涂装。

2. 合成原理

制造这类内墙涂料时，除了聚乙烯醇和水玻璃外，还需添加表面活性剂、填（充）料和其他辅助材料，它们都是这类涂料的重要成分。

聚乙烯醇（PVA）是本涂料的主要成分，起成膜作用。它是白色至奶黄色的粉末固体，是由聚醋酸乙烯酯经皂化作用而成的高聚物。在工业上，使用碱（一般用氢氧化钠）皂化的甲醇醇解工艺来生产聚乙烯醇（同时得到醋酸乙酯），故该皂化作用又称为醇解。由聚醋酸乙烯酯转化为聚乙烯醇的程度，称为皂化度或醇解度。醇解度不同的聚乙烯醇在水中的溶解度差异很大。本实验用的聚乙烯醇，要求醇解度在 98% 左右，聚合度约为 1700。

水玻璃即硅酸钠，是无色或青绿色固体，其物理性质因成品中 SiO_2/Na_2O 的比例（称为模数）的不同而异。在本实验中使用模数为 3 的品种。在涂料中，水玻璃所起的作用与聚乙烯醇相似，但膜的硬度和光洁度较好。

表面活性剂主要起乳化作用，能使有机物聚乙烯醇、无机物水玻璃及其他成分均匀地分散到水中，成为乳浊液。在本实验中，可选用的商品乳化剂有：乳化剂 BL、乳化剂 OP-10 和乳化剂平平加-O 等。

填料主要是各种石粉和无机盐，在涂料中起"骨架"作用，使涂膜更厚、更坚实，有良好的遮盖力。常用的填充料有如下几种。

① 钛白粉（TiO_2） 相对密度 4.26，是白度好且硬度大的粉末。具有很好的遮盖力、着色力、耐腐蚀性和耐候性，但成本较高。

② 立德粉（$BaSO_4 \cdot ZnS$） 又称锌钡白，相对密度约 4.2，白度好，但硬度稍差。可用来部分代替钛白粉以降低成本，但性能略差。

③ 滑石粉 化学成分主要是硅酸镁（$3MgO \cdot 4SiO_2 \cdot H_2O$），白色鳞片状粉末，具有玻璃光泽，有滑腻感，相对密度约 2.7。化学性质不活泼，用以提高涂层的柔韧性和光滑度。

④ 轻质碳酸钙 白色细微粉末，体质疏松，相对密度约 2.7。白度和硬度稍差，但价格低廉，加入后可降低成本。

其他成分如颜料、防霉剂、防湿剂、渗透剂等，可按涂料的要求适当添加。

通常是把以上各种填充料按一定的比例混合使用，取长补短，以达到较高的性能/价格比。

本内墙涂料的制备和成膜原理是利用表面活性剂的乳化作用，在剧烈搅拌下将聚乙烯醇和水玻璃充分混合并高度分散在水中，形成乳胶液。然后加入其他成分搅匀，成为产品。将涂料涂覆在墙面上，在水分挥发之后，可形成一层光洁的、包含有填充料和其他成分并起装饰和保护作用的涂膜。

三、主要仪器与试剂

仪器：三口烧瓶、电动搅拌器、恒压滴液漏斗、恒温水浴锅、温度计、烧杯、黏度计。

试剂：聚乙烯醇（规格 1799）、水玻璃（模数＝3）、钛白粉（约 300 目）、立德粉（300 目）、滑石粉（约 300 目）、轻质碳酸钙（约 300 目）、乳化剂 BL（蓖麻油环氧乙烷加成物）、铬黄或铬绿。

四、实验内容

1. 向装有电动搅拌器、恒压滴液漏斗和温度计的三口瓶中加入 128mL 水，搅拌下加入 7g 聚乙烯醇。用水浴加热，逐步升温至 90℃，搅拌至完全溶解，成为透明的溶液。冷却降温至 50℃，加入 0.5～1.0g 的乳化剂 BL，在 50℃ 以下搅拌 0.5h。再降温至 30℃，慢慢滴加 10g 水玻璃。滴加完毕，升温至 40℃，继续搅拌 0.5～1.0h，形成乳白色的胶体溶液。停止加热。

2. 搅拌下慢慢加入 5g 钛白粉、8g 立德粉、8g 滑石粉、32g 轻质碳酸钙和适量的铬黄或铬绿颜料。充分搅拌均匀，即可得到成品约 200g，测黏度。

本实验制得的内墙涂料可用来涂装内墙。涂装前，墙面要清扫干净。若有旧涂层，最好将其清除。若有麻面或孔洞，可用本涂料加滑石粉调成腻子埋补好。久置的涂料，使用前要先搅匀，但不可加水稀释，以免脱粉。涂装中涂刷 1～2 遍即可在墙上形成美观的涂层。

五、注意事项

1. 聚乙烯醇能否顺利溶解，与实验操作有很大的关系。应在搅拌下将聚乙烯醇分散地、逐步地加入温度不高于 25℃ 的冷水中，搅拌 15min 后，才逐渐升温，直至约 85℃。在此温度下搅拌，约 2h 就可完全溶解。不适当的操作可能导致聚乙烯醇结块而溶解困难。

2. 搅拌的时间与搅拌的剧烈程度有关，加剧搅拌可缩短时间。

3. 在实际生产中，由于使用了高效率的搅拌机和研磨机，所得到的产品质量更佳。根据不同的要求，可加入适量（一般用量很少）的防霉剂、防沉剂、渗透剂等。

六、思考题

1. 试分析本实验涂料配方中各组分的作用。

2. 查阅文献资料，分析聚乙烯醇-水玻璃涂料的质量指标及其测定方法。

实验三　聚乙烯醇缩甲醛外墙涂料的制备

一、目的要求

1. 了解外墙涂料的基本知识。

2. 掌握聚乙烯醇缩甲醛外墙涂料的制备方法和实验技术。

二、实验原理

1. 性质和用途

涂料一般是由不挥发分（成膜物质）和挥发分（稀释剂）两部分组成。在物件表面涂覆后，涂料的挥发分逐渐挥发逸去，留下不挥发分干燥成膜。成膜物质又分为主要成膜物质、次要成膜物质和辅助成膜物质三类。主要成膜物质可以单独成膜，也可以黏结颜料等物质共同成膜，所以也称黏结剂。它是涂料的基础，因此常称为基料、漆料和漆基。涂料的次要成膜物质包括颜料和体质颜料，辅助成膜物质包括各种助剂。

建筑物的外墙要经历风吹、日晒、雨淋和温度的起伏变化，许多涂料经受不起这种考验，发生退色、开裂和脱落。外墙涂料在耐候性、附着力和硬度等方面的性能，比内墙涂料有着更高的要求。

2. 合成原理

本实验以聚合度约为 1700 的聚乙烯醇为主要原料，在盐酸的催化下与甲醛反应，生成聚乙烯醇缩甲醛（107 胶）。

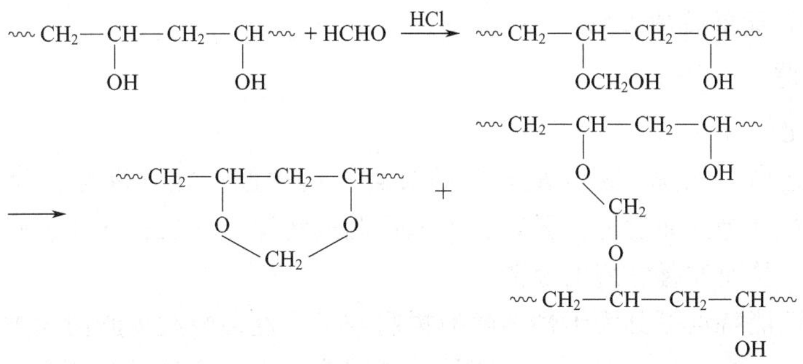

分子内缩醛   分子间(或链段间)缩醛

由于聚乙烯醇分子中只有一小部分羟基参加了缩醛反应，仍存在着大量的自由羟基，同时，部分羟基的缩醛化，破坏了聚乙烯醇分子的规整结构，使生成的这种 107 胶仍具有较好的水溶性。

以 107 胶为体，加入填料、颜料、消泡剂和防沉淀剂等物料，经充分混合和研磨分散，就成为聚乙烯醇缩甲醛外墙涂料。将其涂装在墙面上，待水分挥发后，由于聚乙烯醇缩甲醛分子的羟基间的氢键作用力，以及羟基与填料等物质的极性基间的作用力，使 107 胶能与填料、颜料及其他成分牢固地黏附在墙面上，起保护和装饰作用。本实验所制备的涂料，对墙面有较强的黏附力，遮盖力强，硬度高，耐光性和耐水性良好，成本低廉。

三、主要仪器与试剂

仪器：恒温水浴锅、电动搅拌器、温度计、三口烧瓶、恒压滴液漏斗、烧杯、黏度计。

试剂：甲醛（36%）、聚乙烯醇（聚合度 1700）、盐酸（37%）、氢氧化钠、钛白粉、立德粉、滑石粉、轻质碳酸钙、无机颜料。

四、实验内容

1. 聚乙烯醇缩甲醛溶液（107 胶）的制备

在装有电动搅拌器、恒压滴液漏斗、温度计的三口烧瓶中，加入 200mL 水，搅拌下加入 15g 聚乙烯醇。逐步升温至 80～90℃，搅拌至完全溶解。溶解后加入浓 HCl，调节 pH 值至 2 左右，保温约 90℃下，在 15～20min 内滴入 5g 36% 的甲醛，在该温度下继续搅拌反应 5～10min。降温至 60℃，慢慢滴加 30% 的 NaOH 溶液，调节反应液的 pH 值至 7.0～7.5。撤去热源，继续搅拌片刻（聚乙烯醇经缩醛化及中和操作，溶液的黏度在 30s 左右），即得聚乙醇缩甲醛溶液（107 胶）。

2. 107 外墙涂料

将以上制得的 107 胶倾入 500mL 烧杯中，搅拌下依次加入 10g 钛白粉、8g 立德粉、

10g 滑石粉、50g 轻质碳酸钙和适量的无机颜料，搅拌均匀，必要时加少量的水以调节稠度，即得到聚乙烯醇缩甲醛外墙涂料（实际生产中应根据要求适当添加防沉淀剂、消泡剂、防霉剂和防紫外线剂等，并经砂磨机研磨分散，过滤后得到产品）。

实验四　醇酸树脂的合成

一、实验目的

1. 了解缩聚反应的基本原理。
2. 掌握醇酸树脂的合成方法。

二、实验原理

1. 性质与用途

醇酸树脂是指由多元醇、多元酸与脂肪酸合成的聚酯。在干燥性、附着力、光泽、硬度、保光性、耐候性等方面性能优异，它不但可制成清漆、磁漆、底漆、腻子等，还可与其他涂料成分合用，从而改善它们的性能。

醇酸树脂按性能特点可分为干性油醇酸树脂和不干性油醇酸树脂两大类。按其含油多少即油度又可分为短、中、长、特长油度四种。醇酸树脂中油的种类和油度决定着醇酸树脂的用途。本实验所制为中油度醇酸树脂。

2. 合成原理

醇酸树脂是指由多元醇、多元酸与脂肪酸为原料制成的树脂。邻苯二甲酸酐和甘油以等量反应时，反应到后期会发生凝胶化，形成网状交联结构的树脂。若加入脂肪酸或植物油，使甘油先变成甘油一酸酯 $R-\overset{\overset{O}{\|}}{C}-O-\overset{\overset{OH}{|}}{C}H-CH_2OH$，因为是二官能团化合物，再与苯酐反应就是线型缩聚了，不会出现凝胶化。如果所用脂肪酸中含有一定数量的不饱和双键，则所得的醇酸树脂能与空气中的氧发生反应，而交联成不溶、不熔的干燥漆膜。

合成醇酸树脂通常先将植物油与甘油在碱性催化剂存在下进行醇解反应，以生成甘油一醇酯。其过程如下：

$$
\begin{array}{l}
\text{CH}_2\text{OOCR} \\
| \\
\text{CHOOCR}' \\
| \\
\text{CH}_2\text{OOCR}''
\end{array}
+2
\begin{array}{l}
\text{CH}_2\text{OH} \\
| \\
\text{CHOH} \\
| \\
\text{CH}_2\text{OH}
\end{array}
\longrightarrow
\begin{array}{l}
\text{CH}_2\text{OOCR} \\
| \\
\text{CHOH} \\
| \\
\text{CH}_2\text{OH}
\end{array}
+
\begin{array}{l}
\text{CH}_2\text{OH} \\
| \\
\text{CHOOCR}' \\
| \\
\text{CH}_2\text{OH}
\end{array}
+
\begin{array}{l}
\text{CH}_2\text{OH} \\
| \\
\text{CHOH} \\
| \\
\text{CH}_2\text{OOCR}''
\end{array}
$$

然后加入苯酐进行缩聚反应，同时脱去水，最后生成醇酸树脂。

三、主要仪器与试剂

仪器：电动搅拌器、温度计、回流冷凝管、三口烧瓶、恒温油浴锅、分水器、恒温干燥箱。

试剂：精漂亚麻油、甘油、苯酐、二甲苯、氢氧化锂、汽油、95％乙醇、酚酞指示剂、氢氧化钾。

四、实验内容

1. 亚麻油醇解

① 在装有电动搅拌器、温度计、回流冷凝管的三口烧瓶中加入亚麻油 42g 和甘油 13.3g。

② 加热至 120℃，加入 0.05g 氢氧化锂。继续加热至 240℃，保持醇解 30min。

③ 取样测定反应物的醇溶性。

醇解终点的测定：取 0.5mL 醇解物加入 5mL 95％乙醇，剧烈振动后放入 25℃水浴中，若透明说明已达到终点，浑浊则需继续反应。

④ 到达终点后降温至 200℃以下，三口烧瓶中物料可直接用于下一步酯化。

2. 酯化反应

① 将三口烧瓶与回流冷凝管之间装上分水器，并在分水器中装满二甲苯（到达支管口为止）。

② 从侧口将 27g 苯酐分批慢慢加入三口瓶中，温度保持 180～200℃，约在 30min 内加完。

③ 在三口烧瓶中加入 4g 回流二甲苯，缓慢升温至 230～240℃，回流 2～3h。

④ 取样测定酸值，当酸值小于 20 时，反应达到终点；冷却，加入 75g 溶剂汽油稀释，得棕色醇酸树脂溶液，装瓶备用。

3. 终点控制及成品测定

① 醇解终点测定：取醇解物 0.5mL 加入 5mL 95％乙醇，剧烈振荡后放入 25℃水浴中，若透明说明终点已到；浑浊则继续醇解。

② 酸值测定：称取样品 2～3g（精确至 0.1mg），溶于 30mL 甲苯：乙醇的混合溶液（甲苯：乙醇＝2：1）中，用氢氧化钾-乙醇标准溶液滴定，酚酞作指示剂。

五、实验记录与数据处理

1. 实验记录

测定酸值时样品的质量：＿＿＿g；氢氧化钾-乙醇标准溶液的体积：＿＿＿mL。所得醇酸树脂溶液的外观：＿＿＿＿＿＿＿＿＿＿＿＿＿＿。

2. 数据处理

计算酸值：

$$酸值 = \frac{c_{KOH} M_{KOH}}{m_{样品}} \times V_{KOH}$$

式中　c_{KOH}——氢氧化钾-乙醇标准溶液的浓度，mol/L；

$\quad M_{KOH}$——氢氧化钾的摩尔质量；

$\quad m_{样品}$——样品的质量，g；

$\quad V_{KOH}$——KOH 溶液的体积，mL。

3. 成品固含量测定

称样品 3~4g，烘至恒重（120℃约 2h），计算百分含量。

4. 成品黏度的测定

用溶剂汽油调整固含量至 50% 后测定。

六、注意事项

1. 本实验必须密切注意安全操作，防止火灾。

2. 各升温阶段必须缓慢均匀，防止冲料。

3. 加苯酐时不要太快，注意是否有泡沫升起，防止溢出。

4. 加二甲苯时必须熄火，并注意不要加到外面。

七、思考题

1. 反应为什么要分成两步，即先醇解后酯化，是否能将亚麻油、甘油和苯酐直接混合一起反应？

2. 缩聚反应有何特点，加入二甲苯的作用是什么？除加入二甲苯外，还可采用什么办法达到相同的目的？

3. 本实验为何可用酸值来决定反应的终点，酸值与树脂的分子量有何联系？

实验五　醇酸清漆的配制

一、实验目的

1. 了解醇酸清漆的性质、特点及用途。

2. 了解醇酸清漆的配制过程。

3. 掌握醇酸清漆的漆膜干燥过程。

二、实验原理

1. 性质与用途

醇酸清漆主要是醇酸树脂、甲苯、二甲苯、汽油等溶剂以及催干剂等组成。醇酸树脂具有干燥快，漆膜光亮坚硬，耐候性、耐油性好等优点，应用十分广泛，主要用于木制建筑物、木制家具的表面涂饰，也用于金属制品的防腐保护。

2. 合成原理

醇酸树脂一般情况主要是线型聚合物，由于所用的反应物如亚麻油、桐油等的脂肪酸根中含有大量不饱和双键，当涂成薄膜后，与空气中的氧发生反应逐渐转化成固态的薄膜，这个过程称为漆膜的干燥。其机理较为复杂，主要是氧在邻近双键的亚甲基处被吸收，形成氢过氧化物，这些氢过氧化物再发生引发聚合，使分子间交联，最终形成网状结构的干燥漆膜。

$$ROOH \longrightarrow RO \cdot + \cdot OH$$
$$2ROOH \longrightarrow RO \cdot + H_2O + ROO \cdot$$
$$RO \cdot + \cdot OH \longrightarrow R \cdot + H_2O$$
$$R \cdot + R \cdot \longrightarrow R-R$$
$$RO \cdot + R \cdot \longrightarrow R-O-R$$
$$RO \cdot + RO \cdot \longrightarrow R-O-O-R$$

该过程在空气中进行得相当缓慢，但某些金属如钴、锰、铅、钙等的有机酸皂类对此过程有催化加速的作用，故称它们为催干剂。

三、主要仪器与试剂

仪器：烧杯、玻璃棒、漆刷、三夹板或木板、量筒。

试剂：亚麻油醇酸树脂（50％）、汽油、环烷酸钴（4％）、环烷酸锌（3％）、环烷酸钙（2％）。

四、实验内容

1. 清漆的调配

取亚麻油醇酸树脂（50％）84g、环烷酸钴（4％）0.45g、环烷酸锌（3％）0.35g、环烷酸钙（2％）2.4g 和汽油 12.8g 放入烧杯中，充分搅拌均匀，得醇酸清漆。

2. 成品要求

外观：透明无杂质。不挥发分：≥45％。干燥温度：25℃。表面干燥时间：≤6h，实际干燥时间：≤18h。

3. 干燥时间测定

用漆刷将配制的醇酸清漆均匀地涂覆在木板表面，观察涂膜干燥情况，用手轻按漆膜表面无指纹，即为表干时间。

五、注意事项

1. 调配清漆时必须仔细搅匀，但搅拌不能太过剧烈，以免混入大量气体而影响清漆的性能。

2. 涂刷样板时要涂覆均匀，不能太厚以免影响漆膜的干燥。

3. 杜绝火源。

六、思考题

1. 催干剂的作用是什么？调漆时为什么要加多种催干剂？

2. 涂刷样板时，为什么涂得太厚会影响漆膜的干燥？

第 12 章 染料与颜料

实验一 甲基橙的制备

一、实验目的
1. 掌握重氮化反应和偶合反应的实验操作。
2. 进一步巩固盐析和重结晶的基本原理和操作。

二、实验原理
甲基橙（methyl orange）是一种指示剂，是由对氨基苯磺酸重氮盐与 N,N-二甲基苯胺醋酸盐在弱酸介质中偶合得到，偶合首先得到嫩红色的酸式甲基酸，称为酸性黄；在碱中酸性黄转变为橙黄色的钠盐，即甲基橙。

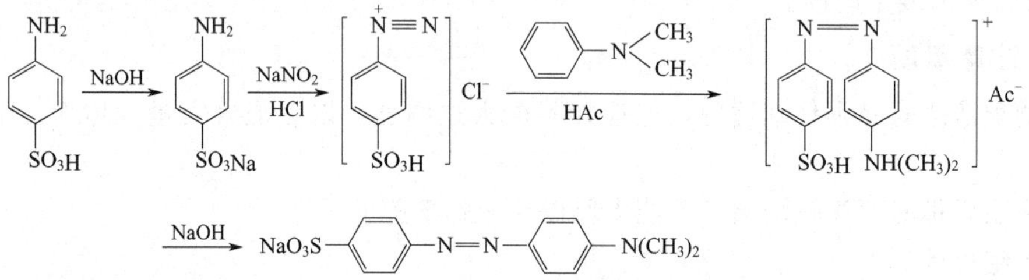

三、主要仪器与试剂
仪器：烧杯（100mL）、试管、胶头滴管、回流冷凝管、布氏漏斗、抽滤瓶（500mL）、循环水式真空泵、电动搅拌器、恒压滴液漏斗。

试剂：氢氧化钠溶液、亚硝酸钠、浓盐酸、冰醋酸、氯化钠、乙醇、乙醚、淀粉-KI 试纸、尿素。

对氨基苯磺酸，相对分子质量 173.19，无色或白色晶体，d_4^{20} 1.485，熔点 288℃，微溶于冷水，不溶于乙醇、乙醚和苯，有显著的酸性，能溶于氢氧化钠溶液和碳酸钠溶液。

N,N-二甲基苯胺，相对分子质量 121.18，淡黄色、有刺激性气味的液体，n_D^{20} 为 1.5582，d_4^{20} 为 0.9550，熔点 2.45℃，沸点 194.5℃，难溶于水，易溶于乙醇、丙酮、苯等有机溶剂。

四、实验内容

1. 方法一
100mL 烧杯中放入 2g 对氨基苯磺酸晶体，加 10mL 质量分数 5% 的氢氧化钠溶液热水浴中溶解，冷却至室温后，加 0.8g 亚硝酸钠，溶解后搅拌下将该混合液分批滴加到盛有 13mL 冰水和 2.5mL 浓盐酸的烧杯中，温度保持在 5℃以下，对氨基苯磺酸重氮盐的白色细粒生成，然后用 KI-淀粉试纸检验。保持冰浴 15min。

在一支试管中加入 1.3mL N,N-二甲基苯胺和 1mL 冰醋酸，振荡混合。搅拌下将此混合液慢慢加入上述冷却的对氨基苯磺酸重氮盐溶液中，搅拌 10min，得到红色的酸性黄沉淀。然后冷却下搅拌，慢慢加入 15mL 质量分数 10%氢氧化钠溶液。反应物变为橙色，细粒甲基橙粗品析出。

将反应物加热至沸腾，使粗的甲基橙溶解后稍冷，于冰浴中冷却，甲基橙全部析出后，抽滤收集晶体，用饱和食盐水冲洗烧杯两次（每次 10mL），此液用于洗涤产品，依次用少量乙醇、乙醚洗涤，称量，计算产率。

2. 方法二

在 100mL 三口烧瓶中加入 2.1g 对氨基苯磺酸、0.8g 亚硝酸钠和 30mL 水，三口烧瓶中口装电动搅拌器，两侧口装恒压滴液漏斗和回流冷凝管，开动搅拌器至固体完全溶解。用量筒量取 1.3mL N,N-二甲苯胺，并用两倍体积乙醇洗涤量筒后一并加入恒压滴液漏斗，边搅拌边慢慢滴加 N,N-二甲苯胺。滴加完毕继续搅拌 20min，再滴入 3mL 1.0mol/L NaOH 溶液，搅拌 5min。将该混合物加热溶解，静置冷却，待生成片状晶体后抽滤得粗产物。

粗产物用水重结晶后抽滤，并用 10mL 乙醇洗涤产物，以促其快干，得橙红色片状晶体。干燥，称重得产品，计算收率。

五、注意事项

1. 对氨基苯磺酸是一种两性化合物，其酸性比碱性强，能形成酸性内盐，它能与碱反应生成盐，难与酸反应，所以不溶于酸。但重氮化反应要在酸性溶液中完成，因此，进行重氮化反应时，首先将对氨基苯磺酸与碱作用，变成水溶性较大的对氨基苯磺酸钠。

$$2^- O_3S\text{—}\bigcirc\text{—}\overset{+}{N}H_3 + NaOH \longrightarrow 2NaO_3S\text{—}\bigcirc\text{—}NH_2 + H_2O$$

2. 在重氮化反应中，溶液酸化时生成亚硝酸。同时，对氨基苯磺酸钠也变为对氨基苯磺酸，以细粒从溶液中析出，并立即与亚硝酸作用，发生重氮化反应，生成粉粒状的重氮盐。为使对氨基苯磺酸钠完全重氮化，反应过程必须不断搅拌。

3. 重氮化反应过程中，温度控制很重要，反应温度若高于 5℃，生成的重氮盐易水解成酚，降低收率。

4. 若试纸不显示蓝色，应补加亚硝酸钠，并充分搅拌，直到试纸刚呈蓝色。若已显蓝色，则表明亚硝酸过量：

$$2HNO_2 + 2KI + 2HCl \longrightarrow I_2 + 2NO\uparrow + 2H_2O + 2KCl$$

析出的碘使淀粉显蓝色，亚硝酸能起氧化和亚硝基化作用，用量过多会引起一系列副反应。这时可加入少量尿素以除去过量的亚硝酸。

$$H_2N\text{—}\overset{\overset{\displaystyle O}{\|}}{C}\text{—}NH_2 + 2HNO_2 \longrightarrow CO_2\uparrow + N_2\uparrow + 3H_2O$$

5. 若含有未反应的 N,N-二甲苯胺的乙酸盐，在加入氢氧化钠后，就会有难溶于水的 N,N-二甲苯胺析出，影响产品的纯度。

6. 为防止产品颜色变深，重结晶操作要迅速。

7. 用乙醇、乙醚洗涤的目的是使产品迅速干燥。

六、思考题

1. 本实验中，重氮盐的制备为什么要控制在 0～5℃进行？偶合反应为什么在弱酸性介质中进行？是否可以在强酸性溶液中进行？

2. 在重氮盐制备前为什么要加入氢氧化钠？本实验若先将对氨基苯磺酸与盐酸混合，

再滴加亚硝酸钠溶液进行重氮化反应，可以吗？为什么？

3. 如何判断重氮化反应的终点？如何除去过量的亚硝酸？

实验二 大红粉颜料的制备

一、实验目的

1. 理解有机颜料合成中重氮化反应和偶合反应的反应机理。

2. 掌握有机颜料制备中过滤、洗涤、干燥等常见的操作。

二、实验原理

1. 性质和用途

大红粉的化学名称为苯基偶氮-2-羟基-3-萘甲酰苯胺，化学式 $C_{23}H_{17}N_3O_2$，结构式为：

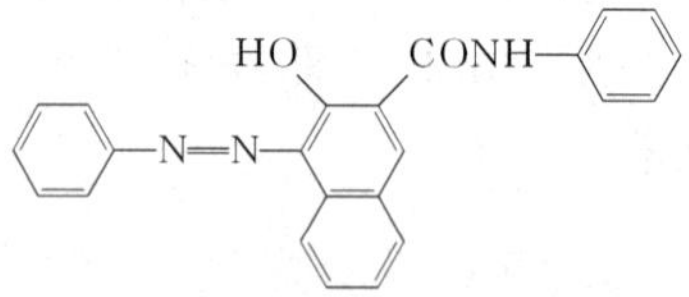

大红粉为桃红色粉末，是重要的红色有机偶氮颜料，具有着色力和遮盖力强、耐晒、耐酸、耐碱等优点。主要用于红色磁漆着色，也适用于乳胶制品、皮革、漆布水彩、油画以及印泥、油墨、文教用品和化妆品着色。

2. 合成原理

在较低的温度下和强酸的水溶液中，苯胺与亚硝酸发生重氮化反应，生成重氮苯盐。因为重氮盐不稳定，温度稍高会分解，所以重氮化反应一般在较低的温度下进行，一般为 $0\sim5℃$。亚硝酸不稳定，容易分解，实验室常用亚硝酸钠的强酸溶液代替亚硝酸。在碱性条件下，重氮盐与色酚 AS 发生偶合反应，生成苯基偶氮-2-羟基-3-萘甲酰苯胺，即大红粉颜料。重氮盐与色酚 AS 偶合时，一般在稀碱溶液中进行。因为在碱中，酚转变成苯氧负离子，该离子是比羟基还强的致活基，更容易发生亲电取代反应。生成的苯基偶氮-2-羟基-3-萘甲酰苯胺再经过酸化、过滤、洗涤、干燥，即得较纯的产品。有关化学反应方程式如下：

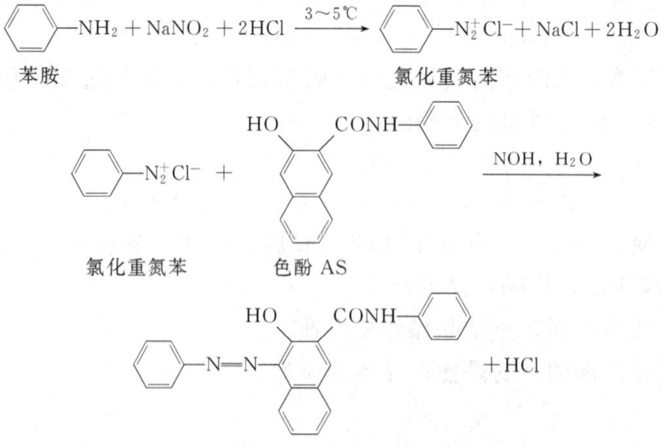

苯胺   氯化重氮苯

氯化重氮苯   色酚 AS

苯基偶氮-2-羟基-3-萘甲酰苯胺

三、主要仪器与试剂

仪器：恒温干燥箱、冰水浴、恒温水浴锅、电动搅拌器、布氏漏斗、抽滤瓶、蒸发皿。

试剂（分析纯）：苯胺，亚硝酸钠，盐酸，氢氧化钠。

色酚 AS，化学纯。俗名纳夫妥 AS。米黄色粉末。有毒！熔点 243～244℃。溶于烧碱溶液、热硝基苯，微溶于乙醇，不溶于水和纯碱溶液，是不溶性偶氮染料的重要偶合组分。主要用于棉纤维织物染色和印花的打底剂，又用作有机染料的中间体。

四、实验内容

1. 重氮化反应

在 100mL 烧杯中加入 20mL 蒸馏水，在冰水浴中降温至 3～5℃，然后加入 6.4mL 37％浓盐酸，再加入 2.5g 苯胺，并搅拌溶解。称 1.9g 亚硝酸钠，放于 10mL 蒸馏水中溶解。在搅拌下，将亚硝酸钠溶液慢慢加入到苯胺溶液中，并在 3～5℃下反应 30min，生成氯化重氮苯。

2. 偶合反应

在 200mL 烧杯中，加入 30mL 蒸馏水，投入 1.6g 氢氧化钠，搅拌溶解。将氢氧化钠溶液升温到 80℃，搅拌下加入 7.2g 色酚 AS，搅拌至完全溶解。再加入 80mL 蒸馏水稀释，保持温度为 38～39℃。在搅拌下，将重氮化反应得到的氯化重氮苯溶液，缓缓加入到上述色酚 AS 的溶液中，偶合反应 30min。得到物料用于后处理过程。

3. 后处理

偶合反应得到的物料，用盐酸调节溶液 pH 为 7，升温至 90℃以上，保温 1h，再进行抽滤。抽滤过程中用蒸馏水洗涤滤饼 2～3 次。滤饼转移到蒸发皿中，置于恒温干燥箱中，控温在 80℃左右干燥，至水分完全蒸发。称重，计算收率。

4. 实验记录与数据处理

大红粉的收率可按下式计算：

$$收率 = \frac{实际产量}{理论产量} \times 100\%$$

理论产量可按下式计算：

$$理论产量 = \frac{M_1 w m}{M_2} g$$

式中　M_1——苯基偶氮-2-羟基-3-萘甲酰苯胺的摩尔质量，g/mol，可取 367.0；

　　　w——苯胺的有效含量，分析纯可取 0.990～0.995；

　　　M_2——苯胺的摩尔质量，g/mol，可取 93.0；

　　　m——原料苯胺的质量，g。

五、注意事项

苯胺有一定的毒性，实验时应保持室内通风。含有苯胺的废液应集中处理，不能随意丢弃。

六、思考题

1. 苯胺的重氮化反应为什么要在 3～5℃的低温下进行？

2. 偶合反应为什么在碱性条件下进行？

3. 滤饼在干燥箱中的干燥温度能否更高，为什么？

实验三　活性艳红 X-3B 的制备

一、实验目的

1. 了解活性染料的反应原理。
2. 掌握 X 型活性染料的合成方法。
3. 掌握缩合、重氮化、偶合反应的机理。

二、实验原理

1. 性质和用途

活性染料又称反应性染料，其分子中含有能与纤维分子中的羟基、氨基等发生反应的基团，在染色时和纤维形成共价键结合，因此这类染料的水洗牢度较高。

活性染料分子的结构包括母体染料和活性基团两个部分。活性基团往往通过某些联结基与母体染料相连。根据母体染料的结构，活性染料可分为偶氮型、酞菁型、蒽醌型等；按活性基团可分为 X 型、K 型、KD 型、KN 型、M 型、E 型、P 型、T 型等。

活性艳红 X-3B 的英文名称：Reactive brilliant red X-3B，是枣红色粉末，溶于水呈现出蓝光红色，在浓硫酸中为红色，在浓硝酸中为大红色，稀释后均无变化；遇铁离子对色光无影响，遇铜离子使色光稍暗。

本品可用于棉、麻、黏胶纤维及其他纺织品的染色，也可用于蚕丝、羊毛、锦纶的浸染；还可用于丝绸印花，并可与直接染料、酸性染料同印；可与活性金黄 X-G、活性蓝 X-R 组成三原色，拼染多种中至深色的颜色，如橄榄绿、草绿、墨绿等，色泽丰满，但贮存稳定性差。

2. 合成原理

活性艳红 X-3B 为二氯均三嗪型（即 X 型）活性染料。构造发色体的母体染料一般按酸性染料的合成方法合成；活性基团的引进一般由母体染料和三聚氯氰缩合得到。若以氨基萘酚磺酸作为偶合组分，则为了避免发生副反应，一般先将氨基萘酚磺酸和三聚氯氰缩合，然后再进行偶合反应，这样可使偶合反应完全发生在羟基的邻位上。其反应方程式如下。

（1）缩合

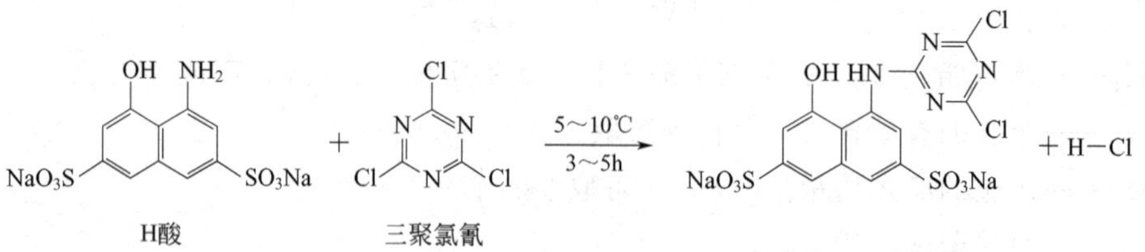

（2）重氮化

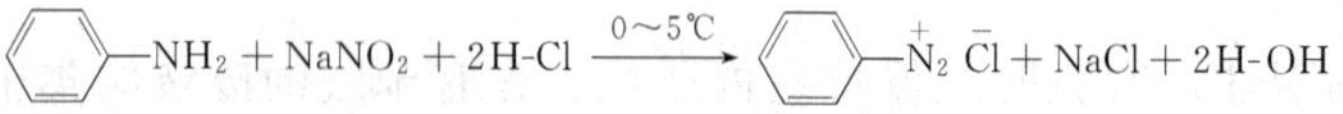

（3）偶合

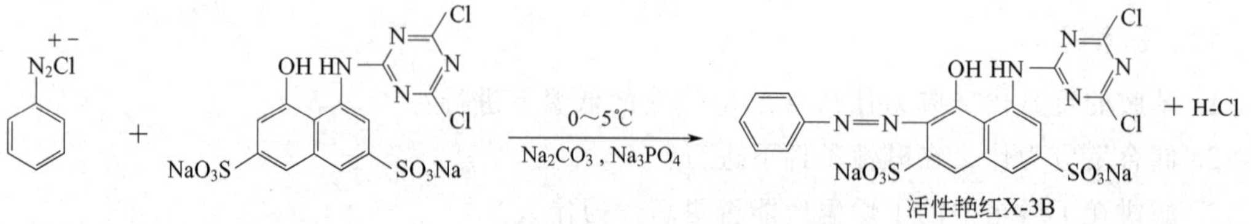

活性艳红 X-3B

三、主要仪器与试剂

仪器：三口烧瓶、电动搅拌器、电热套、温度计、恒压滴液漏斗、烧杯、布氏漏斗、循环水式真空泵、抽滤瓶、恒温干燥箱。

试剂：H 酸、苯胺、三聚氯氰、30％盐酸、亚硝酸钠、碳酸钠、20％磷酸三钠水溶液、20％碳酸钠水溶液、尿素、磷酸二氢钠、磷酸氢二钠、氯化钠。

四、实验内容

1. 缩合反应

在装有电动搅拌器、恒压滴液漏斗和温度计的 250mL 的三口烧瓶中加入 30g 碎冰、25mL 冰水和 5.6g（0.03mol）三聚氯氰，在 0℃搅拌 20min，然后在 1h 内加入 H 酸溶液 ［10.2g（0.03mol）H 酸和 1.6g 碳酸钠溶解在 68mL 水中］，加完后在 5～10℃搅拌 1h，抽滤，得黄棕色澄清缩合液。

2. 重氮化反应

在 250mL 烧杯中加入 10mL 水、36g 碎冰、7.4mL 30％盐酸、2.8g（0.03mol）苯胺，不断搅拌，在 0～5℃时于 15min 内加入 2.1g（0.03mol）亚硝酸钠配成的 30％溶液，加完后在 0～5℃搅拌 10min，得淡黄色澄清重氮液。

3. 偶合反应

在 500mL 烧杯中加入上述缩合液和 20g 碎冰，在 0℃时一次性加入重氮液，再用 20％磷酸三钠溶液调节 pH 至 4.8～5.1。反应温度控制在 0～5℃，继续搅拌 1h。加入 1.8g 尿素，随即用 20％碳酸钠溶液调节 pH 值至 6.8～7。加完后搅拌 3h。此时溶液总体积约 310mL，然后加入溶液体积 25％的食盐盐析，搅拌 1h，抽滤。滤饼中加入滤饼质量 2％的磷酸氢二钠水溶液和 1％的磷酸二氢钠水溶液，搅匀，过滤，在 85℃以下干燥。称量，计算收率。

五、注意事项

1. 严格控制重氮化反应的温度和偶合时的 pH 值。

2. 三聚氯氰在空气中遇水会水解放出氯化氢，使用后要盖好瓶盖。

六、思考题

1. 活性染料的结构特点有哪些？

2. 活性染料主要有哪几种活性基团？相应型号是什么？

3. 盐析后加入磷酸氢二钠和磷酸二氢钠的目的是什么？

实验四 永固红 2B 的制备

一、实验目的

1. 掌握永固红 2B 的制备方法。

2. 了解偶氮色淀类有机颜料的合成工艺。

3. 了解永固红 2B 的性质、用途和使用方法。

二、实验原理

染料索引号 C. I. Pigment Red 48：2 （C. I. 15865：2）。

1. 性质与用途

外观为紫红色粉末。不溶于乙醇。在浓硫酸中为酒红色，稀释后有蓝光红色沉淀；在浓硝酸中为棕光红色；在浓氢氧化钠溶液中为红色。着色力强，耐晒性和耐热性良好，耐碱性较差。

主要用于油墨、塑料、橡胶、涂料和文教用品着色。

2. 合成原理

将 2-氯-4-氨基甲苯-5-磺酸（2B 酸）重氮化，再与 2，3-酸偶合。将所得到的染料用钙盐（或钡盐、锰盐、锶盐）色淀化，即得产品。钡盐和锶盐为红色；钙盐和锰盐为蓝光红色。反应方程式如下：

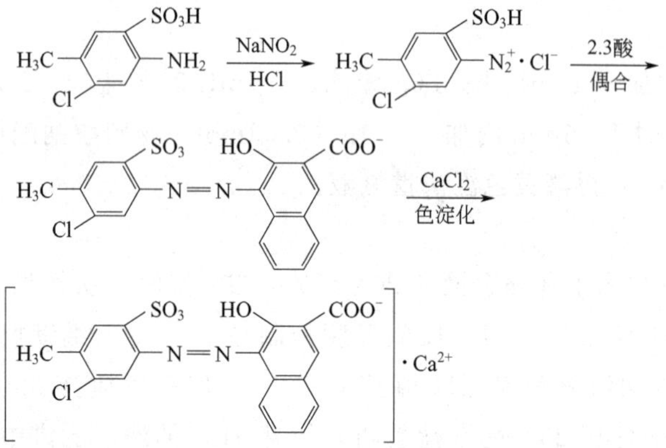

三、主要仪器与试剂

仪器：电动搅拌器、恒温水浴锅、烧杯、循环水式真空泵、布氏漏斗、抽滤瓶、恒温干燥箱、淀粉碘化钾试纸、恒压滴液漏斗。

试剂：25％氨水、2B 酸、36％盐酸、亚硝酸钠、20％氢氧化钠溶液、松香粉、2，3-酸、$BaCl_2 \cdot 2H_2O$、芒硝。

四、实验内容

1. 重氮化

在 800mL 烧杯中加水 230mL，加入质量分数为 25％的氨水 4.8mL，加入 2B 酸 13.6g，搅拌使其溶解，pH＝7.5，过滤。滤液重新移入烧杯，并加入少量水，洗涤滤饼和滤瓶，加冰降温至 5～10℃，迅速加入质量分数 36％盐酸 15.1g（12.8mL），搅拌 20min，控制温度在 10～12℃，用 10～15min 加入亚硝酸钠溶液（4.4g 配成质量分数为 30％的溶液），终点 pH＝1.5，淀粉碘化钾试纸呈微蓝色，总体积约 400mL，保持 30min，备偶合。

2. 松香皂溶液的配制

在 100mL 烧杯中，加水 10mL，加入质量分数为 20％的氢氧化钠溶液 1.6g，搅拌，升温至 90℃，加入松香粉 1.9g，搅拌溶解至透明为止。备用。

3. 2,3-酸的溶解和偶合

在 2000mL 烧杯中，加水 200mL，加入质量分数为 20％的氢氧化钠 15.5g，加入 2，3-

酸 11.7g，升温至 20℃，搅拌全溶。加入白料（$BaCl_2 \cdot 2H_2O$ 3.2g＋水 20mL，芒硝 2.0g＋水 20mL，再混合），再加入松香皂溶液，再加入二次碱液 15.5g，在 20～25℃，用 8～10min 加入重氮液，进行偶合反应，终点 pH＝8～9，偶合组分微过量，保持反应 1h，升温到 80～90℃，保温 1h，过滤，水洗，80℃干燥。

五、思考题

1. 影响永固红 2B 色光的因素有哪些？
2. 在偶合过程中，加入松香皂的目的是什么？

实验五　阳离子翠蓝 GB 的制备

一、实验目的

1. 掌握阳离子翠蓝 GB 的制备方法。
2. 了解阳离子染料的性质、用途和使用方法。
3. 掌握烷基化、亚硝化、缩合反应的机理。

二、实验原理

染料索引号 C. I. Basic Blue 3（C. I. 51004）

1. 性质与用途

外观为古铜色粉末。在 20℃水中的溶解度为 40g/L，溶解度受温度影响很小，水溶液为绿光蓝色。在浓硫酸中为暗红色，稀释后变为红光蓝色。在水溶液中加入氢氧化钠有蓝黑色沉淀。染腈纶为艳绿光蓝色，在钨丝灯下更绿。在 120℃高温染色，色光较绿。染色时遇铜离子色光显著变绿，遇铁离子色泽微暗。配伍值为 3.5，f 值为 0.31。

用于毛/腈、粘/腈混纺织物的接枝法染色，也可以用于腈纶地毯的直接印花。

2. 合成原理

阳离子翠蓝 GB 是以间羟基-N,N-二乙基苯胺为原料，用硫酸二甲酯甲基化，得到间甲氧基-N,N-二乙基苯胺；再用亚硝酸钠亚硝化；然后与间羟基-N,N-二乙基苯胺进行缩合。反应方程式如下。

（1）甲基化反应

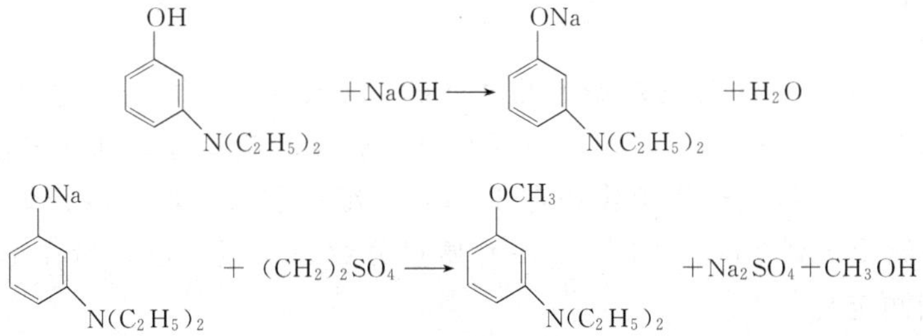

（2）亚硝化反应

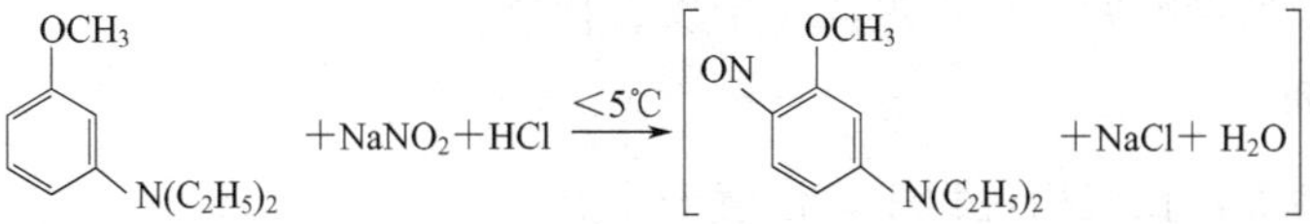

（3）缩合反应

三、主要仪器与试剂

仪器：电动搅拌器、回流冷凝管、温度计、三口烧瓶、恒温水浴锅、恒温油浴锅、恒压滴液漏斗、分液漏斗、电热套、烧杯、刚果红试纸、淀粉碘化钾试纸。

试剂：42%氢氧化钠溶液、保险粉、间羟基-N,N-二乙基苯胺、硫酸二甲酯、30%盐酸、亚硝酸钠、50%氯化锌溶液。

四、实验内容

1. 甲基化反应

向装有回流冷凝器、电动搅拌器、温度计的 250mL 三口烧瓶中加水 15mL，13g 质量分数 42% 的氢氧化钠，0.2g 的保险粉和 10g 间羟基-N,N-二乙基苯胺，搅拌加热至 75～80℃，使间羟基-N,N-二乙基苯胺全部溶解，将 16g（约 12mL）硫酸二甲酯分四次加入，第一次在 85℃，加入 4g 硫酸二甲酯，温度升高，反应 15min，冷却至 88℃，第二次和第三次都加入 4g 硫酸二甲酯，再加热升温至 100～102℃，恒温 15min，然后冷却到 88℃；第四次加入 4g 硫酸二甲酯，再加热升温至 100～102℃，反应 20min，停止搅拌，冷却至 50～60℃放料到分液漏斗中，（不要将析出的盐倒入分液漏斗中）进行静置分层，放掉下层盐水，再静置 30min，放掉下层水，上层棕色油状物即为间甲氧基-N,N-二乙基苯胺，称重，计算粗产率。

2. 亚硝化反应

向 250mL 烧杯中加入 30g 冰水，6.5mL 质量分数 30% 的盐酸，5.1g 上述产物间甲氧基-N,N-二乙基苯胺，搅拌冷却至 0～2℃，在 15min 内慢慢加入已配好的亚硝酸钠溶液（由 2.1g 亚硝酸钠溶于 7mL 水中），亚硝化温度保持在 5℃以下。反应物应使刚果红试纸呈蓝色，否则补加盐酸，用淀粉碘化钾试纸测定亚硝酸，若不显蓝色，则应补加亚硝酸钠溶液。在 5℃以下反应 30min。

3. 缩合反应

向装有回流冷凝器、电动搅拌器、温度计的 250mL 三口烧瓶（注意密封）中，加入 8mL 水，搅拌下加入 5.2g（0.03mol）间羟基-N,N-二乙基苯胺，加热升温至 85℃，保温 10min 后降温至 80℃，将上述亚硝化物在 15min 内细流加入，保持流量均匀，加完后，再搅拌 45min，降温冷却到 75℃，加入 3.5mL 质量分数 30% 的盐酸，搅拌 10min，使物料全部溶解（用渗圈测定）。

然后于 65～70℃下滴加入 2mL 50% 氯化锌溶液，于 65～70℃保温 15min，自然冷却至 45℃，测渗圈，斑点清晰后，进行过滤、干燥、称重。

五、注意事项

硫酸二甲酯剧毒，在使用过程中，注意安全。

六、思考题

1. 阳离子染料有何特点？

2. 在甲基化反应中，硫酸二甲酯为何要分四批加入？

实验六　色酚 AS 的制备

一、实验目的

1. 掌握色酚 AS 的制备方法。

2. 掌握酰化反应的机理。

二、实验原理

1. 性质与用途

色酚 AS，化学名称为 N-(3-羟基-2-萘甲酰基）苯胺。米黄色或微红色粉末。熔点247～250℃。不溶于水和碳酸钠溶液，于氢氧化钠溶液中呈黄色，微溶于乙醇，可溶于热硝基苯。

本品广泛用作棉纤维织物染色、印花的打底剂，如与黄色基 GC 偶合为黄色，与橙色基 GC 偶合为橙色，与大红色基 RC 或红色基 KB 偶合为红色，与大红色基 G 偶合为国旗红色，与蓝色基 VB 或蓝色基 BB 偶合为蓝色，与红色基 RC 偶合为酱红色，与枣红色基 GBC 偶合为枣红色。还可用于制造色素染料和有机颜料。

2. 合成原理

酰化是指有机分子中与碳原子、氮原子、磷原子、氧原子或硫原子相连的氢被酰基所取代的反应。氨基氮原子上的氢被酰基所取代的反应称为 N-酰化。羟基氧原子上的氢被酰基所取代的反应称为 O-酰化，又称酯化。碳原子上的氢被酰基所取代的反应称为 C-酰化。酰化是亲电取代反应。常用的酰化剂有：羧酸、酸酐、酰氯、羧酸酯、酰胺等。

色酚 AS 是以 2,3-酸为酰化剂，将苯胺氮原子上的氢取代，反应方程式如下：

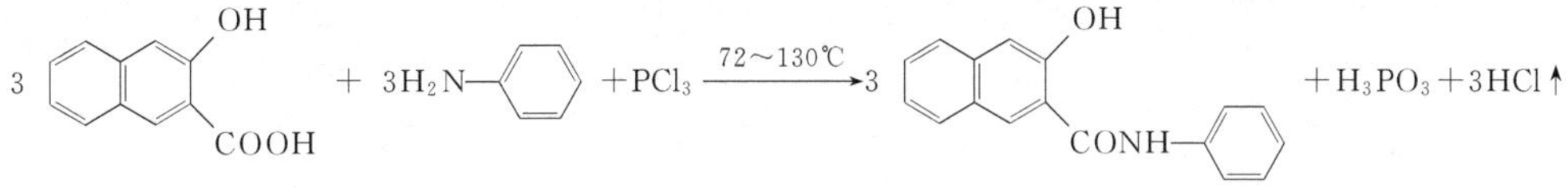

三、主要仪器与试剂

仪器：电动搅拌器、回流冷凝管、温度计、恒压滴液漏斗、四口烧瓶、pH 试纸、循环水式真空泵、布氏漏斗、抽滤瓶、恒温干燥箱、熔点仪、恒温油浴锅。

试剂：2,3-酸、氯化钙、氯苯、苯胺、三氯化磷、10%碳酸钠溶液。

四、实验内容

向干燥无水，装有回流冷凝管（上口附有盐酸气引出管）、电动搅拌器、温度计和恒压滴液漏斗的 250mL 四口烧瓶中，加入 2,3-酸 12.8g，经氯化钙干燥过的氯苯 70mL，新蒸馏过的苯胺 10.5mL，升温至 110℃，以 10min 左右的时间，滴加三氯化磷 3.5mL（约 5.6g）。升温至回流（约 132℃），保持回流 2h，直到几乎无盐酸气放出为止（放出的盐酸气，经引出管引出，用水吸收）。

反应完毕，冷却至 80～90℃，慢慢滴加事先配好的质量分数 10%碳酸钠溶液，将反应物中和至 pH＝8。

　　将回流冷凝管，改装成蒸馏-冷凝装置，用水蒸气蒸馏法将氯苯蒸出，蒸净氯苯后，将物料冷至 50～60℃，过滤，热水洗涤至滤液澄清，过滤，干燥，得浅肤色粉末，称重，计算收率，测熔点。

　　注：实验装置必须严密、干燥无水。

五、思考题

1. 请比较酰化剂——羧酸、酸酐、酰氯的反应活性。

2. 在反应体系中，如果有微量的水存在，会对反应产生什么影响？

第 13 章　综合性实验

实验一　从茶叶中提取咖啡因

一、实验目的

1. 学习从茶叶中提取咖啡因的原理与方法。
2. 掌握索氏提取器的工作原理及其应用。
3. 掌握升华原理及其操作。

二、实验原理

茶叶中含有多种天然产物，其中以咖啡因（又称咖啡碱、茶素）为主，占 $1\% \sim 5\%$（其中红茶中含咖啡因约 3.2%，绿茶中含咖啡因约 2.5%），咖啡因是弱碱性化合物，易溶于氯仿（12.6%）、水（2%）及乙醇（2%）等，在苯中的溶解度为 1%（热苯为 5%）；另外还含有 $11\% \sim 12\%$ 的单宁酸（又名鞣酸），具有酸性，可与咖啡因成盐，使咖啡因不能够升华，因此升华前必须加生石灰中和单宁酸，它是酯类化合物，可以与醇羟基及糖分子中的羟基发生酯交换反应，可以被乙醇提取出来，但不溶于苯；蛋白质与氨基酸，约占 0.6%，它们可以与乙醇发生酯化反应而被提取出来。

咖啡因是杂环化合物嘌呤的衍生物，化学名称为 1,3,7-三甲基-2,6-二氧嘌呤，分子式 $C_8H_{10}N_4O_2$，相对分子质量 194.2，其结构式为：

嘌呤　　　　　咖啡因
(1,3,7-三甲基-2,6-二氧嘌呤)

含结晶水的咖啡因系无色针状结晶，味苦，能溶于水、乙醇、氯仿等。在 100℃ 时即失去结晶水，并开始升华，120℃ 时升华相当显著，至 178℃ 时升华很快。无水咖啡因的熔点为 234.5℃。

本实验用 95% 乙醇作溶剂，从茶叶中提取咖啡因，使其与不溶于乙醇的纤维素和蛋白质等分离，萃取液中除咖啡因外，还含有叶绿素、单宁酸等杂质。蒸去溶剂后，在粗咖啡因中拌入生石灰，使其与单宁酸等酸性物质作用生成钙盐。游离的咖啡因通过升华得到提纯。

工业上，咖啡因主要通过人工合成制得。它具有刺激心脏、兴奋大脑神经和利尿等作用，因此可作为中枢神经兴奋药，也是复方阿司匹林（APC）等药物的组分之一。

咖啡因可以通过测定熔点及光谱法加以鉴别。此外，还可以通过制备咖啡因水杨酸盐衍生物进一步得到确证。咖啡因作为碱，可与水杨酸作用生成水杨酸盐，此盐的熔点为 137℃。

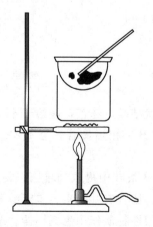

$$\text{咖啡因} + \text{水杨酸} \longrightarrow \text{咖啡因水杨酸盐}$$

三、主要仪器与试剂

仪器：索氏提取器（150mL）、圆底烧瓶（150mL）、回流冷凝管、直形冷凝管、电热套、蒸发皿、烧杯（250mL）、布氏漏斗、抽滤瓶、循环水式真空泵、分液漏斗、滤纸。

试剂：茶叶 10g、95％乙醇、生石灰、氯仿、碘-碘化钾试剂、盐酸、$KClO_3$、水杨酸、甲苯、石油醚。

四、实验内容

1. 咖啡因的提取

（1）提取　在 150mL 圆底烧瓶中加入 80mL 乙醇溶液。称取 10g 研细的茶叶末，装入折叠好的滤纸筒中，折封上口后放入提取器内，安装索氏提取器装置。

检查装置各连接处的严密性后，接通冷却水，用水浴加热，连续提取至虹吸管内液体的颜色很淡为止（需 2~3h）。当冷凝液刚刚虹吸下去时，立即停止加热。

（2）浓缩　稍冷后，拆除索氏提取器，改成蒸馏装置，加热蒸馏，回收提取液中大部分乙醇。

（3）中和、除水　趁热将烧瓶中的残夜倒入干燥的蒸发皿中，加入 4g 研细的生石灰，搅拌均匀成糊状。

将蒸发皿放在一个大小合适的烧杯上，烧杯内盛放 1/2 容积的水，用蒸汽浴加热蒸发水分，如图 13.1 所示。此间仍需不断搅拌，并压碎块状物。然后再将蒸发皿放在石棉网上，用小火焙炒烘干，直到固体混合物变成疏松的粉末状，水分全部除去为止。

图 13.1　蒸汽浴加热装置

（4）升华　冷却后，擦净蒸发皿边缘上的粉末，盖上一张刺有细密小孔的滤纸，再将干燥的玻璃漏斗（口径须与蒸发皿相当）罩在滤纸上。用砂浴（或电热套）缓慢加热升华。控制砂浴温度在 220℃ 左右。当滤纸的小孔上出现较多白色毛状晶体时，暂停加热，让其自然冷却至 100℃ 以下。取下漏斗，轻轻揭开滤纸，用刮刀仔细地将附在滤纸上的咖啡因晶体刮下。

残渣经搅拌后，盖上滤纸和漏斗，继续用较大火加热，使升华安全。

合并两次收集的咖啡因，称量质量并测其熔点。

纯粹咖啡因的熔点为 234.5℃。

2. 咖啡因水杨酸衍生物的制备

在试管中加入 50mg 咖啡因，37mg 水杨酸和 4mL 甲苯，在水浴上加热摇荡使其溶解，然后加入约 1mL 石油醚（60～90℃），在冰浴中冷却结晶。如无晶体析出，可用玻璃棒或刮刀摩擦管壁。用玻璃钉漏斗过滤收集产物，测定熔点。

纯盐的熔点为 137℃。

3. 提取液及咖啡因的定性检测

（1）提取液的定性检测　取样品液两滴于干燥的白瓷板（或白色点滴板）上，喷上酸性碘-碘化钾试剂，可见到棕色、红紫色和蓝紫色化合物生成。

棕色表示有咖啡因存在，红紫色表示有茶碱存在，蓝紫色表示有可可碱存在。

（2）咖啡因的定性检测　取上述任一样品液 2～4mL 置于瓷皿中，加热蒸去溶剂，加盐酸 1mL 溶解，加入 $KClO_3$ 0.1g，在通风橱内加热蒸发，待干，冷却后滴加氨水数滴，残渣即变为紫色。

五、注意事项

1. 索氏提取器的虹吸管极易折断，装置仪器和取拿时须特别小心。

2. 滤纸筒大小既要紧贴器壁，又能方便取放，其高度不得超过虹吸管；滤纸包茶叶末时要严密，防止漏出堵塞虹吸管；纸筒上面折成凹形，以保证回流液均匀浸润被萃取物。

3. 若提取液颜色变淡时，即可停止提取。

4. 瓶中乙醇不可蒸得太干，否则残液很黏，转移时损失较大。若有少量残液沾在烧瓶，可用 2～3mL 乙醇洗出合并。但也不能残留过多溶剂，否则蒸气浴时很容易四处飞溅。

5. 生石灰起吸水和中和作用，以除去部分酸性杂质。

6. 如水分未能除净，将会在下一步升华开始时带来一些烟雾，污染器皿。检查水分是否除净，可用底部堵上棉花的玻璃漏斗倒扣在蒸发皿上，小火加热，如果漏斗内出现水珠，表示水分未除净，则用纸擦干漏斗内的水珠后再继续培炒片刻，直到漏斗内不出现水珠为止。

7. 在萃取回流充分的情况下，升华操作是实验成败的关键。升华过程中，始终都需要用小火间接加热。如果温度太高，会使产物发黄。注意温度计应放在合适的位置，使之正确反映出升华的温度。

如无砂浴，也可用简易空气浴加热升华，即将蒸发皿底部稍离开石棉网进行加热。并在附近悬挂温度计指示升华温度。

　　附：微波提取法

　　提取：称取经干燥后的茶叶 10g，研细，置于 250mL 碘量瓶中，加入 120mL 95% 的乙醇，放入沸石。将碘量瓶放于普通微波炉中，调节功率约 320W，微波辐射约 50～60s，取出冷却。重复上述步骤 3～4 次，过滤，除去茶叶末。

　　其余步骤按索氏提取器法中操作。

六、思考题

1. 提取咖啡因时用到生石灰，它起什么作用？

2. 除可用乙醇萃取咖啡因外，还可采用哪些溶剂萃取？

3. 咖啡因为什么可以用升华法分离提纯？除了升华法外，还可用什么方法？

4. 在升华操作过程中应注意什么？

实验二　从黄连中提取黄连素

一、实验目的

1. 学习从中草药中提取生物碱的原理和方法。

2. 进一步掌握索氏提取器连续抽提的方法。

3. 进一步掌握利用重结晶法对物质进行分离提纯的操作。

二、实验原理

黄连为多年生草本植物，为我国名产药材之一。抗菌力很强，对急性结膜炎、口疮、急性细菌性痢疾、急性肠胃炎等均有很好的疗效，另外还有抗高血压、扩张血管、增强耐缺氧能力、局部麻醉、止痛、降血糖、抗腹泻、利胆、退热、镇静等广泛的药理作用。

随野生和栽培及产地的不同，黄连中黄连素的含量为 $4\%\sim10\%$。含黄连素的植物很多，如黄柏、三颗针、伏牛花、白屈菜、南天竹等均可作为提取黄连素的原料，但以黄连和黄柏含量为高。

从黄连中已分离出 20 种以上的生物碱，主要为黄连素（俗称小檗碱），其次是巴马汀（又称掌叶防己碱）、药根碱、小檗胺、非洲防己胺碱、氧化小檗碱、刺檗碱、木兰碱、异粉防己碱等。

黄连素是黄色的针状结晶，味极苦，熔点 145℃，化学名称为 5,6-二氢-9,10-二甲氧苯并［g］-1,3 苯并二氧戊环［5,6-α］-喹啉。黄连素用不同的碱处理，可得到季铵碱式、醛式和醇式等三种不同形式的小檗碱，其中以季铵碱式最稳定。

（醇式）　　　　　　（醛式）　　　　　　（季铵碱式）

黄连素微溶于水和乙醇，较易溶于热水和热乙醇中，几乎不溶于乙醚。其盐酸盐难溶于冷水，易溶于热水，而硫酸盐则易溶于水中，本实验就是利用这些性质从黄连中提取黄连素。

黄连素可被硝酸等氧化剂氧化，转变为樱红色的氧化黄连素。在强碱中，黄连素部分转化为醛式黄连素，在此条件下，再加几滴丙酮，即可发生缩合反应，生成丙酮与醛式黄连素缩合产物的黄色沉淀。

三、主要仪器与试剂

仪器：索氏提取器、普通蒸馏装置、250mL 烧杯、抽滤装置一套、电炉、100mL 蒸发皿、150℃温度计、100mL 量筒、滤纸、电子天平、恒温水浴锅、恒压干燥箱。

试剂：黄连（粉末）、95％乙醇、浓盐酸、1％醋酸、pH 试纸、冰块、浓硝酸、石灰乳、丙酮、氢氧化钠。

四、实验内容

1. 实验流程

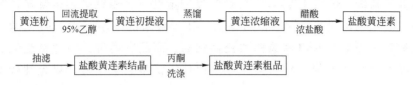

2. 实验步骤

（1）黄连素的抽提　称取 10g 已磨细的黄连粉末（或碎片），装入索氏提取器的滤纸筒内。在提取器的烧瓶中加入 80mL 95％的医用酒精和几粒沸石，装好索氏提取器，接通冷凝水。水浴加热，观察从虹吸管流出的萃取液的颜色。当萃取液颜色较浅，虹吸刚刚下去时立即停止加热。连续抽提时间大约需要 3h，冷却，得到黄连素的初级提取液。

（2）乙醇的回收　将仪器改装成蒸馏装置，蒸馏回收大部分乙醇（沸点 78℃）。直到残留物呈棕红色糖浆状，此即黄连素的浓缩液。

（3）黄连素盐酸盐的析出　向浓缩液中加入 20～30mL 1％醋酸，加热溶解，趁热过滤，以除去不溶物。再向滤液中滴加浓盐酸，至溶液浑浊为止（约需 8～10mL），放置冷却（或用冷水，最好用冰水冷却）即有黄色针状的黄连素盐酸盐析出。抽滤，结晶用冰水洗涤两次，再用丙酮洗涤一次即得黄连素盐酸盐粗品。

（4）黄连素的提纯　在黄连素盐酸盐粗品中加入少量热水，再加入石灰乳，调节 pH 至 8.5～9.5，煮沸，使粗产品刚好完全溶解。趁热过滤，滤液自然冷却，即有黄色针状黄连素晶体析出。待晶体完全析出后，抽滤，结晶用冰水洗涤两次，烘干后称量、检测。

3. 检测

（1）取盐酸黄连素少许，加浓硫酸 2mL，溶解后加几滴浓硝酸，即呈樱红色溶液。

（2）取盐酸黄连素约 50mg，加蒸馏水 5mL，缓缓加热，溶解后加 20％氢氧化钠溶液 2 滴，显橙色。冷却后过滤，滤液加丙酮 4 滴，即变浑浊，放置后生成黄色的丙酮黄连素沉淀。

五、思考题

1. 制备黄连素盐酸盐加入醋酸的目的是什么？

2. 根据黄连素的性质，还可以用什么方法提取黄连素？

3. 为什么用石灰乳调节 pH？可以用其他碱吗？

实验三　光谱纯二氧化钛的制备

一、实验目的

1. 了解二氧化钛的性质及用途。

2. 理解相转移法制备光谱纯超细二氧化钛的原理及掌握其操作方法。

二、实验原理

1. 性质与用途

二氧化钛，俗名钛白或钛白粉。白色无定型粉末。不溶于水、盐酸、硝酸或稀硫酸，溶于浓硫酸和氢氟酸。熔点 1850℃。在自然界的金红石、锐钛矿和板钛矿，是二氧化钛的三种变体。二氧化钛的化学性质相当稳定，在一般情况下不与大部分化学试剂发生作用。二氧化钛是一种重要的白色颜料和瓷器釉药。商品有两种：一种是金红石型二氧化钛，耐光性非常强，适于制室外用漆；另一种是锐钛型二氧化钛，耐光性较差，适于制室内用漆。

二氧化钛在冶炼工业上用于制金属钛、钛铁合金、硬质合金等，电机工业上用于制绝缘体、电焊条、电瓷等，也用于橡胶、造纸、人造纤维等工业。光谱纯二氧化钛用于分析测试中作光谱、光度分析的标准试剂。

2. 合成原理

本试验采用相转移法制备高纯超细二氧化钛，纯度高，分散性好。

本试验是以 $TiCl_4$、正辛醇和 $(NH_4)_2CO_4$ 为原料，首先配制成 $TiCl_4$ 正辛醇溶液，再让 Ti(IV) 从正辛醇的有机相转移到含饱和 $(NH_4)_2CO_4$ 的水相，并发生水解反应生成 $Ti(OH)_4$ 沉淀，经过滤、洗涤、干燥、焙烧而制得。其主要反应方程式如下。

$$TiCl_4 + xROH = Ti(OR)_4Cl_{4-x} + xHCl$$

$$Ti(OR)_4Cl_{4-x} + 4H_4O = Ti(OH)_4 + xROH + (4-x)HCl$$

$$2HCl + (NH_4)_2CO_4 = 2NH_4Cl + H_2O + CO_2 \uparrow$$

总反应方程式为：

$$TiCl_4 + 2(NH_4)_2CO_4 + 2H_2O = Ti(OH)_4 \downarrow + 4NH_4Cl + 2CO_2 \uparrow$$

最后 $Ti(OH)_4$ 焙烧即得二氧化钛。

三、主要仪器与试剂

仪器：恒温干燥箱、马弗炉、布氏漏斗、抽滤瓶、水泵、坩埚、研钵、烧杯。

试剂（分析纯）：四氯化钛，正辛醇，碳酸铵。

四、实验内容

用 50mL 洁净的小烧杯（已干燥）称取 10.0g $TiCl_4$，用量筒（已干燥）称取 25mL 正辛醇，倒入小烧杯中，搅拌均匀。称取碳酸铵晶体 15g，于 100mL 烧杯中用蒸馏水配制成饱和溶液，待用。将小烧杯中的 $TiCl_4$ 正辛醇溶液缓缓倒入碳酸铵饱和溶液中，同时搅拌。此时有 $Ti(OH)_4$ 沉淀生成并且有二氧化碳气体产生。将含有 $Ti(OH)_4$ 沉淀的混合液抽滤。抽滤过程中用蒸馏水洗涤滤饼 3～5 次。将滤饼转移至洁净的坩埚中，并在干燥箱中于 100℃下干燥 1h。取出坩埚，放入马弗炉中，在 800℃下焙烧 2～3h。焙烧完毕后，取出坩埚，在室内稍微降温后，放至干燥箱中，冷却至室温。将坩埚内的二氧化钛在研钵里研磨、粉碎，得到产品。称量。

五、实验记录与数据处理

二氧化钛的收率可按下式计算：

$$收率 = \frac{实际产量}{理论产量} \times 100\%$$

理论产量可按下式计算：

$$理论产量 = \frac{M_1 wm}{M_2} g$$

式中　M_1——二氧化钛的摩尔质量，g/mol，可取 79.9；

　　　w——四氯化钛的有效含量，分析纯可取 0.990～0.995；

　　　M_2——四氯化钛的摩尔质量，g/mol，可取 189.9；

　　　m——原料四氯化钛的质量，g。

六、注意事项

在马弗炉中的焙烧过程属高温操作，应注意安全。

七、思考题

1. 二氧化钛有哪些主要性质和用途？
2. 试说明相转移法制备二氧化钛的原理。

实验四　防水剂 CR 的制备

一、实验目的

1. 了解防水剂的性质与用途。
2. 掌握防水剂 CR 的制备原理和实验方法。

二、实验原理

1. 性质与用途

防水剂是指能使织物、皮革等物料不被水润湿渗透而具有防水防潮性能的化学品。这类化合物的分子中通常具有疏水性的长碳链或聚有机硅氧烷链，同时又有能与被处理的物料牢固结合的基团。防水剂 CR 分子的一端含有脂肪酸长碳链，另一端含有能与羟基氧原子（存在于纤维素分子）或酰胺基氧原子（存在于蛋白质分子）形成配价键的三价铬原子。

2. 合成原理

它的制法和应用可用下列反应式表示：

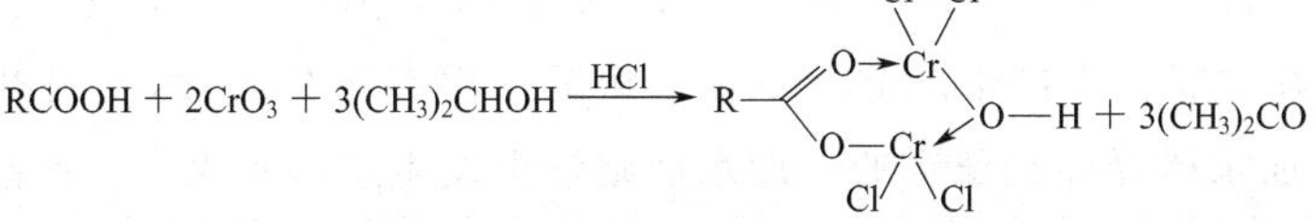

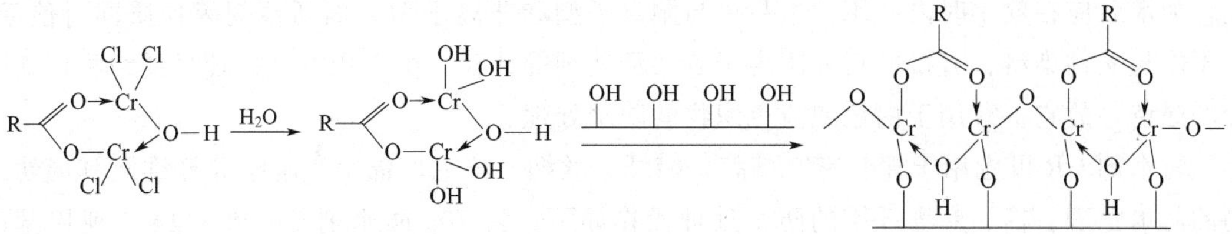

制备时，异丙醇将铬酸酐还原成三价化合物，后者与硬脂酸反应而形成配合物。该配合物与反应体系中其他成分组成的均一混合物，称为防水剂 CR。将防水剂 CR 水溶液浸轧织物，加热后脂肪酸铬配合物发生水解并与羟基或酰胺基结合。同时水解产物自相缩合形成高分子薄膜覆盖在织物纤维表面上，使处理过的织物纤维具有拒水、柔软、透气、防污等性能，这种性能不容易皂洗或干洗而减弱（织物柔软剂都是具有长的碳氢链或聚有机硅氧烷链并能附着于织物纤维上的化合物。用柔软剂整理过的织物就像用润肤化妆品擦过的皮肤那样具有柔滑的手感）。

防水剂 CR 也可采用其他方法制取，例如将硬脂酸乙醇溶液徐徐滴加到氧氯化铬-四氯化碳中，反应完成后以甲醇萃取产物。

三、主要仪器与试剂

仪器：电动搅拌器、回流冷凝管、三口烧瓶、恒温水浴锅、烧杯、温度计、恒温干燥箱。

试剂：硬脂酸（一级工业品）、三氧化铬（铬酸酐，含量≥96％）、异丙醇、盐酸（30％）、六亚甲基四胺。

四、实验内容

1. 在 100mL 烧杯中加入 7mL 水、16mL 30％盐酸和 8.5g（0.085mol）三氧化铬，在室温下搅拌至完全溶解，备用。

2. 在装有电动搅拌器、回流冷凝管和温度计的 250mL 三口瓶中，加入 21g（0.35mol）异丙醇和 2mL 30％盐酸，搅拌混合，加热到 60℃左右。通过冷凝管的顶部徐徐加入以上配制好的三氧化铬溶液，然后将温度提高至 70℃，搅拌反应 0.5h，降温（反应到此可告一段落，如果接着反应下去，则不必降至室温，只须冷却至 30～40℃即可投入硬脂酸）。

3. 加入 14.5g（0.053mol）硬脂酸（硬脂酸的量是按所用硬脂酸的酸值为 205 计算得到的。一级工业品的硬脂酸，酸值应为 205～210），重新升温至回流温度，搅拌反应 3～4h。在确定反应已达到终点后停止加热（判断终点的简单方法：取 1mL 样品放入 500mL 水中，当能完全溶解而不再有白色沉淀物时，可认为反应已经完成）。降温至 30℃以下时补加 4g 异丙醇（异丙醇的量对产品的性能有明显影响。若按反应方程式的计算量加料，得到的是蜡状固体并难溶于水。只有当异丙醇大大过量时才能得到水溶性好的产品）搅拌均匀后出料，称重。

五、性能与应用试验

本实验制得的产品为绿色澄清的稠厚液体，偏酸性（pH 为 4～5 适宜），固含量约 30％，能按一定比例溶于水。本品能耐一般的无机酸（pH 为 4），但当大量的 SO_4^{2-}、PO_4^{3-}、$Cr_2O_7^{2-}$ 等存在时，会产生沉淀。不耐有机酸（甲酸除外）。本品遇碱能逐渐发生水解，影响性能。在加水稀释前是稳定的，加水后则慢慢发生水解和聚合，产品逐渐失效。因此，加水后应在数小时内使用。本品可与阳离子型和非离子型表面活性剂等物质同时使用，但不能与酸性染料、直接染料或阴离子表面活性剂等共存。由于用本品处理过的织物可能略带淡绿色，故它不宜用于白色或浅色织物的防水处理。

防水剂 CR 可应用于棉、麻、黏胶、醋纤、丝绸、羊毛、锦纶、腈纶等纤维及其混纺织物的防水整理。棉、麻等纤维的防水处理操作如下：将 70g 防水剂 CR 和 8.4g 六亚甲基四胺（缓冲剂，用于控制防水剂溶液的 pH 值，以免纤维受损伤）溶于水中，加水稀释至总体积为 1000mL。将要处理的棉、麻织物放入其中浸渍后，取出挤干，在 50～70℃烘干，再在 120℃烘焙 4min。最后皂洗、水洗、烘干。

实验五　从人发中提取胱氨酸

一、实验目的

1. 了解胱氨酸的性质与用途。
2. 掌握从人发中提取胱氨酸的原理与方法。

二、实验原理

胱氨酸是一种含硫的氨基酸，它的学名为双硫代氨基丙酸。分子式为：

$$\begin{array}{l} S-CH_2CH(NH_2)COOH \\ | \\ S-CH_2CH(NH_2)COOH \end{array}$$

胱氨酸是一种无色或白色呈六方形板状的晶体，不溶于乙醇，难溶于水，易溶于酸、碱溶液中，是一种昂贵的化学药品，除了用于生产治疗膀胱炎、脱发、神经痛、中毒病症等特效药外，还在食品，日用化工等方面有广泛的用途。

通常胱氨酸的制备方法有三种：①蛋白质的水解，②化学合成法，③微生物发酵法。用蛋白质水解提取胱氨酸是从 1820 年开始，仍沿用至今。

本实验采用的是由蛋白质水解这一方法来提取胱氨酸的。人发是由蛋白质构成的，称硬蛋白。蛋白质是一种含氮的生物离聚物，它在无机酸或碱中煮沸时，水解而成胱氨酸的混合物。通过一系列的纯化处理，即可提取出白色的胱氨酸晶体。

三、主要仪器与试剂

仪器：三口烧瓶、回流冷凝管、恒温水浴锅、烧杯、循环水式真空泵、布氏漏斗、抽滤瓶。

试剂：人发、洗洁精、盐酸、氢氧化钠、氨水、活性炭。

四、实验内容

1. 人发的预处理

取人发约 52g，用水洗去灰尘、污垢后，加入少量洗洁精并加热至 40℃，用力搅拌 3～5min，洗去附着的油脂，然后用水冲洗至水层呈中性，晾干备用。

2. 胱氨酸的提取

称取 50g 人发于 500mL 三口烧瓶中，并加入盐酸 110mL，边搅拌加热至微沸，回流 5h，取出水解液，加入约 5g 粒状活性炭，加热至 70～80℃，搅拌脱色约 30min，趁热抽滤。滤液用 10%NaOH 溶液中和，调节 pH 值在 4.5～5.5 范围内，静置结晶。然后过滤，即得淡黄色粗制的胱氨酸。

于粗制的胱氨酸中加入 5%盐酸，使其刚好溶解。然后加入约 5g 活性炭，加热至 60～70℃搅拌 15min，并趁热过滤，滤液用氨水中和，用精密试纸调节 pH 为 5，静置，析出晶体后过滤，并分别用少量的水和 95%的乙醇洗涤二次，得到洁白的胱氨酸晶体。

五、思考题

本实验的主要操作控制指标是什么？怎样才能得到产量高、质量好的胱氨酸？

实验六　羧甲基淀粉醚（CMS）的合成

一、实验目的

1. 了解淀粉在工农业生产上的综合加工利用。
2. 掌握 CMS 的化学合成方法。

二、实验原理

1. 性质与用途

羧甲基淀粉醚（CMS）是改性淀粉的代表性产品，是醚类淀粉的一种，通常使用的是它的钠盐，所以又称羧甲基纤维素钠（CMS-Na）。

其结构为：

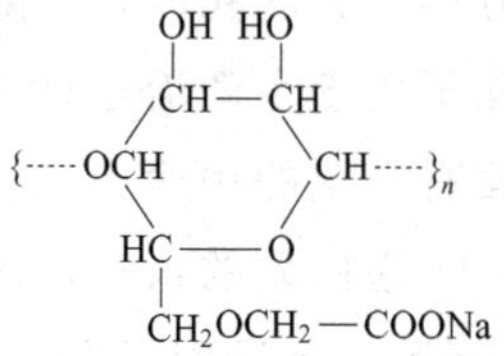

CMS 是原化工部 "九五" 计划中重点开发的六种精细化工产品之一，是十大支柱产业中必不可少的原料，被誉为 "工业味精"。CMS 以小麦、玉米、土豆、红薯等任一淀粉为原料，经醚化反应而得，外观为白色或微黄色粉末细小颗粒，无毒、无味，具有优良的水溶性、膨胀性、黏结性和分散性等。近 20 年来，国外淀粉深加工工业发展十分迅速，淀粉在工农业生产中用途极广。

2. 合成原理

淀粉颗粒中既含有结晶区，也含有非结晶区，非结晶区结构排列无规则且松散，故为颗粒中易发生化学反应的薄弱区域。

一次加碱法未对淀粉颗粒进行预处理，故反应试剂无法进入结晶区，反应仅限于在非结晶区中进行，这里羧甲基取代不均匀，又不完全。再者，由于反应体系内碱性很强，副反应程度大，造成氯乙酸利用率低，产品黏度低。

二次加碱法则通过对淀粉进行预处理，破坏颗粒的非结晶区，使淀粉颗粒充分溶胀，让氢氧化钠与淀粉中羟基形成活性中心，此时反应效果最好。

碱化反应：

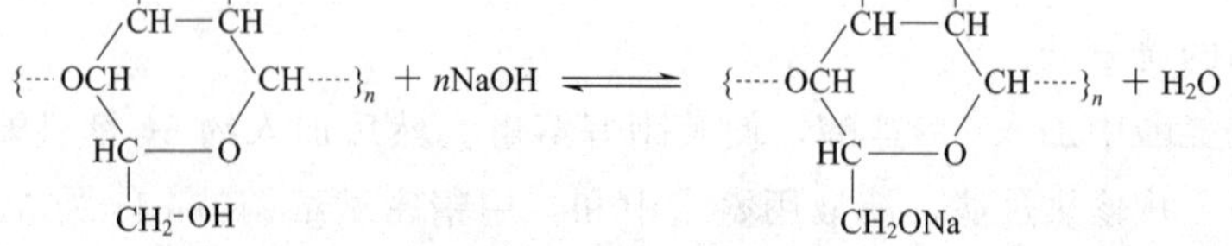

醚化反应：

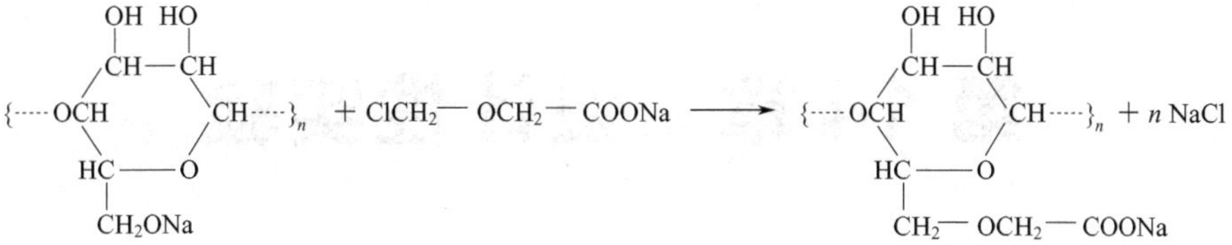

$$\{\cdots OCH \quad CH \cdots\}_n + ClCH_2-OCH_2-COONa \longrightarrow \{\cdots OCH \quad CH \cdots\}_n + n\,NaCl$$

三、主要试剂和仪器

仪器：量筒、三口烧瓶、恒温水浴锅、电动搅拌器、回流冷凝管、温度计、抽滤装置一套。

试剂：玉米淀粉、乙醇、氯乙酸、氢氧化钠。

四、实验内容

用量筒取 30mL 乙醇加入 100mL 三口烧瓶中，然后取 20g 玉米淀粉加入其中，在 35℃左右边搅拌边加入 1g NaOH 粉末，碱化 1.5～2h，再缓慢滴加 2.7g 氯乙酸（用 3.4mL 乙醇溶解好的氯乙酸-乙醇溶液），滴加 0.5h，反应 1～1.5h。

第二次加入 1.7g NaOH 粉末，在 15min 内搅拌升温至 50℃，醚化 2～5h。将所得粗品用冰醋酸中和至 pH 为 7～7.5，抽滤，用 85％乙醇洗涤一次，干燥，研细，得米黄色 CMS 产品。

用去离子水配成 2％CMS 溶液，调糊，目测黏度及透明度。

五、思考题

1. 本反应体系若采用碱液（一般 30％NaOH）来作碱化剂，试比较与采用 NaOH 粉末作为碱化剂有何不同？试解释之。

2. 影响产品 CMS 黏度的因素有哪些？

第14章　设计性实验

实验一　扑炎痛的合成

一、实验介绍

扑炎痛又名贝诺酯、苯乐来、解热安，为一种新型解热镇痛抗炎药。临床主要用于治疗类风湿性关节炎、急慢性风湿性关节炎、风湿痛、感冒发烧、头痛、神经痛及术后疼痛等。

本品由阿司匹林和扑热息痛经化学法拼合制备而成，经口服进入体内后，经酯酶作用，释放出阿司匹林和扑热息痛而产生药效。因此，既保留了原药的解热镇痛功能，又减小了原药的毒副作用，并有协同作用。由于体内分解不在胃肠道，因而克服了阿司匹林对胃肠道的刺激及用于抗炎引起胃痛、胃出血、胃溃疡等缺点。

扑炎痛的化学名为 2-乙酰氧基苯甲酸-乙酰胺基苯酯，化学结构式为：

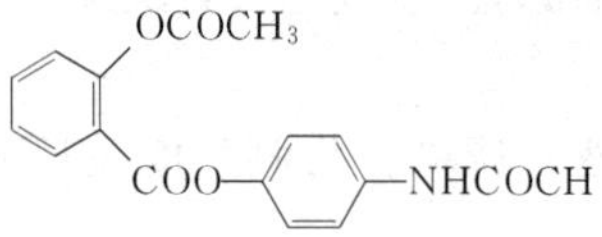

扑炎痛为白色结晶性粉末，无臭无味。熔点 174～178℃，不溶于水，微溶于乙醇，溶于氯仿、丙酮。

二、实验设计要求

1. 本实验为设计性实验，要求根据所学理论知识独立完成实验设计和实验操作。首先通过查阅相关资料和文献，了解该化合物的结构特征和相关性质，设计合成路线。

2. 合理的合成路线应包括以下内容：①合适的原料配比；②满足实验要求的合成装置；③反应温度、时间等主要反应参数；④确定催化剂的加入量；⑤确定带水剂的加入量；⑥合适的分离和提纯手段和操作步骤；⑦产物的鉴定方法。

3. 列出实验所需要的所有仪器（含设备和玻璃仪器）和药品。对某些特殊药品的使用和保管方法应在实验前特别注意，试剂的配制方法应预先查阅有关手册。

4. 完成该实验的实验设计报告，报告经实验教师审阅通过后方可进实验室完成实验操作。

实验二　药物中间体 5-亚苄基巴比妥酸的制备

一、实验介绍

巴比妥酸（barbituric acid）是一类具有重要生理活性的含氮杂环化合物，其衍生物5-亚苄基巴比妥酸是合成药物和其他杂环化合物的重要中间体。它通常由芳香醛和巴比妥酸在有机溶剂中经 Knoevenagle 缩合反应制备。常用催化剂有氨、铵盐、伯胺、仲胺及其盐以及氧化铝等。5-亚苄基巴比妥酸的合成路线如下：

在传统的有机合成中，有机溶剂是常用的反应介质，绝大多数有机溶剂有毒、易挥发、容易对环境造成污染。绿色有机合成要求合成过程采用无毒的试剂、溶剂或催化剂，反应过程中排放的污染尽可能降至最低，最好是"零排放"。

水是无味、无毒、无爆炸性的理想溶剂，以水为溶剂，可以实现有机合成的绿色化。水作为溶剂还可以控制反应的 pH 值，同时有机产物在水中相对低的溶解度又可以减少产物在溶剂中的损失，相应提高了反应产率。研究表明，水溶剂中的有机反应是形成碳-碳键的有效方法，包括一些缩合反应，如 Knoevenagle 缩合反应、羟醛缩合反应；亲核加成反应，如 Michael 加成反应、Reformatsky 反应、D-A 反应等都可以在水溶剂中进行，且可提高产物得率和产物的选择性。

固相有机合成法，又称无溶剂合成法，也是绿色化学的重要组成部分。此方法是将有机物在固态下（无溶剂或有少量溶剂存在下）通过研磨、加热、超声辐射等直接发生化学反应。一些重排反应、氧化还原反应、偶联反应、缩合反应等都可以采用固相有机合成法。由于固相有机反应中，反应物分子受到晶格的控制，运动状态受到很大限制，所以反应物分子间相互作用方式如分子的扩散等与溶液中的反应有所不同。许多固相有机反应在反应速率、产率、选择性方面都要优于溶液反应，且具有操作简单、成本较低，对环境影响很小的突出优点。

微波辐射促进的有机反应能使反应速率大大提高，具有反应快速、选择性好、得率高和副反应少等特点。迄今为止，已有大量的有机反应被证明可由微波辐射下得到明显的促进。

二、实验设计要求

1. 以苯甲醛和巴比妥酸为原料，分别采用水溶剂法、固相有机合成法和微波促进的有机合成制备 5-亚苄基巴比妥酸。

2. 查阅相关的参考文献，拟定合理的制备路线。

3. 合理的制备路线应包括以下内容：①合适的原料配比；②满足实验要求的合成装置；③反应温度、时间等主要反应参数；④确定催化剂的加入量；⑤确定带水剂的加入量；⑥合适的分离和提纯手段和操作步骤；⑦产物的鉴定方法。

4. 列出实验所需要的所有仪器（含设备和玻璃仪器）和药品。对某些特殊药品的使用和保管方法应在实验前特别注意，试剂的配制方法应预先查阅有关手册。

5. 完成该实验的实验设计报告，报告经实验教师审阅通过后方可进实验室完成实验操作。

实验三　美沙拉嗪的合成

一、实验介绍

美沙拉嗪（Mesalazine，MS），又名美沙拉明（Mesalamine）、马沙拉嗪，化学名 5-氨基-2-羟基苯甲酸（5-amino-2-hydroxybenzolic acid，5-ASA），其结构式为：

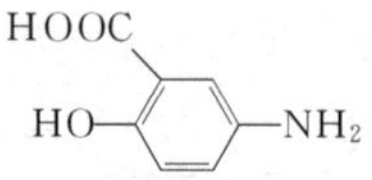

该品是治疗溃疡性结肠炎常用药物柳氮磺吡啶（SASP）的活性成分，其疗效与柳氮磺吡啶相同，但由于去掉了磺胺部分，故能避免柳氮磺吡啶由磺胺部分引起的溶血、贫血、皮炎、头痛、血样便等严重副作用，特别适于对柳氮磺吡啶不耐受的患者作维持治疗用，在临床上可有效地治疗轻度和中度活动性炎症性肠疾病。

国内外文献报道有多种合成方法。

1. 方法1

水杨酸硝化、还原法：

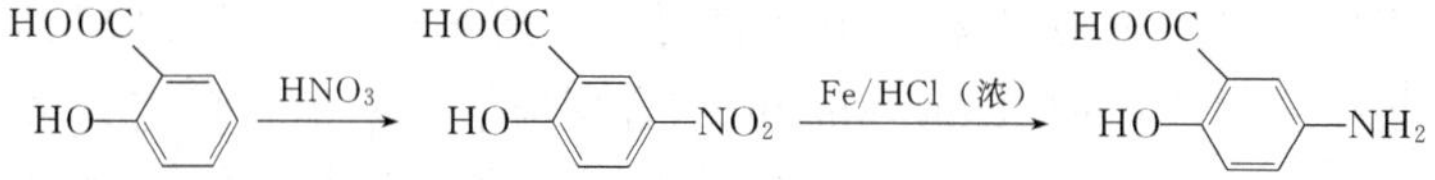

2. 方法2

硝基苯甲酸电解还原法：

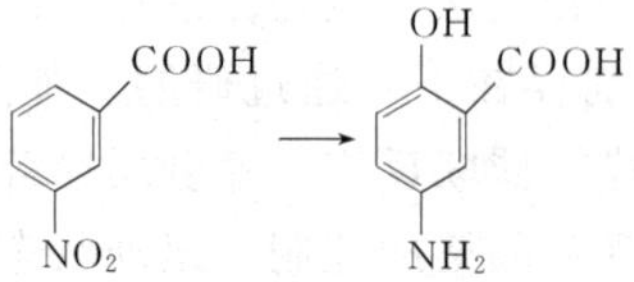

3. 方法3

苯偶氮水杨酸还原法：

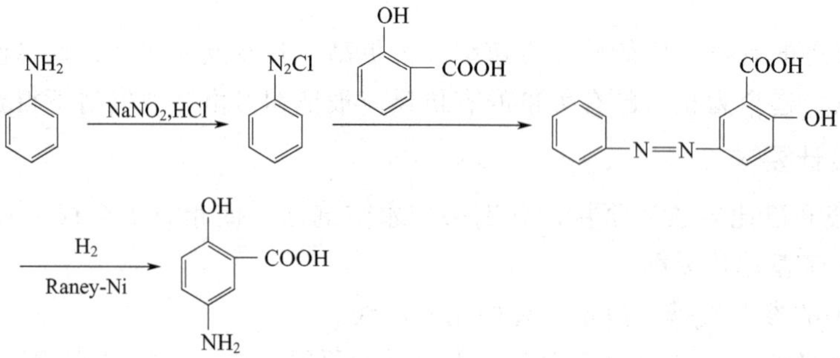

二、实验设计要求

1. 综合以上方法，根据本校实验室所提供的仪器和试剂，制定出合适的合成路线。

2. 合理的制备路线应包括以下内容：①合适的原料配比；②满足实验要求的合成装置；③反应温度、时间等主要反应参数；④确定催化剂的加入量；⑤确定带水剂的加入量；⑥合适的分离和提纯手段和操作步骤；⑦产物的鉴定方法。

3. 列出实验所需要的所有仪器（含设备和玻璃仪器）和药品。对某些特殊药品的使用和保管方法应在实验前特别注意，试剂的配制方法应预先查阅有关手册。

4. 完成该实验的实验设计报告，报告经实验教师审阅通过后方可进实验室完成实验操作。

附　　录

一、常用酸、碱、盐溶液的浓度与密度

1. 盐酸溶液

质量分数/%	物质的量浓度/(mol/L)	密度/(kg/m³)
1	0.275	1003.2
2	0.533	1008.2
4	1.12	1018.1
6	1.69	1027.9
8	2.28	1037.6
10	2.87	1047.4
12	3.48	1057.4
14	4.10	1067.5
16	4.73	1077.6
18	5.37	1087.8
20	6.02	1098.0
22	6.69	1108.3
24	7.36	1118.7
26	8.05	1129.0
28	8.75	1139.2
30	9.46	1149.2
32	10.2	1159.3
34	10.9	1169.1
36	11.6	1178.9
38	12.4	1188.5
40	13.1	1198.0

2. 醋酸溶液

质量分数/%	物质的量浓度/(mol/L)	密度/(kg/m³)	质量分数/%	物质的量浓度/(mol/L)	密度/(kg/m³)
1	01.66	999.6	8	1.35	1009.7
2	0.333	1001.2	9	1.52	1011.1
3	0.501	1002.5	10	1.69	1012.5
4	0.669	1004.0	11	1.86	1013.9
5	0.837	1005.5	12	2.03	1015.4
6	1.01	1006.9	13	2.20	1016.8
7	1.18	1008.3	14	2.37	1018.2

质量分数/%	物质的量浓度/(mol/L)	密度/(kg/m³)	质量分数/%	物质的量浓度/(mol/L)	密度/(kg/m³)
15	2.55	1019.5	58	10.3	1063.1
16	2.72	1020.9	59	10.5	1063.7
17	2.89	1022.3	60	10.6	1064.2
18	3.07	1023.6	61	10.8	1064.8
19	3.24	1025.0	62	11.0	1065.3
20	3.42	1026.3	63	11.2	1065.8
21	3.59	1027.6	64	11.4	1066.2
22	3.77	1028.8	65	11.5	1066.6
23	3.94	1030.1	66	11.7	1067.1
24	4.12	1031.3	67	11.9	1067.5
25	4.30	1032.6	68	12.1	1067.8
26	4.48	1033.8	69	12.3	1068.2
27	4.65	1034.9	70	12.5	1068.5
28	4.83	1036.1	71	12.6	1068.7
29	5.01	1037.2	72	12.8	1069.0
30	5.19	1038.4	73	13.0	1069.3
31	5.37	1039.5	74	13.2	1069.4
32	5.50	1040.6	75	13.4	1069.6
33	5.73	1041.7	76	13.5	1069.8
34	5.90	1042.8	77	13.7	1069.9
35	6.08	1043.8	78	13.9	1070.0
36	6.26	1044.9	79	14.1	1070.0
37	6.44	1045.9	80	14.3	1070.0
38	6.62	1046.9	81	14.4	1069.9
39	6.81	1047.9	82	14.6	1069.8
40	6.99	1048.8	83	14.8	1069.6
41	7.17	1049.8	84	15.0	1069.3
42	7.35	1050.7	85	15.1	1068.9
43	7.53	1051.6	86	15.3	1068.5
44	7.71	1052.5	87	15.5	1068.0
45	7.89	1053.4	88	15.6	1067.5
46	8.07	1054.2	89	15.8	1066.8
47	8.26	1055.1	90	16.0	1066.1
48	8.44	1055.9	91	16.1	1065.2
49	8.62	1056.7	92	16.3	1064.3
50	8.81	1057.5	93	16.5	1064.2
51	8.99	1058.2	94	16.6	1061.9
52	9.17	1059.0	95	16.8	1060.5
53	9.35	1059.7	96	16.9	1058.8
54	9.54	1060.4	97	17.1	1057.0
55	9.72	1061.1	98	17.2	1054.9
56	9.90	1061.8	99	17.4	1052.4
57	10.1	1062.4	100	17.5	1049.8

3. 氨水

质量分数/%	物质的量浓度/(mol/L)	密度/(kg/m³)	质量分数/%	物质的量浓度/(mol/L)	密度/(kg/m³)
1	0.584	993.9	16	8.80	936.2
2	1.16	989.5	18	9.82	929.5
4	2.30	981.1	20	10.8	922.9
6	3.43	973.0	22	11.8	916.4
8	4.53	965.1	24	12.8	910.1
10	5.62	957.5	26	13.8	904.0
12	6.69	950.1	28	14.8	898.0
14	7.75	943.0	30	15.7	892.0

4. 氯化钠溶液

质量分数/%	物质的量浓度/(mol/L)	密度/(kg/m³)	质量分数/%	物质的量浓度/(mol/L)	密度/(kg/m³)
1	0.172	1005.3	14	2.64	1100.9
2	0.346	1012.5	16	3.06	1116.2
4	0.703	1026.8	18	3.49	1131.9
6	1.07	1041.3	20	3.93	1147.8
8	1.45	1055.9	22	4.38	1164.0
10	1.83	1070.7	24	4.85	1180.4
12	2.23	1085.7	26	5.33	1197.2

二、指示剂

酸碱指示剂

指示剂名称	变色范围 pH 值	颜色变化		配制方法
		酸型色	碱型色	
甲基紫	1.0~1.5	黄	蓝	0.25g 溶于 100mL 水
百里酚蓝(第一次变色)	1.2~2.8	红	黄	0.10g 溶于 100mL20％乙醇
茜素黄	1.9~3.3	红	黄	0.10g 溶于 100mL 水
溴酚蓝	3.0~4.6	黄	蓝	0.10g 溶于 7.45mL0.02mol/L 氢氧化钠溶液,用水稀释至 250mL
甲基橙	3.0~4.4	红	黄	0.10g 溶于 100mL 水
溴甲酚绿	3.8~5.4	黄	蓝	0.10g 溶于 0.02mol/L 氢氧化钠溶液 7.15mL,用水稀释至 250mL
甲基红	4.2~6.2	红	黄	0.10g 溶于 0.02mol/L 氢氧化钠溶液 18.60mL,用水稀释至 250mL
溴甲酚紫	5.2~6.8	黄	紫	0.10g 溶于 0.02mol/L 氢氧化钠溶液 9.25mL,用水稀释至 250mL
溴百里酚蓝	6.0~7.6	黄	蓝	0.10g 溶于 0.02mol/L 氢氧化钠溶液 8.0mL,用水稀释至 250mL

指示剂名称	变色范围 pH 值	颜色变化		配制方法
		酸型色	碱型色	
甲酚红	7.2～8.8	黄	红	0.10g 溶于 0.02mol/L 氢氧化钠溶液 13.1mL,用水稀释至 250mL
百里酚蓝(第二次变色)	8.0～9.6	黄	蓝	同第一次变色
酚酞	7.4～10.0	无色	红	1.0g 溶于 60mL 乙醇,用水稀释至 100mL
百里酚酞	9.3～10.5	无色	蓝	0.10g 溶于 100mL 乙醇
茜素黄 GG	10.0～12.0	黄	紫	0.10g 溶于 5%乙醇 100mL
靛蓝二磺酸钠	11.6～14.0	蓝	黄	0.25g 溶于 50%乙醇 100mL

各种指示液

指示液名称	配制方法
二甲酚橙指示液(2g/L)	称取 0.20g 二甲酚橙,溶于水,稀释至 100mL
二苯胺磺酸钠指示液(5g/L)	称取 0.50g 二苯胺磺酸钠,溶于水,稀释至 100mL
二苯基偶氮碳酰肼指示液(0.25g/L)	称取 0.025g 二苯基偶氮碳酰肼,溶于乙醇,用乙醇稀释至 100mL
4-(2-吡啶偶氮)间苯二酚指示液(1g/L)	称取 0.10g 4-(2-吡啶偶氮)间苯二酚(PAR),溶于乙醇,用乙醇稀释至 100mL
甲基百里酚蓝指示液	将 0.1g 甲基百里香酚蓝与 100.0g 硝酸钾,混匀,研细
甲基红指示液(1g/L)	称取 0.10g 甲基红,溶于乙醇,用乙醇稀释至 100mL
甲基红一次甲基蓝混合指示液	将次甲基蓝乙醇溶液(1g/L)与甲基红乙醇溶液(1g/L)按 1∶2 体积比混合
甲基橙指示液(1g/L)	称取 0.10g 甲基橙,溶于水,稀释至 100mL
甲基紫指示液(0.5g/L)	称取 0.050g 甲基紫,溶于水,稀释至 100mL
对硝基酚指示液(1g/L)	称取 0.10g 对硝基酚,溶于乙醇,用乙醇稀释至 100mL
百里香酚酞指示液(1g/L)	称取 0.10g 百里香酚酞,溶于乙醇,用乙醇稀释至 100mL
百里香酚蓝指示液(1g/L)	称取 0.10g 百里香酚蓝,溶于乙醇,用乙醇稀释至 100mL
邻甲苯酚酞指示液(4g/L)	称取 0.40g 邻甲苯酚酞,溶于乙醇,用乙醇稀释至 100mL
邻甲苯酚酞络合指示液—萘酚绿 B 混合指示液	称取 0.10g 邻甲苯酚酞络合指示液、0.16g 萘酚绿 B 及 30.0g 氯化钠,混匀,研细
邻联甲苯胺指示液(1g/L)	称取 0.1g 邻联甲苯胺,加 10mL 盐酸及少量水溶解,稀释至 100mL
饱和 2,4-二硝基酚指示液	2,4-二硝基酚的饱和水溶液
吲哚醌指示液(2g/L)	溶液Ⅰ:称取 0.20g 吲哚醌,溶于硫酸,用硫酸稀释至 100mL 溶液Ⅱ:称取 0.25g 三氯化铁(FeCl₃·6H₂O),溶于 1mL 水中,用硫酸稀释至 50mL,搅拌,直到不再产生气泡 使用前立即将 5.0mL 溶液Ⅱ加入到 2.5mL 溶液Ⅰ中,用硫酸稀释至 100mL
荧光素指示液(5g/L)	称取 0.50g 荧光素(荧光黄或荧光红),溶于乙醇,用乙醇稀释至 100mL
结晶紫指示液(5g/L)	称取 0.50g 结晶紫,溶于冰醋酸中,用冰醋酸稀释至 100mL
淀粉指示液(10g/L)	称取 1.0g 淀粉,加 5mL 水使成糊状,在搅拌下将糊状物加到 90mL 沸腾的水中,煮沸 1～2min 冷却,稀释至 100mL。使用期为 2 周
1,10-菲啰啉亚铁指示液	称取 0.70g 硫酸亚铁(FeSO₄·7H₂O),溶于 70mL 水中,加 2 滴硫酸,加 1.5g 1,10-菲啰啉(C₁₂H₈N₂·H₂O)[或 1.76g 1,10-菲啰啉盐酸盐(C₁₂H₈N₂·HCl·H₂O)]溶解后,稀释至 100mL,使用前制备

指示液名称	配制方法
酚酞指示液(10g/L)	称取 1.0g 酚酞,溶于乙醇,用乙醇稀释至 100mL
铬黑 T 指示液	称取 1.0g 铬黑 T 与 100.0g 氯化钠混合,研细
铬黑 T 指示液(5g/L)	称取 0.50g 铬黑 T 和 2.0g 盐酸羟胺,溶于乙醇,用乙醇稀释至 100mL,此溶液使用前制备
硫酸铁铵指示液(80g/L)	称取 8.0g 硫酸铁铵[$NH_4Fe(SO_4)_2 \cdot 12H_2O$],溶于水(加几滴硫酸),稀释至 100mL
紫尿酸铵指示液	称取 1.0g 紫尿酸铵及 200.0g 干燥的氯化钠,混匀,研细
溴百里香酚蓝指示液(1g/L)	称取 0.10g 溴甲酚绿,溶于乙醇,用乙醇稀释至 100mL
溴甲酚绿指示液(1g/L)	称取 0.10g 溴甲酚绿,溶于乙醇,用乙醇稀释至 100mL
溴甲酚绿-甲基红	将溴甲酚绿乙醇溶液(1g/L)与甲基红乙醇溶液(2g/L)按3:1体积比混合,摇匀
溴酚蓝指示液(0.4g/L)	称取 0.0400g 溴酚蓝,溶于水,稀释至 100mL
曙红钠盐指示液(5g/L)	称取 0.50g 曙红钠盐,溶于水,稀释至 100mL

三、试纸

1. 广泛 pH 试纸

pH 变色范围	显色反应间隔/s	pH 变色范围	显色反应间隔/s
1～10	1	1～14	1
1～12	1	9～14	1

2. 精密 pH 试纸

pH 变色范围	显色反应间隔/s	pH 变色范围	显色反应间隔/s	pH 变色范围	显色反应间隔/s	pH 变色范围	显色反应间隔/s
0.5～5.0	0.5	0.8～2.4	0.2	5.4～7.0	0.2	8.2～10.0	0.2
1～4	0.5	1.4～3.0	0.2	5.5～9.0	0.2	8.9～10.0	0.2
1～10	0.5	1.7～3.3	0.2	6.4～8.0	0.2	9.5～13.0	0.2
4～10	0.5	2.7～4.7	0.2	6.9～8.4	0.2	10.0～12.0	0.2
5.5～9.0	0.5	3.8～5.4	0.2	7.2～8.8	0.2	12.4～14.0	0.2
9～14	0.5	5.0～6.6	0.2	7.6～8.5	0.2		
0.1～1.2	0.2	5.3～7.0	0.2	8.2～9.7	0.2		

3. 试剂试纸

试剂名称	制备方法	显色反应
酚酞试纸(无色)	1g 酚酞溶于 100mL 95%乙醇,加 100mL 水,用它润湿滤纸,于无氨处晾干	碱性介质中呈红色
石蕊试纸(红和蓝)	乙醇处理过的石蕊用 6 倍水溶解过滤,一半滤液加稀磷酸或硫酸至变红;另一半加氢氧化钠至变蓝,浸泡滤纸,于避光、无酸碱蒸气处晾干	红色的在碱性介质中变蓝;蓝色的在酸性介质中变红
刚果红试纸(红色)	0.5g 刚果红溶于 1000mL 水,加 5 滴乙酸,浸湿滤纸并晾干	遇无机酸变蓝

试剂名称	制备方法	显色反应
铅盐试纸（白色）	以 3％醋酸铅溶液浸湿滤纸，于无硫化氢气体处晾干	遇硫化氢显黑色
铁氰化钾及亚铁氰化钾试纸	以饱和铁氰化钾或亚铁氰化钾溶液浸湿滤纸并晾干	遇 Fe^{2+} 呈蓝色
硫氰化物试纸	以饱和硫氰化钾或硫氰化铵溶液浸湿滤纸并晾干	遇 Fe^{3+} 呈血红色
淀粉-碘化钾试纸（白色）	于 100mL0.5％淀粉溶液中加入 0.2g 碘化钾，浸湿滤纸、晾干、密闭保存于棕色瓶中	遇卤素、二氧化氮臭氧、次氯酸、双氧水等氧化剂变蓝

四、常用灭火器种类

名称	药液成分	适用范围
泡沫灭火器	$Al_2(SO_4)_3$ 和 $NaHCO_3$	用于一般失火及油类着火。因为泡沫能导电，所以不能用于扑灭电器设备着火。火后现场清理较麻烦
四氯化碳灭火器	液态 CCl_4	用于电器设备及汽油、丙酮等着火。四氯化碳在高温下生成剧毒的光气，不能在狭小和通风不良的实验室内使用。注意四氯化碳与金属钠接触会发生爆炸
1211 灭火器	CF_2ClBr 液化气体	用于油类、有机溶剂、精密仪器、高压电气设备的着火
二氧化碳灭火器	液态 CO_2	用于电器设备失火和忌水的物质及有机物着火。注意喷出的二氧化碳使温度骤降，手不能握在喇叭筒上，以防冻伤
干粉灭火器	$NaHCO_3$ 等盐类与适宜的润滑剂和防潮剂	用于油类、电器设备、可燃气体及遇水燃烧等物质着火

五、常用加热浴

类别	加热介质	容器	使用温度/℃	注意事项
水浴	水	铜锅或铝锅	≤95	若在水中加入各种无机盐使之饱和，则可以提高沸点，如 NaCl（109℃）、$CaCl_2$（186℃）
蒸汽浴	水蒸气	夹套等	≤95	要及时排放冷凝水
普通油浴	各种植物油、甘油、石蜡油等	铜锅等	≤250	250℃以上可冒烟或燃烧；切勿溅入水
导热油浴	导热油	铜锅等	≤350	使用时，应根据温度范围选用导热油
砂浴	细砂	铁盘	高温	升温要慢，使受热均匀，温度很难控制
盐浴	亚硝酸钠（40％）、硝酸钠（7％）、硝酸钾（53％）混合物	不锈钢锅等	142～680	切勿溅入水，应将无机盐保存于干燥器中
金属浴	各种低熔点金属、合金	铁锅	金属不同，温度不同	加热至350℃以上可能氧化
酸浴	浓硫酸	烧瓶	250～270	加热至约300℃时分解；加入 30％～40％K_2SO_4 可使温度升至 300～350℃；吸水后温度下降
空气浴	空气	电热套等	≤300	对沸点80℃以上液体均可采用

六、化学实验室常用的冰-盐冷却剂

加入物	初始温度/℃	溶解度/(g/100g 水)	最低温度/℃
NH_4Cl	13.3	30	-5.1
NH_4Cl	-1	25	-15.4
$NaCl$	-1	33	-21.3
乙醇(4℃)	0	105	-30
$CaCl_2 \cdot 6H_2O$	0	143	-55

七、常用气体干燥剂

干燥剂	干燥气体	干燥剂	干燥气体
CaO	NH_3、胺等	KOH	NH_3、胺等
$CaCl_2$	H_2、O_2、HCl、CO、CO_2、N_2、SO_2、烷烃、烯烃、卤代烃、乙醚	碱石灰	O_2、N_2、NH_3、胺等
P_2O_5	H_2、O_2、CO_2、SO_2、N_2、烷烃、烯烃	分子筛	O_2、H_2、CO_2、H_2S、烯烃
H_2SO_4	O_2、CO_2、CO、N_2、Cl_2、烷烃		

参 考 文 献

[1] 黄向红, 李赫. 精细化工实验 [M]. 北京: 化学工业出版社, 2012.

[2] 李浙齐. 精细化工实验 [M]. 北京: 国防工业出版社, 2009.

[3] 强亮生, 王慎敏. 精细化工综合实验 [M]. 第 5 版. 哈尔滨: 哈尔滨工业大学出版社, 2009.

[4] 冷士良. 精细化工实验技术 [M]. 第 2 版. 北京: 化学工业出版社, 2009.

[5] 刘红. 精细化工实验 [M]. 北京: 中国石化出版社, 2010.

[6] 钟振声, 林东恩. 有机精细化学品及实验 [M]. 第 2 版. 北京: 化学工业出版社, 2012.

[7] 蔡干, 曾汉维, 钟振声. 有机精细化学品实验 [M]. 北京: 化学工业出版社, 2010.

[8] 龚盛昭, 税永红. 精细化工实验与实训 [M]. 北京: 科学出版社, 2008.

[9] 陶春元, 占昌朝, 付小兰. 精细化工实验技术 [M]. 北京: 化学工业出版社, 2009.

[10] 张友兰. 有机精细化学品合成及应用实验 [M]. 北京: 化学工业出版社, 2009.

[11] 周立国, 段洪东, 刘伟. 精细化学品化学 [M]. 北京: 化学工业出版社, 2010.

[12] 颜红侠, 张秋禹. 日用化学品制造原理与技术 [M]. 第 2 版. 北京: 化学工业出版社, 2011.

[13] 徐雅琴, 杨玲, 王春. 有机化学实验 [M]. 北京: 化学工业出版社, 2010.

[14] 李秋荣, 肖海燕, 陈蓉娜. 有机化学及实验 [M]. 北京: 化学工业出版社, 2009.

[15] 陈琳. 有机化学实验 [M]. 北京: 科学出版社, 2013.

[16] 蔡会武, 曲建林. 有机化学实验 [M]. 西安: 西北工业大学出版社, 2007.

[17] 傅春玲. 有机化学实验 [M]. 杭州: 浙江大学出版社, 2000.

[18] 熊洪录, 周莹, 于兵川. 有机化学实验 [M]. 北京: 化学工业出版社, 2011.

[19] 李明, 刘永军, 王书文等. 有机化学实验 [M]. 北京: 科学出版社, 2010.

[20] 罗冬冬. 有机化学实验 [M]. 北京: 化学工业出版社, 2012.

[21] 龙盛京. 有机化学实验 [M]. 第 2 版. 北京: 人民卫生出版社, 2011.

[22] 刘湘, 刘士荣. 有机化学实验 [M]. 第 2 版. 北京: 化学工业出版社, 2013.

[23] 闫鹏飞, 郝文辉, 高婷. 精细化学品化学 [M]. 北京: 化学工业出版社, 2004.

[24] 李祥高, 冯亚青. 精细化学品化学 [M]. 上海: 华东理工大学出版社, 2013.

[25] 关海鹰, 梁克瑞, 初玉霞. 有机化学实验 [M]. 北京: 化学工业出版社, 2008.

[26] 刘峥. 有机化学实验绿色化教程 [M]. 北京: 冶金工业出版社, 2010.

[27] 朱卫国. 有机化学实验 [M]. 湘潭: 湘潭大学出版社, 2010.

[28] 孙世清. 有机化学实验 [M]. 北京: 化学工业出版社, 2010.

[29] 朱靖. 有机化学实验 [M]. 北京: 化学工业出版社, 2011.

[30] 林璇. 有机化学实验 [M]. 厦门: 厦门大学出版社, 2011.